Sattler/Förster/Saller/Studer
Führen

Bibliografische Information der Deutschen Nationalbibliothek

Die Deutsche Nationalbibliothek verzeichnet diese Publikation in der Deutschen Nationalbibliografie; detaillierte bibliografische Daten sind im Internet über http://dnb.d-nb.de abrufbar.

ISBN 978-3-448-10112-6 Bestell-Nr. 00262-0001

Redaktionsanschrift: Fraunhoferstraße 5, 82152 Planegg/München
Telefon: (089) 895 17-0
Telefax: (089) 895 17-290
www.haufe.de
online@haufe.de
Produktmanagement: Dipl.-Kffr. Kathrin Menzel-Salpietro

Konzeption und Realisation: Ulrich Leinz, 10829 Berlin
Redaktion: Rivkah Frick, 10999 Berlin; Ulrich Leinz, 10829 Berlin
Umschlag: Grafikhaus, 80469 München
Druck: fgb • freiburger graphische betriebe, Freiburg

Zur Herstellung dieses Buches wurde alterungsbeständiges Papier verwendet.

Führen

Die erfolgreichsten Instrumente und Techniken

Johannes Sattler, Lars Förster,
Thomas Saller, Thomas Studer

Matthias T. Meifert
(Herausgeber)

Haufe Mediengruppe
Freiburg · Berlin · München

Inhaltsverzeichnis

Vorwort des Herausgebers **6**

1 **In Führung gehen** **9**
1.1 Historischer Abriss der Führung 10
1.2 Aktuelle Führungstheorien und Konzepte 21
1.3 Die Rolle der Führungskraft 29
1.4 Führungsambivalenzen 33
1.5 Das eigene Wertesystem und Führung 37
1.6 Literatur 43

2 **Sich selbst führen** **45**
2.1 Den Alltag effizient organisieren 46
2.2 Klare Ziele: Die Persönliche Balanced Scorecard 54
2.3 Antreiber und Erlauber 60
2.4 Netzwerke: Chancen und Gefahren 69
2.5 Literatur 73

3 **Mitarbeiter führen** **75**
3.1 Dyadische Führungsbeziehungen 75
3.2 Aufgaben der Führungskraft 94
3.3 Mitarbeiter motivieren 124
3.4 Meetings erfolgreich gestalten 127
3.5 Literatur 139

4 **Teams führen** **141**
4.1 Das eigene Team 141
4.2 Instrumente zur Entwicklung und Analyse 157
4.3 Ein Team für alle Fälle? 176
4.4 Literatur 188

5 **Organisationen führen** **191**
5.1 Einflussbereiche und Handlungsspielräume 192
5.2 Veränderungen gestalten 195
5.3 Literatur 208

6 Besondere Herausforderungen in der Führung 209
6.1 Führen ohne Vorgesetztenfunktion 214
6.2 Führungskräfte führen 227
6.3 Führen von Vorgesetzten 240
6.4 Soziale Konflikte 245
6.5 Literatur 249

Kopiervorlagen 251
Kienbaum Leitfaden zum anlassbezogenen Mitarbeitergespräch 252
Kienbaum Leitfaden zum Zielvereinbarungsgespräch 254
Kienbaum Leitfaden zu Mitarbeiterbeurteilungen 268
Kienbaum Motivationsprofil 274
Kienbaum Checkliste zur Meeting-Vorbereitung 275
Kienbaum Fragebogen zur Analyse des eigenen Teams 276

Autoren 283

Stichwortverzeichnis 287

Vorwort des Herausgebers

Herzlichen Glückwunsch! Sie haben zum ersten Mal eine Position mit Führungsverantwortung übertragen bekommen? Sie sind als Führungskraft befördert worden und dürfen jetzt eine noch größere Mitarbeitergruppe leiten? Oder Sie führen schon seit einiger Zeit und sind mit neuen Situationen konfrontiert? Na dann, herzlichen Glückwunsch! Sie wissen doch: Es gibt keine Probleme, es gibt nur Herausforderungen. Nun gilt: „Ärmel hoch und ran an die Arbeit"! Das ist es, was wir in der wohlfeilen Managementrhetorik unter „Hands-on-Mentalität" verstehen. Oder etwa nicht?

Schlaue Köpfe behaupten, dass ein „Weiter so" in Führungspositionen äußerst gefährlich sein kann. Denn das, was Sie in der Vergangenheit getan haben, um befördert zu werden, wird Ihnen in der neuen Funktion nicht mehr unbedingt Erfolg bringen. Anders formuliert: *Ihre Erfolgsmuster der Vergangenheit gehören auf den Prüfstand.* Natürlich können, wollen und dürfen Sie (wahrscheinlich) kein völlig anderer Mensch werden. Trotzdem lohnen die regelmäßige Reflexion und die bewusste Erweiterung der eigenen Handlungsmöglichkeiten. Viele erfahrene Manager berichten davon, dass sie sich in der Führungsarbeit nie absolut sicher sind, das Richtige zu tun. Auch nach Jahrzehnten des Umgangs mit Mitarbeitern werden sie von Verhaltensweisen der Geführten noch überrascht, orakeln mit Kollegen über das Wesen der Mitarbeitermotivation oder vergleichen Konflikte um die Bürositzordnung mit Streitereien in Kita-Gruppen. Führungsarbeit ist und bleibt Arbeit mit und an Menschen.

Frei nach Erich Fromm formuliert: *Der Führungskraft ist nichts Menschliches fremd.* In Mitarbeitergesprächen gehen schon mal die emotionalen Wogen hoch, private Sorgen und Probleme strahlen in den betrieblichen Alltag hinein, Liebschaften im Team bahnen sich an, Reorganisationen wird mit Widerstand begegnet, und vieles andere mehr. Wenig davon ist komplett vorhersehbar und damit planbar. Daher ist jede Führungskraft gut beraten, einen persönlichen Kompass zu entwickeln. Er gibt die Richtungen für das persönliche Führungshandeln an und liefert Orientierung auch im Sturm, bei schlechter Sicht und unfreundlichem Wetter. Dementsprechend soll das Bild des „Führungskompasses“ auch Ihr Begleiter in diesem Buch sein. Sie werden hier zahlreiche Instrumente finden, mit denen Sie Ihr persönliches Führungshandeln hinterfragen und schärfen können. Das Buch ist das Ergebnis von über zwanzig Jahren Beratungserfahrung in Profit- und Non-Profit-Organisationen in Fragen der wirkungsvollen Mitarbeiterführung. Alle Autoren sind erfahrene Führungskräfte oder trainieren diese seit mehreren Jahren. Sie setzen diese Publikation in ihren Seminaren zur Führungskräfteentwicklung als Basisliteratur ein.

Das Herzstück dieses Buches bilden die Kapitel 2 bis 5: *Sich selbst führen – Mitarbeiter führen – Teams führen – Organisationen führen.* Am Beginn dieser Kapitel werden Sie den Kompass, den Sie schon auf der Titelseite und im Umschlag des Buches entdeckt haben, wiederfinden. Die Autoren haben ihre Erfahrung genutzt, um den theoretischen Grundlagen des Führens Leben einzuhauchen: Viele Praxisbeispiele, Expertentipps, kleine und größere (Selbst-)Tests, Checklisten, Leitfragen sowie wichtige Werkzeuge für Ihre Führungsarbeit werden Ihnen die praktische Anwendung der verschiedenen Strategien leicht machen. Um Ihnen das Auffinden der praxisorientierten Inhalte zu erleichtern, sind die Werkzeuge durch ein Piktogramm visualisiert.

Aber zurück zu Ihnen: Herzlichen Glückwunsch – Sie haben sich entschieden, an Ihrem Führungsverhalten zu arbeiten. Warum beglückwünschen wir Sie dazu? Immer wieder stellen wir fest, dass es gerade für Führungskräfte nicht selbstverständlich ist, das eigene Handeln zu reflektieren und an sich selbst zu arbeiten. Aber ist es nicht genau das, was wir von unseren Mitarbeitern tagtäglich erwarten? Sollten wir dann nicht bei uns selbst anfangen? Offensichtlich haben Sie dies erkannt und stellen sich dem Probl ... Verzeihung!, der Herausforderung. Möge dieses Buch Ihnen wertvolle Impulse und Hinweise liefern.

Matthias T. Meifert

Mitglied der Geschäftsleitung & Partner
Herausgeber der Reihe Kienbaum bei Haufe

Hinweis der Autoren

Sie werden feststellen, dass wir uns beim Verfassen dieses Buches an die männliche Schreibweise gehalten haben. Dies soll ausdrücklich keine Geringschätzung weiblicher Führungskräfte, Mitarbeiter und anderer Personengruppen bedeuten. Entschieden haben wir uns für diese Schreibweise lediglich aus Gründen besserer Lesbarkeit. Wir hoffen, Sie werden uns dies nachsehen.

Dank der Autoren

Der Dank der Autoren gilt zunächst den Teilnehmern unserer Trainings wie auch unseren Kunden, mit denen wir viele fruchtbare und konstruktiv-kritische Gespräche führen durften. Nur so war es möglich, die Inhalte dieses Buches in der Breite auf Praxistauglichkeit zu prüfen. Herzlichen Dank für viele spannende Diskussionen!
Die formale Gestaltung eines Buches gehört sicher nicht zu den Kernaufgaben eines Beraters. Glücklicherweise haben uns unsere beiden Kolleginnen Daniela Leppler und Eva Combach bei der Bewältigung dieser Unwegbarkeiten unterstützt. Vielen Dank, Eva und Daniela!
Letztlich braucht es aber auch professionelle Hände und Augen, um ein Buch zur Vollendung zu bringen. Hierfür möchten wir uns ganz herzlich bei unserer Ansprechpartnerin im Haufe-Verlag Kathrin Menzel-Salpietro, sowie bei den Redakteuren Rivkah Frick und Ulrich Leinz bedanken!

1 In Führung gehen

Die meisten Bücher zum Thema Führung beginnen mit einem Kapitel über theoretische und historische Grundlagen. Und dies nicht ohne Grund, denn ein wenig theoretisches Grundlagenwissen kann sicher nicht schaden. Oder würden Sie Gleitschirmfliegen lernen wollen, ohne sich Gedanken über die Grundlagen von Aerodynamik und Meteorologie sowie über die Beschaffenheit Ihrer Ausrüstung gemacht zu haben? Bestimmt nicht. Trotzdem soll dieser „Führungskompass" in erster Linie ein praktischer Begleiter in Ihrem Führungsalltag sein. Im Folgenden werden wir daher nur auf diejenigen Aspekte der Grundlagen eingehen, die Ihnen wirklich nützlich sind: Sie werden Ihnen dabei helfen, größere Zusammenhänge zu verstehen, die im späteren Verlauf dieses Buches noch einmal wichtig sein werden. Sie finden hier Inhalte, die entweder besonders zentral für das Verständnis sind oder von denen bekannt ist, dass mehr falsche als richtige Annahmen kursieren.

Auf diesem „Ritt" durch die Grundlagen werden wir folgende Themenbereiche und Fragen diskutieren:

Historischer Abriss der Führung
Welche Menschenbilder haben die Mitarbeiterführung beeinflusst und welche Forschungsergebnisse haben zu einem Wandel von Menschenbild und Führungsverständnis beigetragen?

Führungstheorien
Welche gängigen Führungstheorien werden heute diskutiert und in der Praxis angewandt?

Rollenbild und Erwartungen
Die Rolle der Führungskraft ist wie jede Rolle an bestimmte Erwartungen geknüpft. Welche Erwartungen werden damit gemeinhin verbunden? Treffen diese Erwartungen auch auf Sie zu? Oder haben Sie es lediglich mit Erwartungserwartungen zu tun?

Führungsambivalenzen
Kann sich eine Führungskraft in jeder Situation richtig verhalten? Sind Unsicherheiten im Führungsalltag normal?

Wertesystem und Führung
Welche Rolle spielen die eigenen Werte im Führungskontext? Welchen Werten sollte sich eine Führungskraft verpflichtet fühlen?

Dieser Führungskompass wird, wie Sie an den oben genannten Schwerpunkten leicht erkennen können, also anders beginnen als andere gängige Werke zum Thema Führung. Tatsächlich werden hier grundlegende Fragen thematisiert, die sich jede Führungskraft irgendwann einmal gestellt haben sollte.
Sollten Sie dennoch der Meinung sein, dass Sie dieses Kapitel überspringen möchten, können Sie auch problemlos in die praxisorientierten Kapitel einsteigen, ohne Gefahr zu laufen, später irgendwo nicht „mitzukommen". Querverweise werden Sie an vielen Stellen zu den Informationen führen, die grundlegend für die aktuellen Themen sind.

1.1 Historischer Abriss der Führung

Beispiel: Wie führe ich meinen Mitarbeiter?

Frau Meier und Herrn Friedrich verbindet seit etwa fünf Jahren eine tiefe Freundschaft. Kennengelernt hatten sie sich auf einem „Onboarding-Seminar" ihres neuen Arbeitgebers, einem Stuttgarter Automobilkonzern. In ihrem Team im Bereich Forschung und Entwicklung erproben beide aktuell einen neuen Bremsassistenten, der den Bremsweg um ca. 20 % reduzieren soll. An diesem Projekt sind neben der Psychologin Meier und dem Maschinenbauer Friedrich noch diverse andere Experten unterschiedlicher Fachrichtungen beteiligt. Dies führt nicht selten zu unterschiedlichen Ansichten, die jedoch meist sehr fruchtbar sind. Frau Meier und Herrn Friedrich sind in ihrer Arbeit teilweise dieselben Mitarbeiter unterstellt, die „gemeinsam" geführt werden sollen. Derzeit arbeiten Frau Meier und Herr Friedrich gerade mit dem Psychologen Hoffmann und der Mathematikerin MacKenzie zusammen.

Während eines Mittagsessens in der Kantine unterhalten sich Frau Meier und Herr Friedrich über ihre Mitarbeiter und stellen überrascht fest, dass sie deren Leistungen sehr unterschiedlich wahrnehmen: Frau Meier ist darüber begeistert, wie viel Verantwortung sie Herrn Hoffmann übertragen kann und wie eigenverantwortlich er arbeitet. Herr Friedrich zeigt sich dagegen wenig begeistert von den vielen Fragen, die Herr Hoffman zu den Auswirkungen auf das Sicherheitsgefühl des Autofahrers durch den neuen Bremsassistenten und ähnlichen Themen aufwirft. Er hat das Gefühl, Herr Hoffmann wolle ständig von den eigentlichen Aufgaben ablenken und sich lieber in seinen „geistigen Sphären tummeln". Viel konstruktiver findet er die „sehr problemfokussierten und digital getakteten Fragen" zu den konkreten Aufgaben, die Frau MacKenzie stellt. Dass sie dabei manchmal etwas lustlos erscheint, stört Herrn Friedrich überhaupt nicht. Er ist sicher, dass im Zweifel die gute Bezahlung für ausreichend Motivation sorgt. Dies wiederum kann Frau Meier gar nicht nachvollziehen. „Frau MacKenzie hat sich noch nie eigene Gedanken gemacht! Wenn ich ihr sage, sie soll sich überlegen, wie unser Berechnungsmodell die Wirklichkeit am besten abbildet und mir einen Vorschlag zur Diskussion vorlegen, stellt sie mir so lange Fragen, bis ich die Antwort selbst geliefert habe. Wie kann man gedanklich nur so faul sein?"

Das Beispiel von Frau Meier und Herrn Friedrich ist sicherlich ein wenig übertrieben. Und doch stellt es ganz unterschiedliche Überzeugungen dar, die dem Führungsverständnis unserer Protagonisten zugrunde liegen.

Douglas McGregor: Theorie X und Theorie Y

Die beiden Positionen, die Frau Meier und Herr Friedrich hier vertreten, beschreibt Douglas McGregor in seinem Modell „Theory X and Theory Y" (vgl. D. McGregor, 1960). Die teilweise gegensätzlichen Theorien beschreiben jeweils unterschiedlich das Verhältnis von Menschen zu ihrer Arbeit. Mit beiden Theorien sind grundsätzliche Hypothesen verbunden.

Hypothesen der Theorie X

- Aufgrund ihrer grundsätzlichen Abneigung gegen Arbeit müssen die meisten Menschen kontrolliert werden, damit sie hart genug arbeiten.
- Der „Durchschnittsmensch" möchte geleitet werden, mag keine Verantwortung, strebt nach Eindeutigkeit und liebt Sicherheit über alles.

Laut McGregor stellten diese Annahmen noch im Jahre 1960 die Grundprinzipien vieler Organisationen dar. In vielen Betrieben dienten sie darüber hinaus zur Rechtfertigung eines harten Managements unter Einsatz von Bestrafungen und engmaschigen Kontrollen.
Dies ist vor allem deshalb interessant, da diese Annahmen zum Menschenbild der 1960er-Jahre eigentlich nicht mehr passten. Spätestens seit Aufstellen der Bedürfnispyramide durch Maslow (vgl. Kapitel 1.1: Die Veränderung des Menschenbilds seit Anfang des 19. Jahrhunderts) wusste man, dass der Mensch zur Motivation nicht nur finanzielle Belohnungen, sondern auch die Möglichkeit zur Selbstverwirklichung benötigte.
Auch heute funktioniert Führung in vielen Unternehmen oder Unternehmensteilen noch nach der Theorie X. Möglichkeiten zur Selbstverwirklichung sind in solchen Gefügen sicherlich kaum gegeben. Wahrscheinlich werden Sie das Gefühl haben, dass Sie sich in solchen Strukturen nicht wohlfühlen könnten.
Vorteilhaft an einer Führung entsprechend der Theorie X ist jedoch, dass vieles einfach zu verstehen ist. Der Mitarbeiter wird eng angeleitet und weiß daher sehr genau, welche seine Aufgabe ist. Verantwortung muss er in der Regel nicht übernehmen. Dies kann bequem sein, kann aber ebenso dazu führen, dass sich die Mitarbeiter genau so verhalten werden, wie es Theorie X vorhersagt.

Hypothesen der Theorie Y

- Kontrolle und Bestrafung sind nicht die einzigen Möglichkeiten, Menschen zum Arbeiten zu bewegen. Der Mensch führt sich selbst, wenn er sich mit den Zielen der Organisation identifiziert, also ein starkes Commitment empfindet.

- Ein starkes Commitment zur Organisation resultiert aus der Zufriedenheit mit der eigenen Tätigkeit.
- Unter geeigneten Bedingungen lernt der „Durchschnittsmensch" nicht nur, Verantwortung zu akzeptieren, er wird sie sogar suchen.
- Viele Mitarbeiter sind in der Lage, durch Vorstellungskraft, Kreativität und Einfallsreichtum Probleme zu lösen, die sich an ihrem Arbeitsplatz stellen.
- Unter den Bedingungen des modernen industriellen Lebens werden die Möglichkeiten des „Durchschnittsmenschen" nur teilweise ausgeschöpft.

Kienbaum Expertentipp: Was ist Commitment?

Organisationales Commitment beschreibt die Identifikation und Verbundenheit einer Person mit einer Organisation (vgl. S. Ammon, 2005).

Ein starkes Commitment bedeutet also die Identifikation des Mitarbeiters mit dem eigenen Unternehmen und dessen Zielen. Dementsprechend zeigt er eine hohe Anstrengungsbereitschaft, um den Unternehmenszielen gerecht zu werden. Das wirkt sich nachweislich positiv auf die Arbeitsqualität und Produktivität des Mitarbeiters aus. Zudem ist mit hohem Commitment eines Mitarbeiters generell die geringe Neigung verbunden, das Unternehmen zu verlassen.

Commitment stellt daher eine wichtige organisationale Ressource dar und leistet einen bedeutenden Beitrag zur Effektivität und Effizienz eines Unternehmens (vgl. C. Ofenloch & V. Madukanya, 2003).

Theorie X und Theorie Y bilden sehr unterschiedliche Einstellungen ab, die in verschiedenen Arbeitskontexten besser oder schlechter funktionieren. In einer Massenproduktion ist es sicherlich schwieriger, Mitarbeiter über die in Theorie Y vertretenen Einstellungen zu führen, als in einer Marketingagentur. Zudem sind die einzelnen Mitarbeiter verschieden. Sie werden daher auch unterschiedliche Präferenzen gegenüber dem Führungsstil ihrer Führungskraft haben. Jeder Einzelne hat über seine Sozialisation und die verschiedenen Vorgesetzten, mit denen er im Laufe seines Berufslebens zusammengearbeitet hat, ein individuelles Verständnis darüber entwickelt, wie Führungskraft und Mitarbeiter zusammenarbeiten sollten.

Theorie X und Theorie Y: Praktische Anwendung

Die beiden Theorien beschreiben grundsätzliche Menschenbilder. Eine Führungskraft, die einem mit Theorie X übereinstimmenden Menschenbild folgt, wird ihre Mitarbeiter vollkommen anders führen als eine Führungskraft, die von einem Menschenbild im Sinne der Theorie Y überzeugt ist. Die Frage, welche Führungskraft das richtige und welche das falsche Menschenbild hat, ist nicht eindeutig zu beantworten. Klar ist lediglich, dass sich das Menschenbild über die Zeit verändert hat, sodass sich auch die Annahmen darüber verändert haben, wie Mitarbeiter zu führen sind. Trotzdem gibt es noch immer Arbeitsbereiche, in denen ein Menschenbild der Theorie X angebracht oder auch von einer Führungskraft gefordert ist. Schwierig wird es allerdings, wenn von einer Organisation ein Menschenbild und damit eine Art der Führung gefordert ist, welche die Führungskraft nicht mit ihrem eigenen Menschenbild vereinbaren kann. So kann es zu Problemen kommen, wenn eine Führungskraft aus einem familiengeführten Betrieb (hier wird häufig patriarchalisch geführt) in ein Start-up-Unternehmen einsteigt, in dem das Führungsverständnis eher freundschaftlich-partnerschaftlich geprägt ist. Vertiefende Informationen zu dieser Problematik finden Sie im Kapitel 1.5: Das eigene Wertesystem und Führung.

Ein wichtiger Gedanke an dieser Stelle resultiert daraus, dass, wie oben beschrieben, auch die einzelnen Mitarbeiter unterschiedliche Vorstellungen über das „richtige" Menschenbild der Führungskraft haben. Die Führungskraft benötigt daher eine große Flexibilität, um fremde und eigene Vorstellungen miteinander zu vereinbaren. Hier können die beiden Theorien als Extrempole eines Kontinuums aufgefasst werden. Das Kontinuum lässt sich verbildlichen, indem man sich die Extrempole als tatsächliche Positionen in zwei Ecken eines Raumes vorstellt. Auf der imaginären Linie zwischen den Polen liegen unendlich viele Positionen, die entweder eher dem Menschenbild der Theorie X oder dem der Theorie Y ähneln, aber auch Merkmale der jeweils anderen Theorie enthalten.

Im Führungsalltag muss sich die Führungskraft je nach Mitarbeiter, aber auch entsprechend der Situation, immer wieder entscheiden, in welchem Verhältnis sie die Anteile der Theorien miteinander mischt. Sie muss sich demnach entscheiden, wo Sie zwischen den beiden Ecken des Raumes Position beziehen möchte. Sie muss sich also ständig fragen: Ist in der Situation A mit Mitarbeiter B ein rigides, strenges, autoritäres Führen verlangt, oder sollte kooperativ, individuell und zunächst ergebnisoffen diskutiert werden?

Die Bedeutung von Flexibilität und Verhaltensvariabilität bei der Mitarbeiterführung wird in diesem Buch noch mehrfach vertieft werden.

Kienbaum Expertentipp: Ihre Führungsleitlinie

Sie sind schon von vielen Führungskräften geführt worden und haben unterschiedliche Erfahrungen mit diesen Führungskräften gemacht. Auch im Rahmen Ihrer Sozialisation haben Sie eine generelle Einstellung zu Arbeit und Arbeitsmotivation erworben. Haben Sie sich einmal gefragt, welches Führungsverständnis Sie aus all diesen Erfahrungen gewonnen haben? Mithilfe folgender Fragen können Sie Ihre eigene Führungsleitlinie erarbeiten:

- Wo bzw. wie habe ich in meinem Leben bisher Führung erlebt/erlernt?
  - Positive Erfahrungen/Lernfelder
  - Negative Erfahrungen/Lernfelder
- Welche Konsequenzen ergeben sich für mich aus den positiven und aus den negativen Erfahrungen?
- Wie haben diese Erfahrungen meinen eigenen Führungsstil geprägt und wie führe ich heute?
- In welchen Situationen funktioniert meine heutige Art zu führen gut?
- In welchen Situationen bereitet sie mir Schwierigkeiten?
- Welche Führungsleitlinie kann ich aus diesen Erfahrungen synthetisieren?

Die erste Frage lässt sich gut alleine beantworten. Die anderen lassen sich auch hervorragend mit einem Kollegen oder guten Bekannten thematisieren – dies erweitert den eigenen Gedankenraum.

Sie haben Ihre Leitlinie gefunden und können diese in einem Satz auf den Punkt bringen?

Meine Leitlinie lautet:

....

....

Kennen Ihre Mitarbeiter Ihre Führungsleitlinie schon? Wir empfehlen Ihnen, Ihre Führungsleitlinie mit Ihren Mitarbeitern zu diskutieren und für sie erkennbar zu machen, dass Sie dieser Leitlinie folgen. Außerdem sollten Sie Möglichkeiten vereinbaren, mit denen Ihre Mitarbeiter Sie darauf hinweisen können, wenn Sie nicht mehr im Rahmen Ihrer Leitlinie handeln. Die genaue Ausgestaltung des Gesprächs hängt von der konkreten Situation Ihres Teams ab. In jedem Fall trägt die Kommunikation Ihrer Leitlinie aber zum Aufbau von Vertrauen und zu Ihrer Transparenz als Führungskraft bei.

Die Veränderung des Menschenbildes seit Anfang des 19. Jahrhunderts

Dass unser Menschenbild Einfluss darauf hat, ob wir Führung als richtig oder als falsch empfinden, haben die Theorien von Douglas McGregor gezeigt. Menschenbilder aber ändern sich von Zeit zu Zeit. Meist sind hierfür gesellschaftliche Ereignisse, Forschungsergebnisse oder die Politik verantwortlich.

Homo oeconomicus (= Wirtschaftsmensch)

Den Begriff „Homo oecomomicus“ hat wahrscheinlich der italienische Ingenieur, Ökonom und Soziologe Vilfredo Federico Pareto um 1906 geprägt. Er setzte sich zu Beginn des 20. Jahrhunderts nach und nach als Fachbegriff für das zu dieser Zeit vorherrschende Menschenbild durch, bis er vom „Social Man“ abgelöst wurde. Der Homo oeconomicus beschreibt einen Menschen, der an der eigenen Nutzenmaximierung interessiert ist und sich zu diesem Zweck absolut rational verhält. Das Menschenbild des Homo oeconomicus wird heute oft mit dem Begriff des Taylorismus (auch bekannt unter dem Begriff Scientific Management) in Verbindung gebracht. Anfang des 20. Jahrhunderts wurde der Mensch aus wirtschaftswissenschaftlicher Perspektive als Produktionsfaktor gesehen. Arbeitsabläufe wurden akribisch genau mit wissenschaftlichen Methoden untersucht, um Optimierungspotenziale herauszuarbeiten. So wurde beispielsweise der Einfluss der Lohnhöhe auf die Leistungserbringung untersucht. Der US-Amerikaner Frederick Winslow Taylor wies mit dieser Untersuchung einen Leistungsanstieg von über 350 % bei einer Lohnerhöhung von 60 % nach. Was dies für den Menschen bedeutete, wurde dabei allerdings nicht betrachtet. Im Vordergrund stand lediglich die Optimierung des Produktionsergebnisses. Das entsprechende Menschenbild ähnelt dem Bild, das McGregor in seiner Theorie X beschreibt.

Kritisiert wurde der Taylorismus unter anderem wegen

- sehr detaillierter Vorgaben zu den Arbeitsabläufen,
- sehr detaillierter Vorgaben der Arbeitsmethoden,
- detaillierter Zielvorgaben für den Einzelnen ohne erkennbaren Zusammenhang mit dem Unternehmensziel oder dem Gesamtprodukt,
- exakter Festlegungen von Ort und Zeit der Leistungserbringung,
- der Gefahr der Entfremdung von der Arbeit.

Auch wenn der Taylorismus aus heutiger Sicht häufig negativ bewertet wird, bieten die Untersuchungen zur Arbeitseffektivität und Produktivität doch wichtige Ausgangspunkte für die Führungsforschung.

Social Man (= Sozialer Mensch)

Den Anstoß zum neuen Menschenbild des „Social Man“ gab eine berühmte Versuchsreihe, welche von 1924 bis 1932 in den Hawthorne-Werken der Western Electric Company in Chicago durchgeführt wurde. Der ursprüngliche Zweck des Experiments war, die Auswirkungen bestimmter Arbeitsbedingungen, in diesem Falle der Lichtverhältnisse, auf die Produktivität der Mitarbeiter zu untersuchen. Die Konzeption des Experiments reiht sich also in die Untersuchungen des Taylorismus ein.

Im Ergebnis zeigte sich, dass sich mit der Erhöhung der Lichtintensität tatsächlich auch die Produktivität steigern ließ. Überraschend war jedoch, dass sich auch die Produktivität einer Kontrollgruppe, die bei unveränderten Beleuchtungsbedingungen arbeitete, verbesserte. Nachdem in der Experimentalgruppe die ursprünglichen Lichtverhältnisse wieder hergestellt wurden, blieb die erhöhte Produktivität ebenfalls erhalten.

Die Erklärung für diesen Effekt fand man darin, dass die Leistungssteigerung durch die bloße Anwesenheit der beobachtenden Versuchsleiter und deren Anerkennung der Leistung der Mitarbeiter

hervorgerufen wurde. Diese Hypothese konnte durch Interviews mit den Teilnehmern der Versuche bestätigt werden.
Das Experiment löste in verschiedenen wissenschaftlichen Disziplinen starke Veränderungen in der Denkweise aus. In der Psychologie gelangte man zu der Erkenntnis, dass das Bewusstsein, Teilnehmer einer Untersuchung zu sein, das natürliche Verhalten beeinflussen kann. In der Betriebswirtschaftslehre musste man einsehen, dass die Arbeitsleistung nicht allein von objektiven Bedingungen, sondern auch von sozialen Faktoren beeinflusst wird. Die durch den sogenannten Hawthorne-Effekt ausgelöste Human-Relations-Bewegung sorgte dafür, dass sich die Forschung künftig stärker auf soziale Beziehungen, Interaktionen, Gruppenphänomene etc. fokussierte. In der Folge erstarkten Disziplinen wie Marketing, Organisations- und Personallehre, die bis dahin kaum Beachtung gefunden hatten.

Self-Actualizing Man (= Sich selbst verwirklichender Mensch)

Den Aufbruch zu einem weiteren Menschenbild, dem des „Self-Actualizing Man“, läutete der amerikanische Psychologe Abraham Maslow 1943 ein. Mit seiner Bedürfnispyramide beschrieb er die Motivation des Menschen als Stufenmodell. Dabei ging Maslow davon aus, dass der Mensch zunächst versucht, die Bedürfnisse der untersten Stufe zu befriedigen, bevor er sich um die Bedürfnisse der nächsten Stufe kümmert. Ein Bedürfnis ist nach Maslow erst dann vorhanden, wenn die darunter angeordneten Bedürfnisse erfüllt sind. Ein befriedigtes Bedürfnis verstärkt demnach die Motivation, weitere Bedürfnisse zu befriedigen.

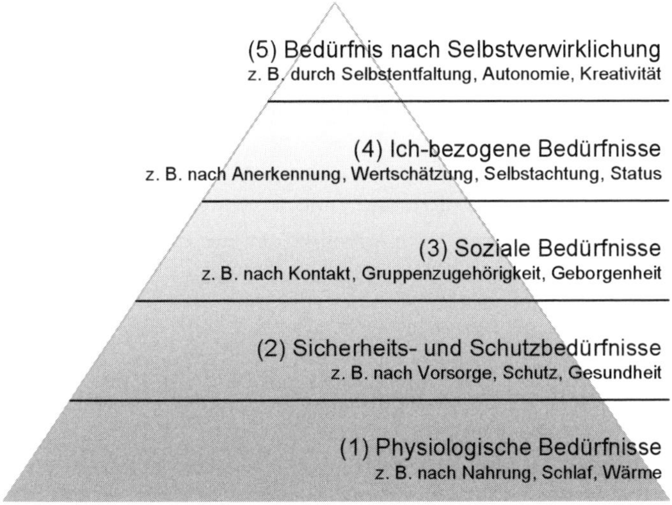

Bedürfnispyramide nach Maslow (1943)

Die Arbeit von Abraham Maslow wurde vielfach kritisiert und zum Teil auch missverstanden. Dies soll hier jedoch nicht vertieft werden (weiterführende Informationen finden Sie bei P. G. Zimbardo, 1999 oder bei A. H. Maslow, 1943). Interessant ist allerdings, dass die Anerkennung sozialer Bedürfnisse in Maslows Modell nur einen mittleren Rang einnimmt: Maslow ging davon aus, dass Menschen nach Höherem als nach sozialem Austausch streben, nämlich nach Selbstverwirklichung. Dies bedeutet, dass sich der Mensch weiterentwickeln will, dass er nach einem höheren Sinn seiner Tätigkeiten sucht und danach strebt, seine Tätigkeit als Teil seiner Identität anzusehen.
Generell weist das Menschenbild des Self-Actualizing Man starke Parallelen zur Theorie Y nach Douglas McGregor auf.

Complex Man (= Komplexer Mensch)

Wenn Sie sich ehrlich danach befragen, ob alle Ihre Mitarbeiter und auch Sie selbst stets nach Selbstverwirklichung streben, so werden Sie diese Frage wohl mit einem „Nein“ beantworten müssen. Spätestens die Arbeiten von Edgar Schein, der um die 1980er-Jahren mit seinen „Karriereankern" die Bedingungen für die Karriere im 21. Jahrhundert darlegte, verdeutlichen, dass sich das Bild des Arbeitnehmers verändern muss. Nach Schein sind Karriereanker bei sich selbst wahrgenommene Fähigkeiten und Talente, Werte und Motive, welche die eigenen (Karriere-)Entscheidungen beeinflussen. Er definiert die Karriereanker als Schlüsselelemente des Selbstkonzepts. Die acht Karriereanker drücken aus, was ein Arbeitnehmer durch Karriere anstrebt. Gleichzeitig können sie als Instrumente zur Bestimmung geeigneter Berufsperspektiven genutzt werden.

Die acht Karriereanker

- Autonomie und Unabhängigkeit
- Sicherheit und Stabilität
- Technisch-funktionale Kompetenz
- General Management
- Unternehmerische Kreativität
- Dienst oder Hingabe für eine Idee oder Sache
- Totale Herausforderung
- Lebensstilintegration

Auf eine genauere Erklärung der Karriereanker soll hier verzichtet werden (weitere Informationen finden Sie bei E. H. Schein, 1996). Wichtiger ist an dieser Stelle die Frage, welches Menschenbild des Arbeitnehmers hinter diesen Ankern steckt.
Selbst wenn die acht Karriereanker eine erschöpfende Auflistung aller die Karriere beeinflussenden Faktoren darstellten, müsste man jeden einzelnen Mitarbeiter trotzdem als ausgesprochen komplexes Wesen wahrnehmen. Die Einstellung zur Arbeit und die Motivation zu arbeiten sind von vielen Faktoren abhängig, die nicht nur die Persönlichkeit eines Menschen, sondern auch seine Situation und sein Umfeld als relevante Variablen betreffen.

Führen nach dem Menschenbild des Complex Man

Führung nach dem Verständnis des Complex Man kann nur dann funktionieren, wenn die Führungskraft eine (angemessene) Vorstellung davon hat, in welchem Ausmaß die verschiedenen Karriereanker beim einzelnen Mitarbeiter ausgeprägt sind. Dies aber bedeutet, dass man Führung nicht allgemein darauf ausrichten kann, Möglichkeiten zum sozialen Austausch zu schaffen oder die Selbstverwirklichung zu fördern. Vielmehr muss Führung die individuellen Bedürfnisse eines jeden Mitarbeiters berücksichtigen. Wir werden auf diesen Gedanken noch genauer eingehen, wenn wir uns im Kapitel 3.1 der Dyadischen Führung widmen.

1.2 Aktuelle Führungstheorien und Konzepte

Beispiel: Eine Geschichte aus dem Steinbruch ...

Stellen Sie sich einen großen Steinbruch vor, in dem zwei Steinmetze damit beschäftigt sind, Steinquader zu schlagen.

Sie gehen auf den ersten Steinmetz zu und fragen ihn, was er da mache. Dieser brummt: „Na, das sehen Sie doch! Ich schlage Steinquader aus dem Steinbruch!"

Sie fragen den zweiten Steinmetz nach seiner Beschäftigung. Dieser antwortet Ihnen lächelnd: „Ich bin ein Teil des Teams, das eine Kathedrale errichtet!"

Welche Schlüsse können wir aus dieser Geschichte ziehen? In Führungskräftetrainings erhalten wir auf diese Frage meist eine der folgenden Antworten:

- Der zweite Steinmetz ist motivierter.
- Der zweite Steinmetz hat mehr Freude an seiner Arbeit.
- Der erste Steinmetz ist realistischer.
- Der erste Steinmetz hat eine negativere Einstellung zu seiner Arbeit.
- Der zweite Steinmetz hat sich mit den übergeordneten Zielen seiner Arbeit auseinandergesetzt.
- Der zweite Steinmetz wird wahrscheinlich mehr Leistung erbringen.

Sicherlich sind all diese Antworten stimmig. Interessant ist aber auch die Frage, warum die beiden Steinmetze so offensichtlich unterschiedlich an ihre Aufgabe herangehen. Vielleicht liegt es an einer positiveren Grundeinstellung des zweiten Steinmetzes, vielleicht sind hier also Unterschiede in der Persönlichkeit vorhanden. Vielleicht ist der erste Steinmetz auch einfach nur mit dem falschen Fuß zuerst aufgestanden. In beiden Fällen könnte die Führungskraft die

Situation wohl kaum ändern, zumindest wäre es nicht ihre primäre Aufgabe.
Gehen wir aber davon aus, dass auch der Führungsstil einen Einfluss auf die Aussagen der Steinmetze haben könnte, so erscheint die Verantwortlichkeit der Führungskraft in neuem Licht.

Transaktionale Führung

Die Transaktionale Führung propagiert ein rationales Tauschkonzept zwischen der Führungskraft und dem Mitarbeiter. Der Mitarbeiter tauscht seine Arbeitskraft, seine Zeit und seine Energie gegen eine Entlohnung finanzieller oder sonstiger Art ein. Ein klassisches Beispiel für einen transaktionalen Austausch ist das Zielvereinbarungsgespräch. Hier wird ausgehandelt, welche Ziele der Mitarbeiter zu erreichen hat. Im Gegenzug erhält er bei Erreichung des Ziels eine besondere Entlohnung bzw. wird bei Nichterreichung seines Ziels sanktioniert.
Belohnungen sind im Rahmen der Transaktionalen Führung grundsätzlich extrinsischer Art. Darunter fällt zum Beispiel die Bezahlung des Mitarbeiters. Aber auch eine Beförderung oder die Möglichkeit zur Weiterbildung kann eine extrinsische Belohnung darstellen.
Zurück zu unserem Beispiel: Der erste Steinmetz wurde mit großer Wahrscheinlichkeit transaktional geführt. Steine gegen Bezahlung, so lautet die Vereinbarung zwischen ihm und seiner Führungskraft (oder seinem Auftraggeber).

- Ist die Bezahlung motivierend? Vielleicht – wenn man betrachtet, was der Steinmetz mit seinem Geld alles anstellen kann.
- Ist die Arbeit selbst motivierend? Wahrscheinlich nicht – zumindest in diesem Beispiel klingt der Steinmetz doch eher sachlich nüchtern als begeistert. Aber wer weiß, vielleicht hat er bei der Arbeit die Gelegenheit, seinen eigenen Gedanken nachzuhängen, die für ihn wiederum motivierend sind.
- Ist die Arbeit effizient? Wahrscheinlich schon – denn der erste Steinmetz verbringt seine Zeit nicht damit, den Sinn seiner Tätigkeit zu hinterfragen und hiermit Zeit zu „vergeuden“. Auch läuft er nicht Gefahr, enttäuscht zu werden, weil er etwa feststellt, dass er nur einen winzigen Beitrag zum Bau der Kathedrale beisteuert.

Die Transaktionale Führung spricht vor allem den Homo oeconomicus an, den Sie im Kapitel 1.1 kennengelernt haben. Dementsprechend bietet sich diese Art der Führung hervorragend für Routinetätigkeiten an. Durch Transaktionale Führung kann bei einfacheren Tätigkeiten Handlungssicherheit durch klare Ziele vermittelt werden.

Ist es schwierig, transaktional zu führen? Nein, eigentlich nicht – nach kurzer Verhandlung sollte klar sein, welche Belohnung der Mitarbeiter benötigt, um seine Aufgabe mit genügend Hingabe auszuführen. Jedoch müssen die organisationalen Rahmenbedingungen stimmen. Bei Weitem nicht jede Führungskraft einer mittleren Ebene kann selbstständig über Beförderungen, Gehaltserhöhungen oder Weiterbildungsmöglichkeiten entscheiden.

Kienbaum Expertentipp: Extrinsische und intrinsische Anreize

Die Psychologie unterscheidet zwei verschiedene Arten von Anreizen: die extrinsischen und die intrinsischen Anreize.

Extrinsische Anreize beschreiben eine Belohnung "von außen". Jemand anderes belohnt also dafür, dass man etwas tut. Die extrinsische Belohnung kann sehr unterschiedliche Formen annehmen (Geld, Anerkennung, Status, Titel etc.). Allen extrinsischen Anreizen gemein ist jedoch, dass sie zeitlich nicht stabil sind. Sie nutzen sich gewissermaßen ab, wenn ihre Intensität nicht gesteigert wird. Selbst, wenn Sie heute mit Ihrem Gehalt oder mit dem täglichen Schulterklopfen Ihres Chefs absolut zufrieden sein sollten, werden Sie dies in zehn Jahren wahrscheinlich nicht mehr sein.

Verspüren Sie hingegen intrinsische Anreize, so kommen diese aus Ihnen selbst heraus. Hobby-Marathonläufer wissen, was für ein erhebendes Gefühl es ist, in der erhofften Zeit über die Ziellinie gekommen zu sein. In diesem Moment ist es völlig unerheblich, dass sie Unmengen von Zeit, Energie und Geld in das Training gesteckt haben. Eine Belohnung von außen gibt es in der Regel nicht (es sei denn, sie rechnen sich bei der nächsten Bewerbung bessere Chancen aus, weil sie in ihren Lebenslauf schreiben können, dass sie sich durch einen Marathon gebissen haben ...). Und trotzdem wird der Marathonläufer den Lauf als motivierend empfinden.

Transformationale Führung

Bei der Transformationalen Führung wird der Geführte laut Theorie durch die Führungskraft „verwandelt", sodass er sich höhere eigene Ziele setzt und seine Aufgabe mit einem stärkeren Eigeninteresse verfolgt. Wie eine solche Transformation genau abläuft, ist bis heute nicht eindeutig belegt worden. Studien (z. B. M. B. Bass und B. Avolio, 1994) zeigen aber, dass hierbei vor allem Einstellungen, Wünsche und Emotionen des Geführten angesprochen werden. Außerdem wird dem Geführten in der Regel ein höheres Maß an Mitverantwortung zugebilligt, sodass er sich leichter mit der Aufgabe identifizieren kann.

Als wichtige Elemente aufseiten der Führungskraft nennen die Studien Begriffe wie Charisma, Inspiration, intellektuelle Stimulierung und Transparenz. Einige Eigenschaften, wie z. B. Transparenz, sind relativ leicht herzustellen. Bei anderen, z. B. Charisma, fällt schon die Definition schwer, was genau damit gemeint ist – und auch, ob Führungskräfte dies erlernen können.

Noch einmal zu unserem Beispiel: Der zweite Steinmetz wurde vermutlich transformational geführt. Er sieht in seiner Tätigkeit einen höheren Sinn und wirkt weniger wie ein einfacher Steinmetz – vielmehr scheint er in einen Visionär verwandelt oder transformiert worden zu sein.

- Ist diese Transformation motivierend? Wahrscheinlich schon – denn der Steinmetz wird am Ende des Tages das Gefühl haben, er habe erneut einen wichtigen Beitrag zum Erreichen des Ziels geleistet.
- Ist die Arbeit motivierend? Das ist wahrscheinlich – denn der Steinmetz weiß, dass die Qualität seiner Steine zur Schönheit der Kathedrale beitragen wird. Und dieses Ziel ist für ihn ein hohes Gut.
- Ist die Arbeit effizient? Vielleicht – denn der Steinmetz könnte sich besonders anstrengen, um sehr gute oder sehr schnelle Resultate zu erzielen. Vielleicht aber auch nicht – denn es besteht die Gefahr, dass er sich durch seine Gedanken von der eigentlichen Tätigkeit ablenken lässt. Auch könnte die Motivation des zweiten Steinmetzes bei einer eventuellen Bauverzögerung erheblich leiden.

Der Erfolg der Transformationalen Führung hängt maßgeblich von den Bemühungen beider Parteien (der Führungskraft und des Mitarbeiters) ab. So sind zwei weitere Aspekte Voraussetzungen dafür, dass Transformationale Führung entstehen kann:

- Der Mitarbeiter muss Vertrauen zu seiner Führungskraft haben. Vertrauen ermöglicht es dem Mitarbeiter, mit seiner Arbeit in Vorleistung zu gehen und sich besonders anzustrengen. Vertraut der Mitarbeiter seiner Führungskraft, so wird er auch nicht für jede Einzelleistung explizit belohnt werden müssen. Vielmehr wird er darauf vertrauen, dass ihm Gerechtigkeit widerfährt und dass seine Bemühungen wahrgenommen werden. Die Bedeutung extrinsischer Motivation tritt damit in den Hintergrund.
- Die Führungskraft hingegen muss dafür sorgen, dass ein vertrauensvolles Verhältnis überhaupt entstehen kann. Eine Grundvoraussetzung hierfür ist die Authentizität der Führungskraft. Authentizität reicht in diesem Kontext noch über das Thema Vertrauen hinaus. Nur, wenn der Mitarbeiter seiner Führungskraft glaubt, dass die vermittelten Ziele und Werte auch für die Führungskraft selbst von großer Bedeutung sind, wird er sich darauf einlassen, diese für sich selbst zu akzeptieren.

Ist es schwierig, transformational zu führen? Ja, definitiv – die Transformationale Führung liegt nicht jedem. Nicht jeder kann seine Mitarbeiter „verwandeln“ und ist selbst in der Lage, die höheren Ziele hinter einer Tätigkeit zu erkennen und zu benennen. Die Transformationale Führung erfordert außerdem gute kommunikative Fähigkeiten, um die Bedürfnisse des einzelnen Mitarbeiters zu ermitteln, und eine starke Sensibilität für den Fall, dass die Aufgaben nicht „nach Plan“ verlaufen, um den Mitarbeiter aufzufangen, bevor er demotiviert wird.

Transformationale Führung erscheint oft in einem glorifizierten Licht. Leider hat jedoch nicht jede transformationale Führungsperson positive Absichten. Die fatalen Folgen, die erfolgreiche transformationale Führung haben kann, werden an vielen Diktatoren deutlich.

Dyadische Führung

Die Dyadische Führung steht nicht auf der gleichen Ebene wie die Transaktionale und die Transformationale Führung. Vielmehr vereint sie verschiedene Führungskonzepte und Führungsstile. Der Begriff Dyade ist von dem griechischen Wort dýas (= Zweiheit) abgeleitet. In der Sozialpsychologie wird er für eine Zweiergruppe verwendet. In der Dyadischen Führung geht es dementsprechend darum, dass die Führungskraft zu jedem ihrer Mitarbeiter eine Zweierbeziehung aufbaut.
Diese Vorstellung entbindet viele Führungskräfte von der selbst aufgestellten und häufig quälenden Anforderung, alle Mitarbeiter gleich behandeln zu müssen. Im Konzept der Dyadischen Führung ist gerade dies nicht erwünscht. Im Gegenteil – jeder Mitarbeiter soll anders behandelt werden. Diese Vorstellung mag auf der einen Seite zwar erleichternd sein, auf der anderen Seite bringt sie jedoch auch einige Verantwortung mit sich. Denn nun sieht sich die Führungskraft vor der Aufgabe, einen eigenen Führungsstil für jeden einzelnen Mitarbeiter auszubilden.
Wie kann man eine solche Führungsbeziehung aufbauen? Diese Frage stellen die Teilnehmer von Führungskräftetrainings häufig. Leider gibt es auf diese Frage keine einfache Antwort. Unsere Erfahrungen haben aber gezeigt, dass die folgenden drei Aspekte besonders wichtig sind.

1. Kommunizieren Sie!

Kommunikation ist die Grundlage jeder Führung. Studien belegen, dass der Anteil der verbalen Kommunikation an den Aufgaben einer Führungskraft bei 40 % bis 80 % liegt (vgl. z. B. H.-D. Ganter & P. Walgenbach, 1995). Eine Führungskraft, die dyadische Beziehungen aufbaut, erreicht allerdings tendenziell eher einen Wert von 80 %. Dabei ist wichtig, dass Sie nicht nur über fachliche Themen sprechen, sondern Ihre Mitarbeiter auch „privat“ verstehen. Es ist also relevant, welche Entwicklungsziele ein Mitarbeiter hat, wie es seiner Familie geht, welche Sorgen ihn gerade plagen etc. Wenn Sie immer nur dann mit Ihrem Mitarbeiter sprechen, wenn Sie fachliche Inhalte zu diskutieren haben, werden Sie auch nur das „Arbeits-Ich“ des Mitarbeiters kennenlernen.

2. Seien Sie sichtbar und menschlich!

Wenn Sie Ihre Mitarbeiter näher kennenlernen wollen, müssen Sie Nähe aufbauen. Das ist schwierig, wenn man Sie nur aus der Mitarbeiterzeitschrift und vom Hörensagen her kennt: Nähe entsteht durch persönlichen Kontakt. Dabei sollten Sie besonders zu denjenigen Mitarbeitern, die Sie direkt führen, große Nähe aufbauen und damit die Hürden für informelle Gespräche so weit wie möglich abbauen. (Mehr dazu finden Sie im Kapitel 3.2: Aufgaben der Führungskraft.) Doch auch über Ihr direktes Umfeld hinaus sollten Sie sichtbar sein. Das schaffen Sie natürlich nicht, indem Sie jeden Morgen durch alle Büros gehen, um Hände zu schütteln. Hier ist planvolles Handeln gefragt! Das können Sie auf vielen Ebenen angehen: Beteiligen Sie sich an Besprechungen Ihrer Mitarbeiter, stellen Sie sich den Fragen und Sorgen der Mitarbeiter, erläutern Sie Ihre Sicht der aktuellen Situation oder bestimmter Probleme, sprechen Sie darüber, wie Sie Zusammenarbeit verstehen und was Ihnen persönlich wichtig ist. Mit anderen Worten: Gehen Sie dahin, wo viele Menschen sind, und präsentieren Sie sich als Mensch.

3. Erfüllen Sie bewusst Ihre Vorbildrolle!

Als Führungskraft sind Sie Identifikationsfigur. In Trainings sind die Teilnehmer regelmäßig davon überrascht, wie viele Situationen sie finden, in denen sie als Vorbild fungieren. Hierzu gehören Arbeitsdisziplin, Arbeitsmethodik, Einsatz, Kommunikation, Lösungsorientierung, Loyalität, Authentizität, Menschenbild und Grundhaltung, Umgang mit Feedback, Umgang mit der eigenen Gesundheit etc. – die Liste lässt sich beinahe endlos fortsetzen. Die Führungskraft stellt neben dem eigenen Lebenspartner möglicherweise die wichtigste Bezugsperson im Leben eines Arbeitnehmers dar. Die Quintessenz ist also, dass Ihre Mitarbeiter versuchen werden, sich ähnlich zu verhalten, wie Sie es tun. Bauen Sie Nähe auf und begegnen Sie Ihren Mitarbeitern mit Offenheit. Dann werden Ihre Mitarbeiter auch offen auf Sie zugehen.

Das Engagement des Mitarbeiters wird benötigt

Dyadische Führung baut selbstverständlich nicht nur auf den Einsatz der Führungskraft auf, sie benötigt ebenso das Engagement des Mitarbeiters: In einer dyadischen Beziehung ist er gefordert, sich einzubringen und der Führungskraft einen Vertrauensvorschuss zu geben. Dieser Aspekt wird im Kapitel 3.1 zur Dyadischen Führung weiter beleuchtet. Schon an dieser Stelle wollen wir jedoch auf ein häufiges Missverständnis in Bezug auf die Dyadische Führung hinweisen: Das Kennenlernen und Aufbauen einer persönlichen Beziehung zu Mitarbeitern bedeutet keineswegs „Basisdemokratie", nachlässiges, kumpelhaftes Führungsverhalten oder die Umkehr der Führungsbeziehung. Selbstverständlich sind beim Aufbau einer Führungsdyade nach wie vor der Reifegrad, die Motivationslage und die Qualifikation des einzelnen Mitarbeiters zu betrachten. Kennt die Führungskraft jedoch die Einstellungen, Motive, Vorlieben, Zuwendungskanäle, Qualifikationen und Arbeitsmethodiken ihrer Mitarbeiter, so kann sie auch in schwierigen Führungssituationen gezielter eingreifen, als wenn sie keine Führungsdyade aufgebaut hätte.

Kienbaum Expertentipp: Ist Führung Manipulation?

Ja, das ist es, definitiv. Ist das aber schlecht? – Nein, nicht per se. In unserem Sprachgebrauch hat Manipulation einen negativen Beigeschmack. Das liegt wohl daran, dass der Begriff in den Sozialwissenschaften häufig als „gezielte und verdeckte Einflussnahme" (Wikipedia) gebraucht wird. Gerade an dem Wörtchen „verdeckt" mag man sich hier stoßen. Im ursprünglichen Wortsinn bedeutet Manipulation aber nichts anderes als „Handgriff" oder „Handhabung". So betrachtet, gewinnt der Begriff Manipulation an Neutralität. Wichtig ist also nicht, ob etwas oder jemand manipuliert wird, sondern, mit welchem Ziel und mit welchen Mitteln dies geschieht. So stellt Führung immer eine Form der Manipulation dar. Schauen Sie sich einmal gängige Definitionen von Führung an. Letztlich werden Sie die häufig unhandlichen Definitionen auf die Basis einer „zielgerichteten Einflussnahme auf andere Personen" zurückführen können. Ist Führung schlecht? Manchmal schon – je nachdem, mit welchem Ziel und mit welchen Mitteln geführt wird.

Des Weiteren muss gesagt werden, dass das manipulative Element der Führung nicht nur einseitig ist. Auch Mitarbeiter werden sich Ihnen gegenüber häufig instrumentell verhalten. So wird Ihnen kaum ein Mitarbeiter sein vernichtendes Urteil über Ihre letzte Rede in der Mitarbeiterversammlung mitteilen oder Ihnen berichten, dass er momentan keine Lust auf seine Arbeit hat. Tatsächlich hat Führung in beide Richtungen fast immer auch einen politisch-instrumentellen Charakter.

1.3 Die Rolle der Führungskraft

Beispiel: Pappa ante Portas

Wer kennt ihn nicht, den deutschen Filmklassiker „Pappa ante Portas"? Wegen seines beruflichen Übereifers wird in diesem Film Herr Lohse, alias Loriot, frühzeitig in Pension geschickt und beschließt daraufhin, seine „Anstrengungen ganz dem Häuslichen zu widmen". In seiner neuen Rolle als Frührentner geht Herr Lohse nicht nur seiner Familie gehörig auf die Nerven; immer wieder blitzen auch Verhaltensweisen aus seiner früheren Tätigkeit als Einkäufer durch, z. B. bei der Bestellung mehrerer hundert Gläser Senf im „Tante-Emma-Laden", bei der Herr Lohse einen ordentlichen Mengenrabatt erhält. Als sich schlussendlich in einer Aussprache die entnervte Gattin beschwert und sagt, dass sie sich so seinen Ruhestand nicht vorgestellt habe, antwortet Herr Lohse: „Entschuldigung, das ist mein erster Ruhestand – ich übe noch ..."

Was Loriot in Pappa ante Portas schildert, ist vielen Führungskräften bereits widerfahren. Die Einnahme einer neuen beruflichen Rolle ist stets mit der Notwendigkeit verbunden, die eigenen Verhaltensweisen zu überprüfen und sich an die neue Situation und an neue Erwartungen der Kollegen, Kunden, Vorgesetzten oder Mitarbeiter anzupassen.

Aber was ist eine „Rolle" eigentlich genau? Kann man korrekterweise sagen: „Ich habe jetzt die Rolle des Bereichsleiters inne?" Oder ist eine Funktion immer mit mehreren Rollen verknüpft?

Ursprünglich ist der Begriff „Rolle" aus dem Lateinischen abgeleitet, wo „rotula" eine Schriftrolle war, auf der der antike Schauspieler seinen Text stehen hatte. Die Metapher aus dem Theaterleben ist aber beim Verständnis dessen, was eine Rolle bedeutet, in der Tat sehr hilfreich. Wer eine Rolle spielt, steht auf einer Art Bühne (sei es die Bühne „Vorstandssitzung" oder die Bühne „Treffen des Sportvereins"), und es gibt im sozialen System immer andere Personen (die anderen „Schauspieler" und die „Zuschauer"), die alle gewisse Erwartungen an den Rolleninhaber haben. Dieser muss seine Rolle nach bestimmten Regeln spielen, d. h. seinen Text beherrschen, um diesen Erwartungen gerecht zu werden.

Was ist eine „Rolle"?

Rollen sind Erwartungsbündel, die von anderen Mitgliedern des jeweiligen Systems („Rollensender“) an die Inhaber bestimmter Positionen („Rollenempfänger“) gerichtet werden. Sie sind positionsspezifisch und mehr oder weniger verbindlich und eindeutig. Jeder Mensch ist gleichzeitig Inhaber verschiedener Rollen.
Eine Rolle setzt sich immer aus fünf Elementen zusammen:

- Verhaltensweisen
- Wirkungslogiken
- Gefühle
- Wirklichkeitsvorstellungen
- Beziehungen

Man kann sich diese Elemente sehr gut am Rollenbeispiel einer Mutter verdeutlichen, die gleichzeitig als Vertriebsleiterin eines Unternehmens arbeitet und zwei Kinder erzieht. In der Rolle der Mutter wird sie sich komplett anders *verhalten*, andere Beziehungen pflegen, oft auch andere Gefühle durchleben und die Welt anders wahrnehmen, als in ihrer Rolle als Vertriebsleiterin. Dazu gehört auch eine andere *Wirkungslogik*: Je nachdem, welche Rolle sie gerade einnimmt, glaubt sie daran, auf verschiedene eigene Verhaltensweisen verschiedene Reaktionen der Umwelt zu erhalten.
Sind für das Einnehmen einer Rolle immer andere Personen notwendig, oder geht es auch ohne Rollensender? Wenn der Kellner alleine im Restaurant ist, ohne Gäste, ohne Chef, ohne Barkeeper und Küchenpersonal, dann kann er ganz „er selbst“ sein. Er muss keine Rolle spielen, weil keinerlei Erwartungen an ihn gestellt werden. Die Bühne ist sozusagen nicht öffentlich zugänglich. Vielleicht wird jedoch der Kellner schon jetzt daran denken, dass zu Hause sein Hund wartet und dass er seiner Mutter versprochen hat, sie heute anzurufen. Schon werden die Rollen des „Herrchens“ und des „Sohnes“ präsent. Ganz ohne Rolle ist man also fast niemals. Wir spielen beinahe immer verschiedene Rollen, da von verschiedenen Personen(-gruppen) Erwartungen bewusst oder unbewusst an uns herangetragen werden, manchmal parallel zueinander, manchmal nacheinander.

Wer stellt an Führungskräfte Erwartungen, welche Rollen haben sie inne? Die Mitarbeiter sind eine starke Gruppe, die Erwartungen stellt, dazu kommen die Vorgesetzten und die Kollegen. Sollten Sie mehrere Führungsebenen unter sich haben, dann werden die Erwartungen sich von Ebene zu Ebene unterscheiden, und Sie dazu zwingen, verschiedene Rollen zu spielen – je nachdem, mit wem Sie gerade interagieren. Zu diesen Rollensendern gesellen sich oft noch weitere:

- Andere Abteilungen
- Nebenhierarchien, z. B. Personalrat, Betriebsrat
- Geschäftsführung
- Kunden
- Organisationale Rahmenbedingungen, Werte, Normen, Vorschriften etc.
- Behörden
- Lieferanten
- Familie
- Freunde, Vereine, Ehrenämter ...

Es existieren also zahlreiche Erwartungsträger und ebenso viele Rollen, die Sie auszufüllen haben. Erschreckend? Fluch oder Segen? Ein wichtiger Faktor dabei ist mit Sicherheit, wie gut Sie in der Lage sind, den Rollenerwartungen gerecht zu werden. Dazu gehört zum einen Ihre Fähigkeit, eine bestimmte Rolle auszufüllen. Wer äußerst introvertiert ist oder eine sehr leise Stimme hat, wird es schwer haben, der Rolle eines Redners bei Großveranstaltungen gerecht zu werden. Zum anderen benötigen Sie dazu aber auch ein geschärftes *Rollenbewusstsein.* Mit anderen Worten: Um eine Rolle ausfüllen zu können, müssen Sie zunächst genau wissen, welche Erwartungen überhaupt an Sie gestellt werden.

Kienbaum Expertentipp: Reflektieren Sie die Erwartungen, die mit Ihrer Rolle verbunden sind.

Nehmen Sie sich 10 Minuten Zeit, um diese Fragen zu beantworten:

1. Welche Erwartungen haben meine Mitarbeiter (direkt oder über mehrere Ebenen) an mich in meiner Rolle als Führungskraft?
2. Welche Erwartungen hat mein Vorgesetzter an mich in meiner Rolle als Führungskraft?

Wie schwer ist es Ihnen gefallen, diese Fragen zu beantworten?
Viele Führungskräfte haben relativ wenig Mühe damit, die Erwartungen ihrer Mitarbeiter niederzuschreiben. Schließlich hatten sie in der Regel früher selbst diese Rolle inne und hatten bestimmte Erwartungen an ihren Vorgesetzten. Gleichzeitig erkennen die meisten Führungskräfte auch, dass sich die Erwartungen von Mitarbeiter zu Mitarbeiter unterscheiden – auch dies ist ein Faktor der Dyadischen Führung, die im Kapitel 3.1 umfassend behandelt wird. Um die Rolle der Führungskraft gut ausfüllen zu können, müssen Sie sich bewusst sein, dass sich diese Rolle in ihrer Ausgestaltung von Mitarbeiter zu Mitarbeiter unterscheiden kann.
Ist es Ihnen schwergefallen, die genauen Erwartungen Ihrer Vorgesetzten an Sie herauszuarbeiten?
Dann befinden Sie sich in guter Gesellschaft. Denn die Erwartungen, die Vorgesetzte an ihre Führungskräfte stellen, sind nicht immer klar formuliert – häufig bleiben sie relativ offen und mehrdeutig.
Was Sie bei der Beantwortung der Frage herausgefiltert haben, können eventuell *„Erwartungserwartungen“* sein: Sie erwarten, dass man etwas von Ihnen erwartet. Das kann zwar stimmen, aber auch falsch sein. Viele Dinge, die wir tagtäglich bei der Arbeit tun, entstehen aus Erwartungserwartungen. Daher ist es sehr nutzbringend, mit dem eigenen Team oder dem Vorgesetzten bewusst über die gegenseitigen Erwartungen zu sprechen. Oft gibt es nämlich Vorgänge – organisationale wie auch im privaten Alltag – die keiner wirklich will, von denen aber geglaubt wird, dass sie erwartet werden (z. B. umfängliches Reporting z. T. belangloser Sachverhalte).
Viele Führungskräfte berichten, dass ihre Vorgesetzten auf die Frage: „Was erwarten Sie von mir als Führungskraft?“ zunächst einmal überrascht reagieren und Bedenkzeit einfordern. Die Frage nach der Klärung der Erwartungen führt also das Gegenüber dazu, sich genauer damit zu beschäftigen, was es vom Anderen erwartet.
Der systematische gegenseitige Austausch von Erwartungen führt also zu einer Rollenschärfung.
Ein weiteres wichtiges Thema in diesem Zusammenhang sind die *Rollenkonflikte.* Sie entstehen oftmals aus nicht miteinander zu vereinbarenden Erwartungen von Rollensendern. Dafür kann es verschiedene Ursachen geben:

- Mehrere Rollen, die nacheinander oder sogar gleichzeitig ausgefüllt werden sollen
- Nicht klar definierte Rollenerwartungen
- Verknüpfung verschiedener, einander teilweise widersprechender Erwartungen an dieselbe Rolle
- Keine Übereinstimmung von Persönlichkeitsmerkmalen des Rollenträgers (Einstellung, Motive, Gewohnheiten) und erwartetem Rollenverhalten

Die Experten haben diese Konflikte in fünf Gruppen eingeteilt:
- Personen-Rollen-Konflikte (die Rolle passt nicht zum Träger)
- Intra-Sender-Konflikte (der Vorgesetzte erwartet gleichzeitig A und B)
- Inter-Sender-Konflikte (der Vorgesetzte erwartet Veränderung, der Mitarbeiter Bewahrung; zu diesem Vorgang finden Sie mehr im folgenden Abschnitt)
- Rollenambiguität (die Erwartungen sind nicht klar transportiert)
- Rollenüberlastung (zu viele Rollen auf einmal sollen eingenommen werden)

Denn auch dies kann eine wichtige Erkenntnis aus der Beschäftigung mit den Rollen einer Führungskraft sein: *Sie werden nicht alle Rollen perfekt ausfüllen und nicht auf allen Bühnen spielen können.* Insofern ist es Teil Ihrer Aufgabe, bestimmten Rollensendern klarzumachen, dass Sie ihren Erwartungen nicht entsprechen werden, also sozusagen „auf dieser Bühne nicht spielen werden".

1.4 Führungsambivalenzen

Beispiel: Wagners Mitarbeitergespräch

Der Abteilungsleiter Klaus Wagner ist auf dem Weg in sein Büro. Er ist bester Laune. Hat er doch heute Mitarbeitergespräche im Kalender stehen, mit den leistungsstärksten Mitarbeitern seines Teams. Er erwartet keine besonderen Schwierigkeiten und hat auch für die meisten seiner Gesprächspartner noch einen Bonbon in der Tasche: Er wird Gehaltserhöhungen aussprechen. Als Erstes trifft er auf Stefan Leber. Der ist ein 34-jähriger Referent, hat in 8 Semestern BWL studiert, ist seit Kurzem verheiratet, besonders engagiert im Job und soll den größten Gehaltsaufschlag erhalten. Routiniert beginnt Wagner das Gespräch. Er begrüßt den Mitarbeiter freundlich, skizziert die Ziele und bittet sein Gegenüber mit einer offenen Frage, seine Sicht auf das vergangene Halbjahr zu schildern. Eigentlich ist sich Wagner sicher, dass der Mitarbeiter sehr zufrieden mit seiner Arbeitssituation ist und glaubt, dass die Beziehung zwischen ihnen beiden optimal ist. Nach einigen freundlichen rhetorischen Schleifen wird der Mitarbeiter Leber jedoch deutlich: „Ich habe den Eindruck, Sie interessieren sich gar nicht mehr für mich. Alle anderen im Team bekommen Feedback und Aufmerksamkeit von Ihnen. Ich weiß schon, wo das herkommt. Sie wollen mir damit bestimmt deutlich machen, dass ich im Xerox-Projekt keine gute Figur gemacht habe." Verlegen schaut Wagner auf seine Unterlagen und sucht nach passenden Worten.

Klaus Wagner ist nach dem Gespräch enttäuscht von seinem Mitarbeiter. Er wollte ihm doch etwas Gutes tun. Zum Dank muss er sich nun anhören, dass er ihm zu wenig Aufmerksamkeit schenke.

Wie immer gilt hier: Jede Enttäuschung ist das Ende einer Täuschung. Wagner hat offensichtlich die Situation völlig falsch eingeschätzt und die Sichtweise seines Mitarbeiters nicht korrekt antizipiert. Er hat offenbar – aus der Sicht des Mitarbeiters – mit ihm in letzter Zeit weniger kommuniziert. Das war ihm gar nicht aufgefallen. Interessant ist der Bezug, den Leber zwischen den Schwierigkeiten im Xerox-Projekt und dem Verhalten seines Vorgesetzten sieht: Er vermutet hinter der mangelnden Aufmerksamkeit ein verdecktes Feedback und einen bewussten Entzug von Anerkennung.

Was macht die Mitarbeiterführung so herausfordernd? Bittet man erfahrene Führungskräfte, auf diese Frage eine Antwort zu geben, so taucht immer wieder der Begriff „Unsicherheit“ auf. Die Ungewissheit wird als besonders schwierig im Alltag erlebt. Die fehlende Klarheit darüber, ob das, was getan wird, auch wirklich das Richtige ist. Die Sorge darum, dass Dinge nicht so laufen könnten, wie sie laufen sollten. Die Einsicht, dass man Menschen nur vor die Stirn, aber nicht in den Kopf hineinschauen kann. Und das Wissen darum, dass Überraschungen nicht ausbleiben werden.
Welche Erkenntnisse können Sie aus dem obigen Beispiel für Ihren Führungsalltag ableiten?

- Stellen Sie sich darauf ein, dass die Wahrnehmung und die Interpretationsmuster Ihres Gegenübers völlig anders sind, als Ihre eigenen.
- Arbeiten Sie immer mithilfe offener Fragen diese Unterschiede heraus.
- Reflektieren Sie, dass sowohl Ihr bewusstes als auch Ihr unbewusstes Verhalten als Führungskraft von Ihren Mitarbeitern stets als Symbolhandlung gedeutet wird.

Kienbaum Expertentipp: Reflektieren Sie Ihren Alltag

Welche Situationen fallen Ihnen ein, in denen Sie von Ihrem Gegenüber in ähnlicher Weise überrascht wurden? Welche Missverständnisse lagen dem zugrunde?

Überraschende Situation	Vermutetes Missverständnis

Außer den unterschiedlichen Sichtweisen, Wahrnehmungen und Interpretationsmustern lauern noch weitere Klippen im Führungsalltag. Sie basieren häufig auf sogenannten *Führungsambivalenzen.* Unter einer Ambivalenz (von lat. ambo „beide“ und valere „gelten“) wird gemeinhin das Nebeneinander von gegensätzlichen Gefühlen, Gedanken und Wünschen verstanden. In der Umgangssprache gebräuchlicher ist das Adjektiv „ambivalent“. Es bedeutet zwiespältig, mehrdeutig oder doppelwertig.

Im Führungsprozess können vielfältige Mehrdeutigkeiten auftreten. Die wichtigsten fünf hat Oswald Neuberger 1995 herausgearbeitet:

- Nähe oder Distanz
- Vertrauen oder Kontrolle
- Gleichbehandlung oder Einzelfalllösung
- Vorschriften oder Mitdenken
- Ordnung halten oder Innovation fördern

Lassen Sie uns etwas genauer auf das Wesen dieser Dilemmata schauen. Beginnen wir mit der *Nähe-Distanz-Ambivalenz*: Führungsbeziehungen basieren auf Vertrauen. Nur, wenn der Geführte darauf bauen kann, dass die Aussagen seines Vorgesetzten auch „stimmen" und sein Verhalten authentisch ist, wird er sich auf ihn einlassen und ihm folgen.

Wer je erlebt hat, dass seine Mitarbeiter „Dienst nach Vorschrift" machen, wird diesem Aspekt wahrscheinlich uneingeschränkt zustimmen. Vertrauen kann nicht erzwungen werden, es wächst oder verliert sich in der Beziehung. Je näher ein Mensch einem anderen ist, desto mehr Vertrauen schenkt er dem Anderen. Nähe fördert also Vertrauen und Gefolgschaft. Zu viel Nähe kann in der Führung jedoch auch kontraproduktiv sein.

Ein Vorgesetzter kann sich gehemmt fühlen, dem ihm sehr nahen Mitarbeiter ein deutliches Feedback zu geben. Oder er trifft halbherzige Entscheidungen, weil er zu einseitig Rücksicht nimmt. Genauso kann aus dem Zuviel an Nähe ein unangemessenes Informationsverhalten resultieren („Was ich Ihnen noch über die Kollegin Schulze aus unserem Team erzählen wollte: Stellen Sie sich mal vor, mit was sie zu mir als ihrem Vorgesetzten kommt ..."). Es bedeutet also eine Gratwanderung, das richtige Maß aus Nähe und Distanz zu finden. Abstürze auf beiden Seiten des Grats sind möglich. Nur, wer sensibel die Vorteile und Risiken gegeneinander abwägt, kann – um im Bild zu bleiben – seinen Höhenweg fortsetzen.

Analog verhält es sich auch mit den anderen oben genannten Begriffspaaren. Hier sind einige Fragen, mit denen Sie Ihre eigene Haltung als Führungskraft überprüfen können:

- Vertrauen oder Kontrolle
  Vertraue ich meinen Mitarbeitern und fördere damit eine Kultur der Eigenverantwortung? Bemerke ich rechtzeitig, wenn Dinge aus dem Ruder laufen? Wird mein Vertrauen ausgenutzt, muss ich „andere Saiten aufziehen"? Wird mir Vertrauen entgegengebracht, wenn ich vertraue?
- Gleichbehandlung oder Einzelfalllösung
  Haben alle Mitarbeiter in meinem Team die gleichen Chancen? Werde ich als fair und gerecht wahrgenommen? Werde ich den individuellen Interessen und Bedürfnissen meiner Mitarbeiter

gerecht? Bietet eventuell eine Einzelfalllösung die beste Möglichkeit, dem individuellen Mitarbeiter gegenüber Wertschätzung auszudrücken?

- Vorschriften oder Mitdenken
  Arbeiten wir in unserem Team nach den richtigen Verfahrensweisen? Haben wir ein gemeinsames Qualitätsversprechen? Verstecken sich einzelne Mitarbeiter hinter Vorschriften? Begründen sie den Mangel an eigenem Mitdenken mit den Vorgaben von oben?
- Ordnung halten oder Innovation fördern
  Wie viel Stabilität und Ordnung benötigen wir im Team, um erfolgreich zu sein? Wann erstarren wir in Routine und verhindern so Optimierungen und Innovationen? Wie können Ordnung und Innovationskraft gleichzeitig gewährleistet werden?

Kienbaum Expertentipp: Jede Führungskraft kennt Ambivalenzen

Suchen Sie sich einen Vertrauten, mit dem Sie die oben genannten Führungsambivalenzen diskutieren können. Gehen Sie dabei die Leitfragen durch und überprüfen Sie sie anhand Ihrer Erfahrungen aus dem Führungsalltag. Sie werden schnell den Schluss ziehen können, dass es vielen Führungskräften ebenso geht wie Ihnen.

1.5 Das eigene Wertesystem und Führung

„Die fetten Jahre sind vorüber“: Beinahe-Kollaps des globalen Finanzsystems, Wirtschaftskrise, Nullwachstum – was liegt heutzutage näher, als wieder mehr „Werteorientierung“ (im Sinne von Bescheidenheit, Maßhalten, Verantwortung etc.) von Topmanagern und Führungskräften zu fordern? Ja, Werte sind wieder en vogue, und das mehr denn je. Längst vergangen sind die Zeiten, in denen Bonmots wie dieses Konjunktur hatten: „Was ist besser als bleibende Werte? Steigende!“

Oder sind diese Zeiten doch nicht vorbei? Lesen wir nicht schon wieder von der „neuen Gier“, kaum, dass die alte (nicht) überwunden ist? Spaltet sich die Gruppe der Manager nicht schon wieder in solche, die – in der Regel kurzfristigen – Erfolg um jeden Preis haben wollen und die anderen, die an nachhaltiger Wertschöpfung durchaus im Doppelsinne des Wortes – nämliche ethisch und finanziell – interessiert sind? Welcher der beiden „Managertypen" wird gewinnen? – Jüngst titelte das Harvard Business Magazine „Die 50 besten Manager der Welt". Darunter fanden sich nur wenige bekannte Namen, die meisten waren bis dahin nur Insidern geläufig oder gänzlich unbekannt. Als Indikator für Erfolg galten nicht kurzfristig zu befriedigende Shareholder-Values, sondern die Frage: Welcher Manager hat es geschafft, über Jahre hinweg eine kontinuierliche Wertschöpfung für sein Unternehmen zu erreichen? Unter diesem Gesichtspunkt verändern sich Rankings, lösen sich Widersprüche zwischen eng fokussierter finanzieller Wertschöpfung einerseits und weiter gefasster, ethischer Werteorientierung andererseits vielleicht auf …

Wer heute über die Bedeutung von „Werten im Führungsalltag" schreibt oder spricht, traktiert offenbar ein buntes, polarisierendes, irgendwie aber auch inflationäres Thema. Wir wollen das Thema mit der folgenden Fragerichtung deshalb enger und persönlicher fassen: Welches sind Ihre ganz persönlichen Werte als Führungskraft? Welche Bedeutung haben diese Werte in Ihrem Führungsalltag? Wie gehen Sie mit der Spannung zwischen Ihren eigenen Werten (Ihrem internen Referenzsystem) und den Werten Ihres Unternehmens (dem externen Referenzsystem) um? Wie bewältigen Sie Wertekonflikte zwischen Ihnen und Ihren Mitarbeitern? Können Sie auch ohne Werte führen?

Kienbaum Expertentipp: Kennen Sie Ihre eigenen Werte?

Zunächst sollten Sie feststellen, ob Sie als Führungskraft Ihre eigenen Werte kennen. Diese Frage können Sie gut mit der folgenden kleinen Übung beantworten:

- Notieren Sie auf einem Blatt Papier möglichst viele Werte, die Ihnen einfallen.
- Kreisen Sie dann Ihre ganz persönlichen Top 10 ein.
- Reduzieren Sie im nächsten Schritt Ihre Top 10 auf fünf und schließlich auf drei zentrale Werte.
- Suchen Sie sich danach einen vertrauten Gesprächspartner und gehen Sie mit diesem auf einen „Wertespaziergang". Lassen Sie sich von Ihrem Gesprächspartner fragen, warum Ihnen gerade diese Wer-

te so wichtig sind, an welchen Stellen es Ihnen als Führungskraft gelingt, sie selbst zu leben und wo es Ihnen nicht gelingt.

- Notieren Sie sich nach dem Wertespaziergang Ihre „lessons learned" und beschäftigen Sie sich in den nächsten Tagen einige Male mit der Frage, wie es Ihnen gelingen kann, Ihre Werte noch konsequenter zu leben.

Die Bedeutung Ihrer Werte im Führungsalltag

In Führungsseminaren führen wir die oben beschriebene Übung häufig durch. Als Ergebnis finden sich auf den Blättern der Teilnehmer nicht etwa „Geld, Erfolg und Karriere“, sondern Werte wie Vertrauen, Loyalität, Authentizität, Familie, Liebe etc. Woher kommt dieser Unterschied zwischen den offenbaren Merkmalen einer erfolgreichen Karriere und den von den Führungskräften nach eigener Aussage verfolgten Werten? Empfinden Sie ähnliche Ambivalenzen und wenn dies der Fall ist, wie können Sie damit umgehen?
Wir unterscheiden zwischen dem *internen Referenzsystem* einerseits und dem *externen Referenzsystem* andererseits. Zum internen Referenzsystem gehören jene Werte, Einstellungen und Normen, an denen Sie sich in Ihrem (Privat-)Leben persönlich orientieren. Das externe Referenzsystem bilden die Werte, Normen und kulturellen Leitsätze Ihres (beruflichen) Umfelds, insbesondere des Unternehmens, das Sie als Führungskraft vertreten.
Untersuchungen haben gezeigt, dass Führungskräfte langfristig und nachhaltig besonders erfolgreich sind, wenn das interne und das externe Referenzsystem generell übereinstimmen. Bestehen hier Diskrepanzen, wird die Führungskraft zunächst versuchen, das externe Referenzsystem auf Kosten des internen zu übernehmen. Wenn die Diskrepanzen jedoch zu groß sind, wird sie irgendwann überprüfen müssen, ob ihr internes Referenzsystem überhaupt zum externen des Unternehmens passt.
Wenn Sie von diesem Problem betroffen sind, stellt sich dieselbe Frage möglicherweise auch für Ihre Mitarbeiter. Und häufig können Sie in der Antwort Gründe für Demotivation, Burnout oder Underperformance finden. Im Konflikt zwischen internem und externem Refe-

renzsystem bieten sich den Betroffenen dann schlussendlich nur noch die klassischen drei Alternativen: „Love it, change it or leave it".
Für die Definition der eigenen Werte und damit auch dafür, inwiefern internes und externes Referenzsystem zusammenpassen, ist jede Führungskraft wie auch jeder Mitarbeiter selbst verantwortlich. Umgekehrt haben Führungskräfte jedoch die Möglichkeit, mit ihren eigenen Werten die Kultur und die Normen ihres Unternehmens zu prägen. Je stärker ihnen das gelingt, um so mehr sprechen wir von „leadership".

Die Bewältigung von Werte-Spannungsfeldern und Wertekonflikten

Es liegt auf der Hand, dass die Unterscheidung zwischen internem und externem Referenzsystem potenziell ein großes Spannungs- und Konfliktfeld eröffnet. Was machen Sie als Führungskraft, wenn Gerechtigkeit zu Ihren Kernwerten gehört und Sie plötzlich aus einer Gruppe gleich guter Mitarbeiter jeden zweiten entlassen müssen? Wie reagieren Sie, wenn Leistungsorientierung und Pflichterfüllung zu Ihren Kernwerten gehören und Sie merken, dass sich Ihre (jüngeren) Mitarbeiter viel stärker an Werten wie Selbstverwirklichung und persönlicher Entwicklung orientieren?
Auf solche Fragen gibt es keine Pauschalantworten. Sicher ist aber, dass Werte-Spannungsfelder und Wertekonflikte nicht konstruktiv bewältigt werden können, wenn Werte als etwas Statisches und Eindimensionales aufgefasst werden. Vielmehr gehört zu jedem Wert auch ein „Gegenwert", quasi also sein Gegenteil. Jeder Wert kann, wenn er überfrachtet wird, auch negative Wirkungen haben. Betrachten wir eine junge Nachwuchsführungskraft in einem internationalen Konzern, in deren Wertehierarchie „Authentizität" ganz oben steht. So weit, so gut. Es kann allerdings passieren, dass diese junge Führungskraft sich sehr schwer damit tun wird, im Konzern Karriere zu machen: Sie wird möglicherweise viele Verhaltensweisen von Vorgesetzten und Kollegen als reines „Rollenverhalten" brandmarken und nicht bereit dazu sein, deren „Machtspiele" mitzuspielen. Tatsächlich gehören aber „psychologische Spiele" zu jedem Berufsalltag und nur derjenige kann aus ihnen aussteigen, der sie kennt, sie durchschaut

und ein eigenes adäquates „Rollenverhalten“ ausbildet. (Mehr zur Rolle der Führungskraft finden Sie im Kapitel 1.3.)
Friedemann Schulz von Thun (vgl. F. Schulz von Thun, F. Ruppel, R. Stratmann 2003) spricht in diesem Zusammenhang vom sogenannten „Wertequadrat“ bzw. „Entwicklungsquadrat“: Übertriebene Authentizität in unserem Beispiel kann zu „naiver Unverblümtheit“ führen. Deshalb sollte sie in einem ausgeglichenen Verhältnis zum „eigenen Wirkungsbewusstsein“ stehen (das wiederum, wenn es übertrieben wird, als Fassade gedeutet werden kann). Die folgende Grafik zeigt das Wertequadrat anhand des genannten Beispiels:

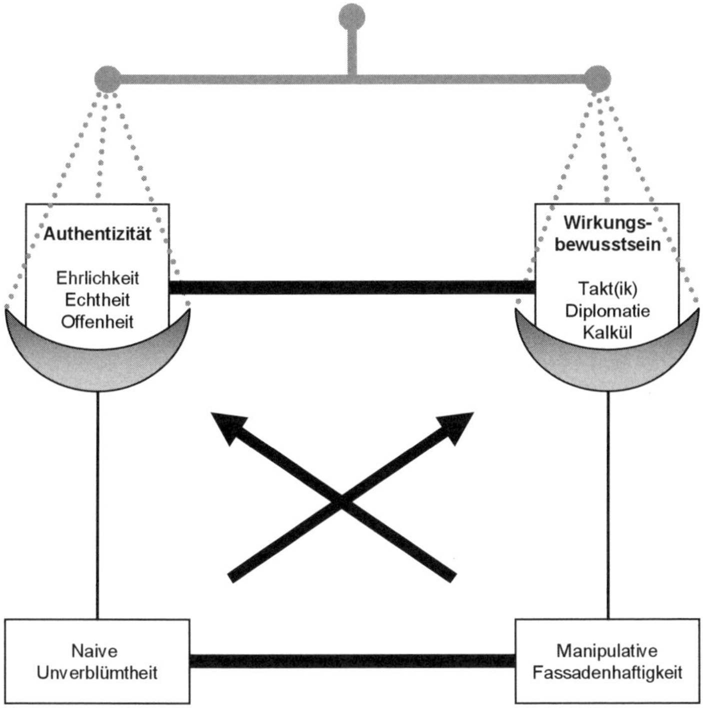

Das Werte- und Entwicklungsquadrat nach F. Schulz von Thun

Können Sie ohne Werte führen?

Die Antwort auf diese Frage erinnert an den Merksatz von Paul Watzlawick zum Thema Kommunikation: „Wir können nicht nicht kommunizieren". Wer führt, führt immer wertebasiert. Werte sind Normen, Glaubenssätze („Beliefs"), Leitplanken, die unserem gesamten Denken und Verhalten zugrunde liegen. Sie können diese tieferliegenden, mitunter unbewussten Werte, die gewissermaßen das „Programm" Ihres Führungshandelns mitbestimmen, zu Tage fördern: Eine geeignete Methode dafür finden Sie im Kapitel 1.1 beim Expertentipp „Ihre Führungsleitlinie". Dieses Programm kann – um im Bild zu bleiben – aktualisiert, umprogrammiert oder sogar ausgetauscht werden. Die gute Nachricht für jede Führungskraft und auch für jeden Mitarbeiter: Werte sind veränderbar. Allerdings lässt sich das interne Referenzsystem nur sehr langsam verändern. Häufig bedarf es einschneidender Erlebnisse oder langer Zeitspannen zur Veränderung. Das externe Referenzsystem ist abhängig von der Unternehmenskultur. Auch diese lässt sich mit viel Geduld nach dem Motto „Steter Tropfen höhlt den Stein" sicherlich beeinflussen. Leichter ist ein Wechsel des externen Referenzsystems selbstverständlich durch einen Wechsel des Arbeitgebers zu erreichen.
Letztlich stellt sich also nicht die Frage, ob Sie mit oder ohne Werte führen, sondern die Frage, mit *welchen* Werten Sie führen. Je transparenter Ihre Werte im Führungsalltag für Sie selbst und Ihre Mitarbeiter sind, desto klarer können Sie Führungsbeziehungen aufbauen – oder auch beenden.
Lassen Sie sich nicht zu sehr beeindrucken von den aktuellen Diskussionen um „Werteorientierung" angesichts des nach wie vor kriselnden Turbokapitalismus. Topmanager nutzen sie heutzutage gerne, um sich publikumswirksam in Betriebsversammlungen oder Talkshows darzustellen. Als Führungskraft stehen Sie vor der ganz persönlichen Herausforderung, einmal innezuhalten, Ihr eigenes Wertesystem und dessen Konsequenzen auf Ihr Führungsverhalten zu reflektieren und zu prüfen, ob Ihre eigene Balance zwischen „Werten" und „Gegenwerten" stimmig ist. Diese Prüfung können Sie in der Regel nicht alleine vornehmen: Sie erfordert ein regelmäßiges Feedback Ihrer Mitarbeiter, Kollegen, Vorgesetzten und – last, but not least – aus Ihrem privaten Umfeld, dessen Korrektiv-

Funktion (zu) viele Manager irgendwo unterwegs verloren, vergessen oder schlicht verdrängt haben.

1.6 Literatur

- Ammon, S. (2005): Commitment, Leistungsmotivation, Kontrollüberzeugung und erlebter Tätigkeitsspielraum von Beschäftigten in Unternehmen und Behörden im Vergleich. Lit Verlag.
- Bass, M. B. & Avolio, B. (1994): Improving Organizational Effectiveness Through Transformational Leadership. Thousand Oaks.
- Ganter, H.-D. & Walgenbach, P.: Empirische Untersuchungen zum Arbeitsverhalten von Managern. In: Kieser, A., Reber, G., Wunderer, R. (1995): Handwörterbuch der Führung. Schäffer-Poeschel-Verlag.
- Maslow, A. H. (1943): A Theory of Human Motivation. Psychological Review, Nr. 50.
- McGregor, D. (1960): The Human Side of Enterprise. Mcgraw-Hill Professional.
- Neuberger, O. (1995): Führungsdilemmata. In: A. Kieser: Handwörterbuch der Führung. Schäffer-Poeschel-Verlag.
- Ofenloch, C. & Madukanya, V. (2007): Organisationales Commitment: Entstehungsbedingungen und Einflussfaktoren am Beispiel einer deutschen Großbank. In: Mannheimer Beiträge zur Wirtschafts- und Organisationspsychologie.
- Schein, E. H. (1996): Career Anchors Revisited: Implications for Career Development in the 21st Century. Academy of Management Executive, Vol. 10, Issue 4.
- Schulz von Thun, F. & Ruppel, F. & Stratmann, R. (2003): Miteinander Reden: Kommunikationspsychologie für Führungskräfte. Reinbek.
- Zimbardo, P. G. (1999): Psychologie. Eine Einführung. Pearson Studium.

SICH SELBST FÜHREN
MITARBEITER FÜHREN
TEAMS FÜHREN
ORGANISATIONEN FÜHREN

2 Sich selbst führen

Beispiel: Delegation und Selbstmanagement

In unzähligen Trainings haben wir die Erfahrung gemacht, dass es den Trainingserfolg, also den Transfer in die Praxis, deutlich erhöht, wenn unsere Teilnehmer sich auch in ihrem Arbeitsalltag mit den diskutierten und trainierten Inhalten beschäftigen. Im Anschluss an ein Trainingsmodul zum Thema Delegation bekommen die teilnehmenden Führungskräfte daher beispielsweise den Auftrag, ihre Art und Weise, Aufgaben an Mitarbeiter zu delegieren, in der Praxis zu überprüfen.

Gerade in mehrmoduligen Trainings hört man so immer wieder spannende Berichte zu den Transfererfolgen von Trainingsinhalten in den Führungsalltag. Teilweise sind die Berichte erheiternd – zuweilen bringen sie einen Trainer aber auch zum Verzweifeln: So berichtete ein Teilnehmer eines mehrmoduligen Teamleitertrainings nach zweiwöchiger Pause zwischen den Modulen: „Also wissen Sie: So kurz vor Weihnachten ist bei uns immer viel los. Da hatte ich leider gar keine Zeit zum Delegieren!"

Das oben genannte Beispiel stellt (zum Glück) die Ausnahme dar. Trotzdem zeigt es deutlich, wie eng die Führung der eigenen Person mit der Mitarbeiterführung zusammenhängt. Sicherlich wäre es für den Teamleiter aus dem Beispiel sinnvoll, zunächst an seinem *eigenen* Zeit- und Selbstmanagement zu arbeiten, bevor er sich in die tägliche Arbeit stürzt.

Einige wichtige Aspekte zum Thema „sich selbst führen“ haben Sie bereits im ersten Kapitel kennengelernt: Die Rollen und damit verbundene Erwartungen, der konstruktive Umgang mit Führungsambivalenzen und auch die Frage danach, welche Werte Ihnen persönlich wichtig sind. Einige weitere Aspekte sollen in diesem Kapitel diskutiert werden. Hierzu gehören:

- Zeit- und Selbstmanagement: Bevor eine Führungskraft Verantwortung für Andere übernimmt, sollte sie zunächst in der Lage sein, Verantwortung für sich selbst zu übernehmen.

- Work-Life-Balance: Hier geht es darum, sich nicht nur berufliche, sondern auch private Ziele zu stecken. Nur so erreichen Sie ein ressourcenschonendes Gleichgewicht – und gerade für Führungskräfte stellt dies eine ständige Herausforderung dar.
- Innere Antreiber: Wer kennt ihn nicht, den kleinen „Mann im Ohr", der uns ständig dazu antreibt, Dinge zu tun oder zu lassen. Auch er beeinflusst Ihre Art zu führen.
- Netzwerkbildung: Die „Networking-Plattformen" schießen geradezu wie Pilze aus dem Boden. Tatsächlich gibt es Studien, die belegen, dass der berufliche Erfolg mit der Größe und Qualität des eigenen Netzwerkes zusammenhängt.

Dieses Kapitel könnte anstrengend werden! Immer wieder zeigt sich in den Evaluationsbögen von Führungskräftetrainings, dass andere Themen deutlich besser ankommen – man ist doch auf einem Führungskräftetraining und nicht etwa in einem Selbsterfahrungskurs. Und diese Reaktion ist nur allzu verständlich, denn hier geht es darum, Verhaltensweisen zu reflektieren, die sich häufig über Jahrzehnte eingeschliffen haben!

Das ist gut so – und viele dieser Verhaltensweisen sollten Sie dringend beibehalten. Ziel ist es nicht, alles anders zu machen als bisher. Trotzdem ist es wichtig, Ihr eigenes Verhalten und gewiss auch Ihre Grundeinstellungen im Arbeitskontext zu überdenken und solche Anteile zu ersetzen, die nicht zweckmäßig oder gar dysfunktional sind.

Eines ist auch klar: Je mehr Sie über sich selbst nachdenken, umso größer ist die Wahrscheinlichkeit, dass Sie eigene Schwächen oder Veränderungsbedarfe aufdecken werden.

Auch dies ist letztlich gut so, denn die meisten Ihrer Fehler oder Schwächen haben Andere sowieso längst entdeckt. Es wird also höchste Zeit, dass Sie sich selbst damit auseinandersetzen.

2.1 Den Alltag effizient organisieren

Beispiel: Just do it versus Zeit- und Selbstmanagement

Ein Spaziergänger geht durch einen Wald und begegnet einem Waldarbeiter, der hastig und mühselig damit beschäftigt ist, einen bereits gefällten Baumstamm in kleine Teile zu zersägen. Der Spaziergänger tritt näher heran, um zu sehen, warum der Holzfäller sich so abmüht, und sagt dann: „Entschuldigen Sie, aber mir ist da etwas aufgefallen, Ihre Säge ist ja total stumpf, wollen Sie sie nicht einmal schärfen?" Darauf stöhnt der Waldarbeiter erschöpft auf und erklärt: „Dafür habe ich keine Zeit – ich muss sägen!"

Dieses Beispiel von einem der bekanntesten Autoren zum Zeit- und Selbstmanagement, Lothar J. Seiwert, zeigt hervorragend die Bedeutung planvollen Vorgehens. Und wer kennt das Gefühl nicht, sich morgens keinen detaillierten Tagesplan zurechtlegen zu können, weil man so viel zu tun hat?
Mit dem Zeit- und Selbstmanagement verhält es sich manchmal genauso wie mit dem Fahren per Navigationssystem. Die meisten Menschen fahren erst einmal los und programmieren das Navi dann während der Fahrt (oft sogar erst dann, wenn sie Sorge haben, falsch gefahren zu sein). Der Zeitaufwand für das Programmieren vor der Fahrt wäre manchmal sicherlich gut angelegt. Aber auch in Ihrem Arbeitsalltag werden Sie wahrscheinlich viele ähnliche Beispiele finden.
Der Themenkomplex „Zeit- und Selbstmanagement" ist sehr umfangreich und umfasst genügend Inhalte für ein eigenes Buch. Hier können daher nur einige grundlegende Werkzeuge des Zeit- und Selbstmanagements diskutiert werden, die sich in langjähriger Erfahrung als besonders nutzbringend herausgestellt haben.

Das Pareto-Prinzip

Beispiel: Was ziehen Sie morgens an?

Stehen auch Sie morgens regelmäßig vor einem Kleiderschrank, der aus allen Nähten platzt und wissen trotzdem häufig nicht, was Sie anziehen sollen? Überschlagen Sie doch einmal, in wie viel Prozent der Zeit Sie wie viel Prozent Ihrer Kleidung tragen. Wenn Sie in ca. 80 % der Zeit 20 % Ihrer Kleidung tragen, verhalten Sie sich genau nach dem Pareto-Prinzip.

Im Zuge seiner Berechnungen des Volksvermögens in Italien hat Vilfredo F. Pareto festgestellt, dass etwa 20 % der italienischen Familien ca. 80 % des Vermögens besaßen. Infolge dieser Entdeckung entwickelte er die 80-zu-20-Regel: das Pareto-Prinzip. Verallgemei-

nert lehrt uns das Pareto-Prinzip, dass wenige wichtige Aspekte mehr zum Gesamtwert beitragen als viele unwichtige Aspekte. Diese abstrakte Regel lässt sich grob auf viele verschiedene Bereiche übertragen. So hat man beispielsweise herausgefunden, dass in einer Wohnung 20 % des Teppichs eine Gesamtabnutzung von 80 % aufweisen. Ähnlich verhält es sich mit Supportanfragen über das Internet. In ca. 80 % der Fälle handelt es sich um die gleichen 20 % der auftauchenden Problemstellungen.
Auf den Arbeitsalltag bezogen, könnte dies bedeuten, dass 20 % Ihrer Mitarbeiter 80 % Ihrer Zeit und Aufmerksamkeit binden. Im Zusammenhang mit dem eigenen Zeit- und Selbstmanagement wird häufig berichtet, dass 20 % der Arbeit an einem Problem oder einem Projekt schon 80 % der Ergebnisse erbringen. So können Sie unzählige Beispiele für die 80-zu-20-Regel finden.
Bei allen diesen Beispielen werden Sie möglicherweise einige Kritikpunkte anbringen:

1. So ganz genau kommt es ja wahrscheinlich nicht hin mit den 80 % und den 20 %.
2. Manchmal brauche ich aber wirklich 100 %. Wenn ich beispielsweise eine Vorstandspräsentation vorbereite, werde ich mich hüten, nur zu 80 % vorbereitet zu sein.
3. Wenn das Pareto-Prinzip so universell gültig ist, dann lohnt es sich gar nicht, mir Gedanken darüber zu machen. Schmeiße ich die überflüssigen 80 % Kleidung aus meinem Schrank heraus und kaufe mir neue, die ich wirklich anziehe, dann gilt die Regel nicht mehr – wenn sie aber doch wiederum gilt, dann habe ich nur eines geschafft, nämlich meinen Kontostand zu reduzieren, denn ich ziehe ja wieder nur 20 % meiner Kleidung an.

Mit allen diesen Punkten hätten Sie völlig recht, auch wenn der dritte, etwas philosophische Aspekt hier nicht näher beleuchtet werden soll. Die wenigsten der Befunde sind wirklich wissenschaftlich abgesichert. 80 % und 20 % können Sie eher als grobe Richtwerte betrachten. Selbst wenn Sie aber in 40 % Ihrer Zeit ein Ergebnis von 80 % erreichen können, hätten Sie immerhin 60 % Ihrer Zeit gespart (Ihr Partner oder Ihre Partnerin wird sich freuen, wenn Sie mal früher nach Hause kommen)! Das Pareto-Prinzip bietet also ledig-

lich eine gute Grundlage für die Selbststeuerung. Nicht mehr, aber eben auch nicht weniger. Und diesen Vorteil sollten Sie sich zunutze machen.
Wenn Sie allerdings tatsächlich gerade an einem wichtigen Projekt (z. B. an einer Vorstandspräsentation) arbeiten, dann ist das Pareto-Prinzip für diesen Moment unter Umständen kein gutes Steuerungsinstrument.

Kienbaum Expertentipp: Wie viel Prozent benötigen Sie wirklich?

Diese Frage kann Ihnen niemand anderes beantworten. Sie können sie sich aber selbst stellen und für jeden Einzelfall entscheiden, ob das Pareto-Prinzip anwendbar ist. Arbeiten Sie ein erstes Konzeptpapier aus, so sollten Sie die 100%ige Arbeit dringend vermeiden. Sie werden sowieso mindestens 50 % Ihres Papiers noch einmal überarbeiten müssen. Als Diskussionsgrundlage und für die Entscheidung über die nächsten Schritte oder die weitere Ausrichtung reichen Ihnen 80 % in jedem Fall!
Diese Fragen können Ihnen bei der Entscheidung helfen, ob Sie Pareto anwenden können:

- Für welchen Personenkreis arbeite ich gerade? Was erwarten diese Personen von mir?
- In welchem Stadium befindet sich der Arbeitsprozess gerade? Sind weitere Diskussionen und Kursänderungen zu erwarten?
- Was passiert, wenn noch nicht alles bis in das letzte Detail ausgearbeitet ist? Wo liegen die Vorteile eines „losen" Entwurfs?
- Arbeite ich inhaltlich oder muss ich mich auch (schon) um formale/administrative Aspekte kümmern?
- Sollte ich die gesamte Arbeit leisten oder liefere ich nur einen Rahmen, um die Feinarbeit zu delegieren?
- Gibt es andere Projekte oder Themen, für die ich Zeit aufwenden müsste, zu denen ich aber nicht komme, da ich ein Projekt zu 100 % bearbeiten möchte?

Das Pareto-Prinzip lässt sich übrigens auch in der Führungsarbeit an vielen Stellen entdecken. Oft verbringen Manager beispielsweise viel zu viel Zeit mit jenen Mitarbeitern, die nur wenig Leistung erbringen, anstatt sich um die „High Performer" zu kümmern – nicht selten mit dem Ergebnis, dass letztere das Unternehmen verlassen, weil sie nicht genug Stimuli und Zuwendung erhalten.

Die A-L-P-E-N-Methode

Die A-L-P-E-N-Methode geht auf den bekannten Autor Lothar J. Seiwert zurück. Sie liefert eine vergleichsweise einfache und zeitsparende Anleitung für die Planung Ihres Tagesablaufs. Die fünf Buchstaben stehen für die Tätigkeiten der einzelnen Planungsschritte:

A Aufgaben (Termine und Aktivitäten) notieren
In dieser Phase stellen Sie eine To-do-Liste auf. Listen Sie alle Aufgaben des Tages zunächst ungeordnet auf, um sich einen Überblick über die anstehenden Tätigkeiten zu verschaffen.

L Längen schätzen
In der zweiten Phase geben Sie für alle Punkte der To-do-Liste die zeitlichen Bedarfe an. Dabei sollten Sie auch feststehende Termine berücksichtigen. In dieser Phase ist es wichtig, dass Sie sich um eine realistische Schätzung des jeweiligen Zeitbedarfs bemühen und vor allem nicht zu knapp kalkulieren. Für einige Tätigkeiten ist es sinnvoll, sich ein Zeitlimit zu setzen. An dieser Stelle können Sie die A-L-P-E-N-Methode und das Pareto-Prinzip sehr gut miteinander verbinden.

P Pufferzeiten einplanen
Pufferzeiten sind zunächst die Pausen, die Sie in Ihren Tagesablauf integrieren sollten. Außerdem werden Sie es aber auch kaum schaffen, den ganzen Tag vollkommen konzentriert und vor allem ungestört zu arbeiten. Daher sollten Sie unbedingt den realistischen Zeitbedarfen aus Phase 2 ausreichend Puffer hinzufügen, damit Sie nicht schon nach dem ersten To-do des Tages Ihrem Zeitplan hinterherlaufen. Da Sie als Führungskraft normalerweise einen besonders fragmentierten Arbeitsalltag mit vielen einzelnen kurzen Arbeitsepisoden haben (vgl. die Untersuchungen von Ganter und Walgenbach, 1995), ist tatsächlich ein Zeitpuffer von 40 % realistisch.

E Entscheidungen treffen
An dieser Stelle bewerten Sie Ihre Aufgaben: Wenn Sie alles selbst übernehmen und sofort erledigen, dürfte selbst die beste A-L-P-E-N-Planung Ihnen nicht zu genügend Zeit verhelfen. Daher entscheiden Sie im vierten Schritt darüber, welche Aufgaben Sie sofort ausführen, welche Sie gar nicht erledigen müssen

und welche Sie delegieren oder zunächst aufschieben können. Außerdem entscheiden Sie, in welcher Reihenfolge Sie die Aufgaben abarbeiten und in diesem Zuge auch, welche Aufgaben zusammen bearbeitet werden sollten, weil sie inhaltlich ähnlich sind.

N Nachkontrolle
In der letzten Planungsphase überprüfen Sie am Ende des Arbeitstages, ob alle To-dos abgearbeitet wurden. Gleichzeitig sollten Sie überprüfen, ob Ihre Tagesplanung realistisch war. So können Sie den Zeitbedarf für die verschiedenen Tätigkeiten in Zukunft noch besser einschätzen.

Die A-L-P-E-N-Methode ist einfach durchzuführen. Sie brauchen dazu allerdings ein wenig Disziplin und eine gute Fähigkeit zur Einschätzung der Zeiten. Tatsächlich werden Sie die Tagesplanung aber mit der Zeit immer leichter und schneller erledigen können. Gerade, wenn Sie denken, dass Sie für solche formalisierten Schritte keine Zeit haben, sollten Sie die Methode dringend ausprobieren: Sie wird Ihnen nicht nur eine Menge Zeit, sondern auch eine Menge Frustration ersparen, da Sie Ihren Arbeitsalltag besser in der Hand haben. Präsident Abraham Lincoln sagte dazu einmal: „Give me six hours to chop down a tree and I will spend the first four sharpening the axe." (Geben Sie mir sechs Stunden Zeit, einen Baum zu fällen und ich verwende die ersten vier darauf, die Axt zu schärfen.)
Ein weiterer Vorteil der A-L-P-E-N-Methode ist, dass Sie anhand Ihres Tagesplanes sehen, was Sie alles geschafft haben und sich gleichzeitig die noch zu erledigenden Aufgaben bewusst machen. Diese mentale Vorbereitung kann Ihnen dabei helfen, den nächsten Arbeitstag zügig zu beginnen.

Zielsetzung

Auch das richtige Formulieren von Zielen ist eine Methode, die dem Zeit- und Selbstmanagement zugerechnet werden kann (es kann allerdings auch in vielen anderen Kontexten nutzbringend verwendet werden). Wenn Sie Ihre Ziele sorgfältig setzen, kann Ihnen das sehr viel Zeit und Frustration ersparen. Wie wichtig die korrekte Formulierung Ihrer Ziele ist, zeigt Ihnen ein kurzes Experiment.

Ein Experiment zur Zielformulierung

Bestimmt haben Sie ein A4-Blatt Papier und einen (Müll-)Eimer oder ähnlichen Behälter zur Hand. Stellen Sie den Eimer in ca. 4–5 m Entfernung vor sich auf, knüllen Sie das Blatt zu einem Ball zusammen und spielen Sie zwei Runden mit je 10 Würfen:

- 1. Runde: Werfen Sie Ihre Papierkugel in den Eimer. Versuchen Sie sich in dieser Runde vorzustellen, welche Flugbahn die Kugel nimmt und wie sie schließlich im Eimer landet. Erst wenn Sie dieses Bild vor Augen haben, beginnen Sie zu werfen. Führen Sie sich Ihr Ziel vor jedem Wurf erneut vor Augen und zählen Sie, wie viele Treffer Sie erzielen.
- 2. Runde: Werfen Sie in keinem Fall neben den Eimer. Versuchen Sie in dieser Runde um jeden Preis zu vermeiden, neben den Eimer zu werfen. Werfen Sie weder zu weit noch zu kurz. Werfen Sie nicht links und nicht rechts daneben. Zählen Sie, wie häufig Sie neben den Eimer werfen und sagen Sie sich vor jedem Wurf wieder, wie wichtig es ist, in keinem Fall daneben zu werfen.

Wenn Sie nach dieser Übung in der ersten Runde (deutlich) mehr Treffer erzielt haben als in der zweiten, geht es Ihnen wie den meisten Menschen. Ist das nicht erstaunlich? Das Ziel (Papierkugel in den Eimer) war doch eigentlich dasselbe. Sollte – wenn überhaupt ein Unterschied besteht – der Übungseffekt in der zweiten Runde nicht dafür sorgen, dass Sie mindestens genau so häufig treffen? Was ist passiert?

Fangen wir von hinten an. In der zweiten Runde nehmen Sie sich ein „Nicht-Ziel“ vor. Sie stellen sich vor, was Sie alles nicht erreichen wollen (nicht zu weit, nicht zu kurz ...). Dazu kommt noch, dass Sie in die Formulierung des Ziels mit den Worten „neben den Eimer“ genau das integrieren, was Sie nicht wollen, nämlich, neben den Eimer zu werfen. Unser Gehirn ist letztlich immer bemüht, unsere Umwelt zu vereinfachen – zum Glück. Denken Sie aber die Worte „neben den Eimer“, dann haben Sie schon die besten Voraussetzungen dafür geschaffen, genau dorthin zu werfen.

In der ersten Runde hingegen haben Sie sich ein deutliches Ziel vor Augen geführt. Sie haben sich vorgestellt, wie Sie es erreichen können und haben sich damit auf die Aufgabe vorbereitet. Außerdem haben Sie Ihr Ziel positiv formuliert. Die Voraussetzungen aus „Sicht“ Ihres Gehirns sind deutlich besser, denn Sie wollen ja wirklich „in den Eimer“ werfen. Dies hilft ungemein, das Ziel auch tatsächlich zu erreichen. Eine ähnliche Methode wenden viele Sportler an: Sicher haben Sie schon einmal Skifahrer vor dem Slalom beobachtet, wie sie in tiefer Konzentration gedanklich jede Kurve ausfahren und sich verschiedene Bodenbeschaffenheiten vorstellen. Kein Profiskifahrer käme auf die Idee, sich zu überlegen, dass er auf keinen Fall gegen die Fahne fahren möchte oder dass er auf einer eisigen Stelle bloß nicht ausrutschen darf.

Wie sollte man seine Ziele nun aber formulieren?

Die gängigste Art ist Ihnen vielleicht schon begegnet: Formulieren Sie Ihre Ziele „SMART“. Bei dieser Methode stehen die fünf Buchstaben im Wort SMART für englische Eigenschaftswörter:

S Specific

Formulieren Sie sehr konkret und präzise, was Sie erreichen möchten. Je konkreter die Formulierung, desto genauer gibt Ihr Ziel Ihnen den Weg dorthin vor.

M Measurable

Sie sollten messen können, wann Sie ein Ziel erreicht haben bzw. wie weit der Weg zum Ziel noch ist. Bei längerfristigen Zielen sollten Sie Zwischenziele definieren, um auf Planabweichungen unverzüglich reagieren zu können.

A Attainable

Für das A von SMART gibt es im Deutschen verschiedene Übersetzungen. Manche übersetzen es mit „attraktiv“, Andere mit „anspruchsvoll“ und wieder Andere mit „akzeptiert“. Attainable bedeutet eigentlich „erreichbar“, dieser Begriff passt in der deutschen Übersetzung aber genau wie „akzeptiert“ eher in die nächste Kategorie. Bilden Sie eine Mischung aus „attraktiv“ und „anspruchsvoll“, dann können Sie wahrscheinlich Ihr Ziel optimal formulieren: Natürlich sollte Ihr Ziel auf irgendeine Art und Weise attraktiv sein. Ansonsten dürfte die Arbeit an diesem Ziel sehr unbefriedigend und zur reinen Pflichterfüllung werden. Wenn Ihr Ziel gleichzeitig anspruchsvoll ist, wird es Sie herausfordern: Sie werden dann eher dazu bereit sein, einen erhöhten Aufwand auf sich zu nehmen, da Ihre intrinsische Motivation angesprochen wird (mehr dazu finden Sie im ersten Expertentipp im Kapitel 1.2).

R Realistic
Ein Ziel muss also realistisch sein, d. h. mit vertretbarem Aufwand erreichbar (attainable), damit Sie es als ein Ziel akzeptieren können, für das der Einsatz sich lohnt. Wenn Ihre Ziele zu anspruchsvoll sind, werden Sie möglicherweise gar nicht erst mit der Bearbeitung anfangen.

T Timely
Jedes Ziel sollte mit Terminen versehen werden. Dazu gehören sowohl der Zeitpunkt, zu dem Sie Ihr Ziel (spätestens) erreichen sollten als auch die Definition von Zwischenzielen und notwendigen Prüfvorgängen, um Ihr Handeln immer wieder neu auf die Erreichung Ihres Ziels auszurichten.

Wenn Sie Ihre Ziele nach den SMART-Kriterien formulieren, stellen Sie damit zum einen sicher, dass Sie sie auch erreichen können. Zum anderen geben schon Ihre Ziele selbst Ihnen eine Handlungsanleitung. Die Zielformulierung dauert sicher länger, wenn Sie sie gewissenhaft durchführen. Die Zeitersparnis ist in vielen Fällen aber enorm. Außerdem ersparen Sie sich eine Menge Frustration, denn Sie werden keine Ziele mehr verfehlen, nur weil sie von vornherein falsch gesteckt waren.

2.2 Klare Ziele: Die Persönliche Balanced Scorecard

„Nur wer sein Ziel kennt, findet den Weg“ (Laozi, chinesischer Philosoph, der im 6. Jh. v. Chr. gelebt haben soll). Diese Aussage unterstreicht die immense Bedeutung von Zielen. Woran denken Sie, wenn Sie nach Ihren Zielen gefragt werden?
In vielen Fällen werden die „eigenen Ziele“ mit beruflichen Zielen gleichgesetzt. Zu einem gewissen Teil stimmt dies sicher auch. Trotzdem sind auch persönliche – im Sinne von private – Ziele

wichtig, denn normalerweise füllen wir nicht nur eine berufliche Rolle aus, sondern sind auch, vielleicht sogar in erster Linie, Familienmütter oder -väter, Mitglieder von Sportvereinen, Freunde bzw. Freundinnen etc.

So kann es für den Bereichsleiter eines mittelständischen metallverarbeitenden Unternehmens neben dem Ziel der Qualitätssicherung beispielsweise ein wichtiges Ziel sein, das Wochenende für die Familie frei von „Arbeit" zu halten oder einen Abend in der Woche zu definieren, an dem er sich mit einem Freund zum Tennisspielen verabredet. Das als ideal empfundene Verhältnis von beruflichen zu privaten oder persönlichen Zielen ist individuell höchst verschieden. Sie selbst müssen und dürfen entscheiden, wie viel Zeit und Energie Sie in welche Bereiche Ihres Lebens investieren.

Nun werden Sie vielleicht denken: „So ganz frei kann ich mich ja doch nicht entscheiden." Da gibt es Ihren Chef, der ständig neue Aufgaben für Sie hat und vielleicht wacht ein Controlling, welches Sie über Leistungsdefizite informiert. Da ist Ihre Familie, die es gerne sehen würde, wenn Sie mehr Zeit für sie hätten, da sind vielleicht Ihre eigenen Wünsche, mehr Sport zu treiben, mehr Zeit für die Entspannung zu finden – die Ansprüche sind sicherlich vielfältig. Nun könnten Sie sich Ihre „eigenen" Ziele danach setzen, wie durchsetzungsstark Ihre Familie im Vergleich zu Ihrem Chef ist. Wenn Sie Glück haben, sind beide Parteien wenig durchsetzungsstark, dann bleibt sogar noch ein wenig Zeit für Ihre persönlichen Interessen übrig. Vielleicht haben Sie aber auch Pech und müssen den Druck von zwei sehr durchsetzungsstarken Anspruchsgruppen aushalten – oder Sie haben eine andere Art von Glück und die Interessen der verschiedenen Anspruchsgruppen sind identisch.

Wenn Sie also Ihre persönliche Zielplanung ausschließlich von Kräften abhängig machen, die Sie nicht beeinflussen können, werden Sie möglicherweise wenige Optionen zur freien Entscheidung haben. Gesünder wäre es sicher, die Planung Ihrer Ziele strategischer anzugehen: Stellen Sie für sich selbst Überlegungen dazu an, wie Sie Ihre Prioritäten setzen möchten. Das heißt nicht, dass Sie nicht flexibel sein können oder dass sich Ihre Ziele nicht verändern dürfen. Im Gegenteil! Je genauer Sie Ihre eigenen Ziele definiert haben, desto genauer werden Sie wissen, wann Sie ein Ziel erreicht haben und welches Ziel Sie in Zukunft weniger intensiv verfolgen müssen (dafür können Sie die SMART-Methode aus dem Kapitel 2.1 nutzen). Es geht hier also darum, Ihre eigene Work-Life-Balance zu definieren (wobei der Begriff Work-Life-Balance mit Vorsicht zu genießen ist, impliziert er doch dass „Arbeit“ und „Leben“ zwei unterschiedliche Bereiche sind). Um Ihre eigenen Ziele in verschiedenen Lebensbereichen zu hinterfragen und zu schärfen, bietet sich die „Persönliche Balanced Scorecard“ an. Diese Methode haben Herwig R. Friedag und Walter Schmidt 2004 beschrieben.

Die Persönliche Balanced Scorecard

Die Persönliche Balanced Scorecard kann Ihnen helfen, Ihre Ziele aus unterschiedlichen Lebensperspektiven ausgleichend zu betrachten, um so zu einer ausgewogenen Zielplanung zu gelangen. Die Methode baut auf dem Strategieinstrument der Balanced Scorecard für Unternehmen auf, das Robert S. Kaplan und David P. Norton 1992 entwickelt haben. Hier werden jedoch nicht Finanz-, Kunden-, Prozess- und Potenzialperspektive betrachtet, sondern vier verschiedene Lebensbereiche rücken in den Fokus der Betrachtung. Die vier Bereiche und die entsprechenden Fragenstellungen lauten:

- Körper/Gesundheit: Definieren Sie hier Ziele bezüglich Ihrer Ernährung, Erholung oder Fitness.
- Arbeit/Leistung: Hierher gehören Ihre Ziele zum Beruf, zur Bezahlung, zur Karriere oder zu verwandten Bereichen.
- Kontakt/Soziales: Hier stehen Ihre Familie und Ihre Freunde, Zuwendung und soziale Anerkennung im Mittelpunkt.
- Sinn/Erfüllung: Hier formulieren Sie z. B. Ziele zur Selbstverwirklichung und zu Ihrer Zukunft.

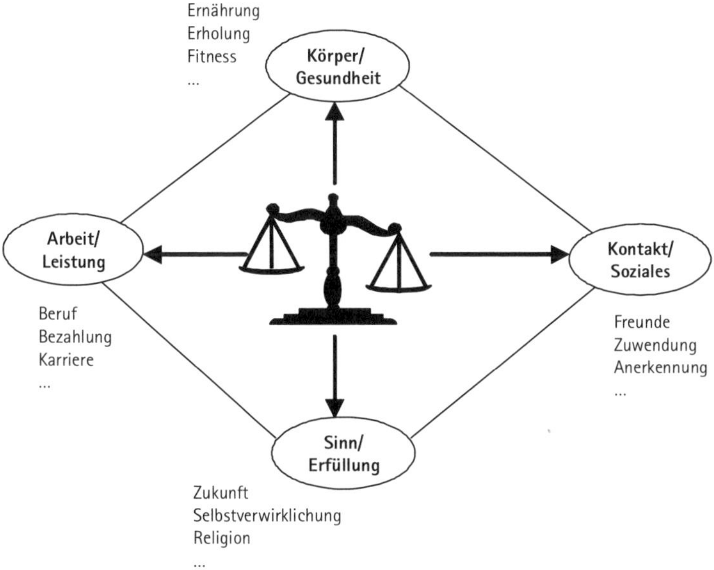

Die Persönliche Balanced Scorecard

Im Zentrum der Persönlichen Balanced Scorecard steht die Frage „Was ist mir wichtig?“ Die Befüllung der einzelnen Bereiche sieht für jeden Menschen sehr unterschiedlich aus. Wichtig ist, dass Sie die Bereiche unabhängig voneinander betrachten. Sie sollten sich also nicht nur deshalb um den Bereich Körper/Gesundheit kümmern, damit Sie in der Lage sind, noch härter zu arbeiten. Vielmehr sollten Sie sich fragen, was Sie in diesem Bereich wirklich für sich selbst erreichen wollen.

In jedem Bereich sollten Sie einzelne Teilziele, Maßnahmen, Messgrößen und Termine festhalten. Diese Überlegungen werden Ihnen dabei helfen, Ihre Ziele SMART zu gestalten. Am besten können Sie Ihre Ziele übersichtlich in Tabellen anordnen:

Körper/Gesundheit			
Teilziel	Maßnahme	Messgröße	Terminierung
Mehr Bewegung	Fahrrad fahren	2 Mal wöchentlich für ca. eine Stunde	vom 1.3.2010 zunächst bis 1.10.2010
...	...	...	...
...	...	...	...

Balanced Scorecard: Beispielhafte Befüllung der Perspektive „Körper/Gesundheit"

Kienbaum Expertentipp: Leitfragen zur Persönlichen Balanced Scorecard

Die folgenden Fragen können Ihnen beim Ausfüllen Ihrer Persönlichen Balanced Scorecard helfen:

Körper/Gesundheit

- Achten Sie bewusst auf Ihre Gesundheit und Ihren Körper, oder machen Sie sich darüber grundsätzlich wenig Gedanken?
- Fühlen Sie sich wohl in Ihrer Haut, oder haben Sie Ihre Zipperlein?
- Nehmen Sie sich ausreichend Zeit für Ihre Fitness?
- Was werden Sie ab heute tun, um besser auf Ihre Gesundheit und Ihren Körper zu achten?

Leistung/Arbeit

- Planen Sie Ihren Arbeitstag, und setzen Sie Ihre Zeitpläne dann auch konsequent um?
- Identifizieren Sie besonders wichtige Themen?
- Setzen Sie ganz klare Prioritäten?
- Delegieren Sie so viele Tätigkeiten wie möglich?
- Ist Ihr Arbeitsplatz gut organisiert?
- Was werden Sie ab heute ganz konkret tun, um noch sinnvoller und bewusster mit Ihrer Arbeitszeit umzugehen?

Kontakt/Soziales

- Nehmen Sie sich genügend Zeit für Ihre Familie?
- Haben Sie gute Freunde, auf die Sie sich verlassen können?
- Unternehmen Sie regelmäßig etwas mit Ihren Freunden und Bekannten?
- Pflegen Sie Ihre Kontakte, auch wenn Sie gerade viel um die Ohren haben?

Sinn/Erfüllung

- Nehmen Sie sich Zeit für die Beschäftigung mit Sinn und Werten?
- Haben Sie schon einmal in aller Ruhe überlegt, was Ihrem Leben Sinn gibt und es wertvoll macht?
- Was werden Sie ab heute ganz konkret tun, um Sinn und Werten mehr Raum in Ihrem Leben zu geben?

Das Ziel der Persönlichen Balanced Scorecard kann nicht das zeitliche Gleichgewicht ihrer Inhalte sein. Dass dies schwer möglich ist, dürfte auf der Hand liegen, wenn Sie pro Tag mindestens 8 Stunden auf die Perspektive Leistung/Arbeit verwenden. Wichtig ist aber, dass Sie Ihrem eigenen Gefühl nach ein ausgewogenes Verhältnis zwischen Ihren Zielen schaffen. Wenn Sie der Meinung sind, dass Sie nur wenige Ziele im Bereich Kontakt/Soziales benötigen, ist dies genauso wenig falsch, wie wenn Sie nur wenige Ziele im Bereich Arbeit/Leistung oder Körper/Gesundheit formuliert haben. Anders liegen die Dinge, wenn Sie Ziele, die Ihnen persönlich wichtig sind, derzeit nicht mehr verfolgen können, weil Ziele der anderen Perspektiven zu übermächtig werden. Dann ist es höchste Zeit, über eine Neuorganisation Ihrer Prioritäten nachzudenken. Ihre Ziele müssen allerdings gar nicht immer eine Verbesserung des aktuellen Zustands beinhalten. Es kann auch ein Ziel sein, Ihr aktuelles Gewicht zu halten oder weiterhin die Führungskraft mit den besten Ergebnissen der ganzen Abteilung zu sein.

Kienbaum Expertentipp: Sie haben nur dieses eine Leben – also entspannen Sie sich!

Haben Sie Ihre Persönliche Balanced Scorecard ausgefüllt und dabei festgestellt, dass Ihr Leben aktuell gut ausgewogen ist? Herzlichen Glückwunsch! Vielleicht sind Sie aber auch zu dem Schluss gekommen, dass das Konzept der Persönlichen Balanced Scorecard zwar gut ist, Sie aber mit der Umsetzung Schwierigkeiten haben. Als Führungskraft werden Sie sich immer wieder in Situationen befinden, in denen Sie nicht um Punkt 18 Uhr den Stift fallen lassen können, da nun die Zeit für die Perspektive Körper und Gesundheit gekommen ist. In diesen Situationen ist es wichtig, dass Sie qualitativ hochwertige Ausgleichsmöglichkeiten finden, um mit dem Alltagsstress umgehen zu können.

Sicher kennen Sie die Situation: Sie kommen nach einem langen Arbeitstag nach Hause und setzen sich – froh darüber, nichts mehr produzieren zu müssen – vor den Fernseher. Nach dem mehrstündigem Spielfilm oder einfachem „Herumgezappe" gehen Sie dann aber doch nicht entspannt zu Bett, sondern ärgern sich im schlimmsten Fall noch darüber, dass Sie nicht mehr zum Sport oder an die frische Luft gegangen sind oder dass Sie Ihr spannendes Buch nicht weitergelesen haben. Und dabei hatten Sie doch drei Stunden Zeit, in denen Sie nichts anderes getan haben, als auf den Bildschirm zu schauen und zu konsumieren!

Richtig entspannen ist gar nicht so einfach, wie man denkt. Denn meistens greift man zu den naheliegenden und leicht erreichbaren „Entspannungsmethoden". Diese sind aber nicht unbedingt die effektivsten Methoden. Welche Entspannungsmethoden sind wirklich effektiv?

Pauschal lässt sich das nicht sagen. Für den einen mag es ein gutes Essen mit der Partnerin sein. Die Andere entspannt sich am besten, wenn sie sich in der Kletterhalle verausgabt, die dritte wiederum bekommt den Kopf frei, wenn sie ein gutes Buch liest und der vierte sieht vielleicht tatsächlich gerne und mit Genuss fern. Anhand dieser Beispiele wird deutlich, dass eine gute Methode nicht immer das Fehlen jeglicher Anstrengung bedeuten muss. Gut geeignet sind vor allem solche Tätigkeiten, die Sie Raum und Zeit vergessen lassen, die dazu führen, dass Sie wirklich keinerlei mentalen Ressourcen mehr übrig haben, um über die Arbeit und die Probleme des Tages nachzudenken. Mehr über dieses Phänomen, das sich „Flow" nennt, finden Sie in diversen Büchern von Mihaly Csikszentmihalyi (vgl. z. B. M. Csikszentmihalyi, 1991). Welche Aktivitäten Ihnen ein Flow-Erlebnis verschaffen, müssen Sie tatsächlich selbst herausfinden.

Entspannung bedeutet vor allem, etwas für sich selbst zu tun. All die Dinge, die Sie noch „machen müssen", werden Sie in der Regel nicht entspannen, sondern verursachen eher eine Art Freizeitstress. Ziele, die in diese Kategorie fallen, sollten Sie aus Ihrer persönlichen Balanced Scorecard ausschließen. Nehmen Sie lieber die Dinge auf, die Sie wirklich tun möchten.

2.3 Antreiber und Erlauber

Beispiel: Der kleine Mann im Ohr

Wer kennt ihn nicht, den kleinen Mann im Ohr, der einem gerne erzählt, dass gerade wieder etwas „nicht o.k." ist? Ständig rät er uns oder fordert uns auf, mehr oder weniger von irgendetwas zu tun, damit es besser wird und wir am Ende alles richtig gemacht haben.

„Wenn du die Präsentation jetzt noch zweimal durchliest und sie bis um drei Uhr nachts überarbeitest und erst dann rausschickst, dann wird sie richtig gut sein!"

„Mist, besser noch mal schnell fünf E-Mails versenden. Heute hast du noch nicht genug geschafft – wie sieht denn das bei den Anderen aus?"

Oder kennen Sie vielleicht sogar den folgenden inneren Monolog? „Das kann doch nicht alles an Arbeit gewesen sein? Das war ja gar keine Qual! Dafür habe ich nun wirklich kein Lob verdient."

Hinter der trivialpsychologischen Beschreibung vom kleinen Mann im Ohr verbergen sich die Ergebnisse langjähriger Forschung von Transaktionsanalytikern und klinischen Psychologen. Der kleine Mann im Kopf wird dort auch als „Antreiber" bezeichnet.

Die Antreiber-Typologie und der Umgang mit den verschiedenen Antreibern gehören mittlerweile zu den Klassikern jedes Stress- und Selbstmanagementseminars. Auch in Coaching- oder Therapieausbildungen gehören sie mittlerweile zum Standardrepertoire. Zu Recht! Denn die Kenntnis Ihrer eigenen Antreiber und der souveräne Umgang mit ihnen können Ihnen beim Handling Ihrer eigenen Stresssituationen und in zahlreichen Führungskontexten außerordentlich hilfreich sein.

Unsere inneren Antreiber sind Anforderungen, die wir (oftmals unbewusst) an uns selbst richten und die uns dazu treiben, entsprechend zu handeln. Bewusst werden sie uns besonders in Belastungssituationen („Nicht-o.k.-Situationen"), tatsächlich aber sind sie ständige Begleiter, die unser Leben in vielen beruflichen und auch in privaten Situationen erschweren können.

Wie entstehen Antreiber? Es gilt mittlerweile als erwiesen, dass insbesondere Erfahrungen, die wir als Kinder und Jugendliche machen, die Antreiberstruktur im Erwachsenenleben entscheidend mitprägen. Die Sozialisation ist ein entscheidender Aspekt bei der Entwicklung von persönlichen „Glaubenssätzen" und erlebten Wirkungszusammenhängen. Ein Beispiel: Hat man in seiner Kindheit gelernt, dass es unter allen Umständen zu vermeiden ist, persönliche Schwäche einzugestehen, dann kann dies zur Ausbildung des „Sei-stark"-Antreibers führen. Auch im Erwachsenenalter nimmt man dann an, dass nur starke Menschen erfolgreich sind und persönliche Schwächen von Anderen immer ausgenützt werden.

Da die Antreiber so stark von unserer Sozialisation abhängen, können sie sehr verschieden ausgeprägt sein: Neben geschlechtsspezifisch stark differenzierten Antreibern finden sich beispielsweise Unterschiede in verschiedenen Alterskohorten (weil sich die gesellschaftlich-kulturellen Einflüsse bei der Erziehung immer wieder verändern). Auch in verschiedenen Ländern existieren jeweils bestimmte Antreiber besonders häufig oder selten.
Viele Verhaltensweisen – die uns häufig nicht bewusst sind – lassen sich auf innere Antreiber zurückführen: Das schnelle Verschlingen von Essen, die gestelzte Sprache in Vorträgen oder ein nervöses Stühlerücken bei erwarteter Kritik gehören zum Beispiel dazu.
Die bloße Kenntnis der Antreiber kann ihren „Inhaber“ meist noch nicht in die Lage versetzen, sie für immer abzulegen. In jedem Falle kann die Beschäftigung mit dem Thema Ihnen aber helfen, besser mit Ihren Antreibern umzugehen – und ab und zu dem kleinen Mann im Ohr „den Mund zu verbieten“.
Vielleicht wissen Sie bereits, welches Ihr dominanter Antreiber ist – möglicherweise leben Sie aber auch mit einer Kombination verschiedener Antreiber.

Identifizieren Sie Ihre Antreiber

Im Internet finden Sie unter dem Stichwort „Antreiber-Fragebogen“ diverse Tests, die Ihnen bei der Identifizierung Ihrer vorherrschenden Antreiber helfen können (z. B. unter http://www.corporate-development.eu/de/antreiber.htm, Stand: 6.4.2010).
Man geht davon aus, dass Antreiber-Werte über 20 (in der Fragebogenversion mit 40 Aussagen) bzw. 24 (in der Fragebogenversion mit 50 Aussagen, beide finden Sie im Internet) vom Inhaber der Antreiber oder von seinem Gegenüber als belastend empfunden werden könnten. Werte über 26 bzw. 30 hingegen werden von den Beteiligten fast immer als kritisch erlebt.

Sei-perfekt-Antreiber

Dieser Antreiber verlangt Perfektion, Vollkommenheit und Gründlichkeit in allem, was man tut. Menschen, die von ihm geprägt sind, sind davon überzeugt, dass alles, was man präsentiert, bis ins kleinste Detail absolut fehlerlos sein muss. In der Regel erwarten sie ein solches

Verhalten auch von Anderen. Dieser Antreiber ist ein Aufruf zur Übererfüllung der Ziele. Jeder Fehler wird als Bloßstellung empfunden.
Häufig entstammt der Sei-perfekt-Antreiber der Erziehung. Keine Note, keine Leistung war den Eltern gut genug, für jeden Fehler wurde man ausgiebig kritisiert. Fehler zu machen war unverzeihlich, und so entwickelte man Mechanismen, um Fehler mit allen Mitteln zu vermeiden – z. B. durch besonders exakte Arbeit.
Auf andere wirken diese Menschen oft beängstigend. Schnell stellt sich beim Gegenüber das Gefühl ein, selbst ähnlich gut „funktionieren zu müssen". Der Mensch mit Sei-perfekt-Antreiber fällt durch übermäßig präzise Sprache oder umfangreiche, manchmal wissenschaftlich detaillierte Präsentationen auf. Leicht verfängt er sich sprachlich in immer mehr Klammersätzen und Fußnoten. Er neigt zu präventiven Rechtfertigungen für den Fall, dass er etwas nicht absolut korrekt erledigt haben sollte.
Er ist ein idealer Kandidat für Überstunden. „Besser noch einmal 20 ausgeblendete Folien in die Präsentation einfügen, um auf jeden Fall für jede Frage gerüstet zu sein ..." Das kostet natürlich Zeit und Energie.

Sei-stark-Antreiber

Die Grundaussage dieses Antreibers lautet: Gib dir keine Blöße! Wer unter einem Sei-stark-Antreiber leidet, bemüht sich oft, Vorbild zu sein, Haltung zu bewahren, eiserne Konsequenz zu zeigen und möglichst alle Probleme alleine zu lösen. Personen mit einem Sei-stark-Antreiber legen Wert darauf, in jeder Situation die Kontrolle zu behalten und sich überlegen zu demonstrieren.
Wenn dieser Antreiber in Kombination mit dem Sei-gefällig-Antreiber auftritt, neigen die Menschen besonders dazu, keine Hilfe und Unterstützung von Anderen anzunehmen. Damit würde man andere Leute belasten und gleichzeitig auch zeigen, dass man etwas nicht kann.
Der Sei-stark-Antreiber ist im Bevölkerungsschnitt nach wie vor bei Männern stärker als bei Frauen ausgeprägt. Klassische Leitsätze aus der Erziehung und Sozialisation sind: „Ein Indianer kennt keinen Schmerz", „Männer weinen nicht" oder „Nur Waschlappen zeigen Schwäche".

Auf Andere kann der Sei-stark-Antreiber bedrohlich wirken. Viele Personen mit diesem Antreiber sind ständig auf der Hut und wachsam, um niemals Schwäche zu zeigen und sich von niemandem ausnutzen oder ausbooten zu lassen. Häufig fällt auch das „heroische“, unnahbare Verhalten dieser Personen auf.
Oft fühlen sich die Betroffenen selbst durch den Sei-stark-Antreiber unter Druck gesetzt. Die stetige Angst, jemand könne Schwächen bei ihnen aufdecken, macht ihr Leben zu einer permanenten Anstrengung.

Sei-gefällig-Antreiber

Für Personen mit diesem Antreiber gilt: der Andere ist immer wichtiger als sie selbst.
Wer von diesem Antreiber bestimmt ist, fühlt sich dafür verantwortlich, dass alle Menschen im eigenen Umfeld sich wohlfühlen. Wo immer es möglich ist, kommt man den Anderen entgegen; dabei ist es wichtig, vom Gegenüber geschätzt zu werden und beliebt zu sein. Der Antreiber vermittelt eine Scheu vor Konflikten und eine Ermahnung, keine eigenen Bedürfnisse anzumelden.
Möglicherweise fallen auch Ihnen Erlebnisse aus Ihrer Kindheit ein, die diesen Antreiber erzeugen können. Menschen mit Sei-gefällig-Antreibern wuchsen häufig mit Erziehungsleitlinien à la „Nur nicht auffallen“ oder „Sei immer höflich und freundlich zu den Leuten“ auf. Allerdings kann auch gerade das gegensätzliche Verhalten der Bezugspersonen diesen Antreiber hervorlocken. Regelmäßige Beschwerden der Eltern in einem Restaurant bei schlechtem Essen führen möglicherweise dazu, dass Kinder ein übertriebenes Schamgefühl entwickeln und – bewusst oder unbewusst – für sich selbst beschließen, sich „unauffälliger“ zu verhalten.
Wie wirkt der Sei-gefällig-Antreiber auf Andere? Zunächst einmal sind die betroffenen Personen angenehm im Umgang. Menschen mit ausgeprägtem Sei-gefällig-Antreiber können sich kaum streiten, sie sind loyal, freundlich und zuvorkommend, häufig auch (übermäßig) kundenorientiert. Auf die Dauer rufen solche Personen aber auch Aggressionen und Missbrauchsphantasien hervor: „Ich kann ja jetzt sagen, was ich will und auch mal testweise meine Meinung ändern; er wird mir immer zustimmen.“ Besonders anstrengend

wird es für andere Personen, wenn der Sei-gefällig-Antreiber zu einer ständigen devoten Dienstleistungshaltung führt und der tatsächliche Wille des Betroffenen kaum noch einzuschätzen ist.
Der Sei-gefällig-Antreiber wird oft begleitet von den verschiedensten körperlichen Symptomen: Magengeschwüre, Burnout-Syndrom und stressbedingter Tinnitus sind hierfür nur einige Beispiele.

Beeil-dich-Antreiber

Dieser Antreiber verlangt von seinem Inhaber, alles rasch zu erledigen, rasch zu antworten, zu sprechen, zu essen.
Menschen mit diesem Antreiber sind ständig in Eile. Für sie geht es immer nur darum, möglichst viel zu schaffen. Häufig führt dies dazu, dass sie mehrere Aufgaben gleichzeitig bewältigen wollen.
Jede Ruhepause führt zu einem schlechten Gewissen: Selbst an einem freien Tag am Wochenende glauben sie, zu lange im Bett liegen geblieben zu sein. Freunde fragen, wie der letzte Urlaub war, und der Beeil-dich-Getriebene erzählt von der Besteigung mehrerer Viertausender, von zahlreichen Kirchenbesuchen, Partynächten und sportlichen Aktivitäten und schließt mit den Worten: „Aber irgendwie hat doch etwas gefehlt."
So läuft der Inhaber dieses Antreibers ständig Gefahr, sich zu verzetteln und zeitlich wie inhaltlich keine Schwerpunkte setzen zu können.
Wer im Laufe seiner Sozialisation häufig das Gefühl hatte, etwas zu verpassen, ist für diesen Antreiber besonders anfällig. Die Betroffenen waren in ihrer Kindheit oft einer stetigen Reizüberflutung ausgesetzt (mit vielen Büchern, Sportkursen, Interessen und Urlauben), verbunden mit der Aufforderung, doch auch dies und jenes noch auszuprobieren. Ein typischer Satz aus dem Elternhaus könnte sein: „Man muss im Leben alles mal erlebt haben" oder „Wer zu spät kommt, den bestraft das Leben."
Auf Andere wirkt der Antreiber mitunter ebenso belastend und stressauslösend wie für den Inhaber selbst: Ein Mensch, der in wenigen Minuten seine Lebensgeschichte zusammenfasst und direkt darauf einen detaillierten Aktionsplan für die nächsten Wochen aufstellt, um dann zum nächsten Themenblock überzugehen, kann sein Gegenüber leicht in ein Gefühl von Stress und Hektik stürzen.

Nicht selten berichten Menschen mit diesem Antreiber davon, dass es ihnen schwerfällt, Dinge zu genießen und ordentlich zu erledigen. Besonders in Verbindung mit dem Sei-perfekt-Antreiber entsteht ein massiver Druck. So berichtete ein Inhaber beider Antreiber, dass ihn der Besuch einer Buchhandlung regelrecht in Panik versetze und deprimiere: Denn er merke, dass er viele dieser Bücher noch gar nicht gelesen habe!

Streng-dich-an-Antreiber

Wer diesem Antreiber folgt, macht aus jedem Auftrag ein Jahrhundertwerk und versucht, auch Andere dazu zu bringen, sich in gleicher Intensität zu fordern.

Inhaber des Streng-dich-an-Antreibers investieren Unmengen von Energie in sämtliche Bereiche. Sie sind beherrscht von der Überzeugung, dass nur das zählt, was mit viel Mühe und Anstrengung erreicht wurde. Für sie gilt der ständige Aufruf: „Nur nicht locker lassen." Einfache Erfolge werden oft extern attribuiert – sie selbst konnten nichts dafür, so leicht hätte es aus eigener Kraft nicht gehen können.

„Ohne Fleiß kein Preis", eine strenge familiäre Arbeitsethik oder die berühmte „Schaffe-schaffe-Häusle-baue"-Mentalität können zu einer starken Ausprägung dieses Antreibers führen. Personen mit diesem Antreiber wurden oft für persönliches Leiden und harte Anstrengung von den Eltern oder Lehrern mehr belohnt, als für das eigentliche Ergebnis.

Menschen mit diesem Antreiber werden von Anderen häufig als „jammer-anfällig" erlebt. Da dem Inhaber jede Leichtigkeit fehlt, kann sein Verhalten auch das Gegenüber „herunterziehen". Viele Menschen versuchen daher, Gespräche mit betroffenen Personen zu vermeiden, um nicht selbst in eine schlechte Stimmung zu geraten.

Halten Sie Ihre Antreiber in Schach

Es gibt verschiedene Möglichkeiten, mit Antreibern konstruktiv umzugehen: Allen gemein ist, dass sie Eigeninitiative erfordern.

Den genauen Verlauf und die exakte Ausprägung Ihrer Antreiber (sprich: die genauen Worte des kleinen Mannes in Ihrem Ohr) können nur Sie selbst erkennen. Auch die Situationen, in denen sich die

Antreiber besonders stark zu Wort melden, unterscheiden sich je nach Persönlichkeit.

Der erste wichtige Schritt im Umgang mit den Antreibern ist aber in jedem Fall, dass Sie Ihre eigenen Antreiber identifizieren und sich bewusst machen, dass diese eine gewisse Dysfunktionalität mit sich bringen. Mit anderen Worten: „Das Kind bekommt einen Namen", sodass Sie überhaupt erkennen können, in welchen Situationen Ihre Antreiber störend wirken. Dieser Schritt kann möglicherweise schmerzhaft sein – ein bislang diffuses Unwohlsein tritt jetzt klar zutage und Sie müssen lernen, mit diesem Bewusstsein zu leben.

Im zweiten Schritt setzen Sie Ihren Antreibern Erlauber entgegen. Machen Sie sich zunächst bewusst, dass viele andere Menschen Ihren persönlichen Antreiber nicht innehaben und dennoch im Privaten und Beruflichen erfolgreich sind. Mit anderen Worten: Es geht auch anders.

Für jeden Antreiber sollten Sie deshalb Ihre persönlichen Erlauber formulieren. Diesen können Sie dem Antreiber entgegenhalten, wenn Ihre innere Stimme wieder zu laut wird. Ein innerer Monolog könnte etwa so ablaufen:

„Vielen Dank, lieber Antreiber. Ich habe nun deine Stimme gehört und bemerkt, dass es dir lieber wäre, wenn ich schneller fertig werden und noch etwas Neues beginnen würde. Du kannst jetzt zurück in den Keller gehen. Ich erlaube mir heute, bewusst nichts Neues zu beginnen. Und das Leben wird dennoch weitergehen."

Im Folgenden finden Sie Tipps, wie Sie die einzelnen Antreiber bändigen können und ihnen nicht mehr erlauben, Sie zu beherrschen.

Umgang mit dem Sei-stark-Antreiber

- Geben Sie sich selbst bewusst die Erlaubnis, in einer schwierigen Situation auch einmal Schwäche zu zeigen.
- Reflektieren Sie die Signale, mit denen Ihr Körper Ihnen zeigt, wenn er überfordert ist.
- Lernen Sie, ein Übermaß an Arbeit bewusst abzulehnen.
- Erarbeiten Sie sich einfache, weniger anstrengende Vorgehensweisen.

Umgang mit dem Streng-dich-An-Antreiber

- Geben Sie sich selbst bewusst die Erlaubnis, ein Projekt abzuschließen, ohne am Ende Ihrer Kräfte zu sein.
- Reflektieren Sie, wo Sie für eigene Anstrengungen schwärmen und reduzieren Sie die Begeisterung dafür konsequent.
- Gönnen Sie sich auch schnelle Erfolge („Quick Wins").
- Führen Sie sich Situationen vor Auge, in denen wenig Anstrengung zu einem großen Erfolg geführt hat („auf das Ergebnis kommt es an, nicht auf die Anstrengung").
- Erarbeiten Sie sich einfache und effektive Vorgehensweisen.

Umgang mit dem Beeil-dich-Antreiber

- Geben Sie sich selbst bewusst die Erlaubnis, Dinge langsam zu tun.
- Reflektieren Sie, was konkret passiert, wenn Sie hektisch werden.
- Erlernen Sie Entspannungstechniken.
- Holen Sie Feedback ein.
- Drosseln Sie bewusst Ihr Tempo beim Sprechen, Essen, Laufen ...

Umgang mit dem Sei-gefällig-Antreiber

- Geben Sie sich selbst bewusst die Erlaubnis, „Nein" zu sagen.
- Trainieren Sie Ihr Selbstvertrauen in Rollenspielen (z. B. in Ihrem privaten Umfeld).
- Stellen Sie sich gelegentlich bewusst in den Mittelpunkt.
- Üben Sie, eigenständig zu handeln und Verantwortung zu übernehmen.

Umgang mit dem Sei-perfekt-Antreiber

- Geben Sie sich selbst bewusst die Erlaubnis, eine Aufgabe nicht zu 100 % zu erfüllen.
- Nutzen Sie das Pareto-Prinzip (Kapitel 2.1).
- Akzeptieren Sie, dass auch Sie Fehler machen. Begreifen Sie Ihre Fehler als Lernchance und lernen Sie, sachlich mit ihnen umzugehen.
- Achten Sie auf eine starke sprachliche Strukturierung. Konzentrieren Sie sich auf wesentliche Kernaussagen, versuchen Sie, Inhalte auf wenige Sätze zu reduzieren.

- Holen Sie Feedback hinsichtlich Ihrer sprachlichen Präzision ein.
- Achten Sie bei Präsentationen darauf, Ihr Auditorium nicht mit Fakten zu überfordern. Trainieren Sie die Kunst des Weglassens, versuchen Sie beispielsweise, eine Präsentation um ein Drittel zu kürzen.
- Üben Sie, täglich einen kleinen, belanglosen Fehler einzubauen.

Nutzen Sie Ihre Antreiber positiv

Unsere Antreiber sind nicht nur lästige Gesellen, die uns das Leben schwer machen: Jeder Antreiber hat auch eine positive Seite. Menschen, denen der Beeil-dich-Antreiber komplett fehlt, neigen unter Umständen zu Lethargie und bekommen „nichts auf die Reihe“. Und wer keinerlei Sei-gefällig-Antreiber in sich hat, kann möglicherweise nur schwer mit anderen Personen auskommen.
Antreiber sind also Fluch und Segen zugleich. Wenn Sie lernen, Ihre persönlichen Antreiber zu erkennen und für sich selbst zielgerichtet zu steuern, können Sie sie nutzbringend einsetzen.

2.4 Netzwerke: Chancen und Gefahren

Beispiel: Xing, Facebook und Co.

„Besser netzwerken", so lautet das Ergebnis des Management-Audits, welches Herr Weidemann für seine Einstellung bei dem mittelständischen IT-Unternehmen Kungl und Neidl als Leiter der Finanzen durchlaufen musste. Eigentlich ist dies für Herrn Weidemann keine neue Information und Ratgeber zu diesem Thema hat er sich schon mehrfach durchgelesen, doch tut er sich nach wie vor sehr schwer damit, Kontakte zu knüpfen. In seinem Privatleben hat Herr Weidemann dafür gute Strategien entwickelt und konnte feststellen, dass er durchaus Qualitäten in intensiven Gesprächen hat. In großen Gruppen fällt es ihm jedoch schwer, auf andere Menschen zuzugehen oder gar vor einem größeren Auditorium zu sprechen.

Motiviert durch seine neue Position bei Kungl und Neidl nimmt er sich jetzt vor, dieses „Entwicklungsfeld" (so wurde es im Audit genannt) anzugehen. Von seinen Kindern weiß Herr Weidemann, dass es diverse Onlinenetzwerk-Plattformen gibt. Genau das Richtige also, um einen sanften und eher distanzierten Einstieg in die Welt des Netzwerkens zu suchen. Noch am gleichen Abend hinterlegt Herr Weidemann sein Profil bei Facebook und bei Xing, sucht dort einige Personen aus seinem alten Unternehmen und versendet „Vernetzungsanfragen". Auch verschiedene relevante Gruppen sind schnell gefunden, und auch hier meldet sich Herr Weidemann an, voller Stolz und Selbstzufriedenheit darüber, dass er sein Entwicklungsfeld nun endlich in den Griff bekommt.

Doch so richtig will sich der Netzwerkerfolg in den nächsten Wochen nicht einstellen, obwohl das Netzwerk von Herrn Weidemann mittlerweile auf stattliche 135 Personen angestiegen ist. Aus den Gruppen, bei denen Herr Weidemann sich angemeldet hat, erhält er zwar regelmäßig E-Mails, diese betreffen aber meist Themen, die ihn nicht wirklich interessieren. Für seine neue Position bei Kungl und Neidl scheint der Nutzen jedenfalls ziemlich eingeschränkt zu sein.

Netzwerkplattformen haben eine große Anziehungskraft, besonders auf junge Menschen. Ähnlich wie Herr Weidemann, legen sie mit viel Liebe zum Detail Profile an, pflegen sie und bestücken sie mit immer neuen Informationen. Sie gründen und moderieren Gruppen, sie verschicken Vernetzungseinladungen und sammeln Kontakte.

Die Anzahl der „Kontakte" oder „Freunde" steigt damit schnell auf ein Maß an, welches sich realistisch gar nicht mehr bedienen lässt – so werden Kontakte eher zu flüchtigen digitalen Begegnungen. Ein echtes Netzwerk kommt auf diese Weise zunächst nicht zustande, obwohl viel Zeit auf die Gestaltung der Onlineaktivitäten verwendet wird.

Aus mehreren Gründen ist die Gefahr groß, mit der Nutzung von Netzwerkplattformen viel Zeit zu verschwenden, ohne dabei ein effektives Netzwerk zu bilden:

- Die Anzahl der Kontakte steigt schnell, sodass es nicht möglich ist, alle Kontakte auch zu pflegen.
- Es gibt keinerlei Priorisierung der Kontakte nach der Relevanz einer Vernetzung.
- Man vernetzt sich online eher mit Personen, die man ohnehin schon kennt. Es findet also eher eine Stabilisierung der Verbindungen statt, als dass man neue relevante Personen kennenlernen würde.
- Onlinekontakte ersetzen keinen persönlichen Kontakt.

Sinnvoll können Onlineplattformen dennoch sein: zur Sammlung der eigenen Kontakte und damit man sich nicht so leicht aus den Augen verliert, wie es sonst gerne geschieht. (Außerdem tut es ja auch dem eigenen Seelenfrieden gut, wenn man feststellt, dass man 119 Personen „dort draußen“ kennt.)

Stakeholderanalyse

Für ein effektives Netzwerken, das Sie wirklich beruflich weiterbringt, benötigen Sie (zusätzlich) andere Instrumente. Eine sinnvolle Methode dafür bietet die Stakeholderanalyse.
Diese Analyse kann Ihnen helfen, sinnvolle Maßnahmen zur Erreichung Ihrer Ziele abzuleiten. Sie gründet auf der Erfassung verschiedener Personen oder Personengruppen (Stakeholder). In einem ersten Schritt sammeln Sie also Personen und Personengruppen, die in irgendeiner Weise zum Umfeld Ihres konkreten Anliegens gehören. Im zweiten Schritt analysieren Sie dieses Umfeld nach verschiedenen Kriterien. Die gängigsten sind:

- Stärke des Einflusses verschiedener Personen oder Personengruppen auf Sie oder Ihr Anliegen
- Stärke der Beeinflussbarkeit dieser Personen oder Personengruppen durch Sie
- Qualität der Einstellung der Personen oder Personengruppen Ihnen bzw. Ihrem Anliegen gegenüber

Die Ergebnisse dieser Analyse können Sie am besten in einem Diagramm darstellen, in dem die X-Achse die Einstellung, die Y-Achse den Einfluss und die Größe der Punkte im Koordinatensystem die Beeinflussbarkeit der Personen oder Personengruppen darstellen:

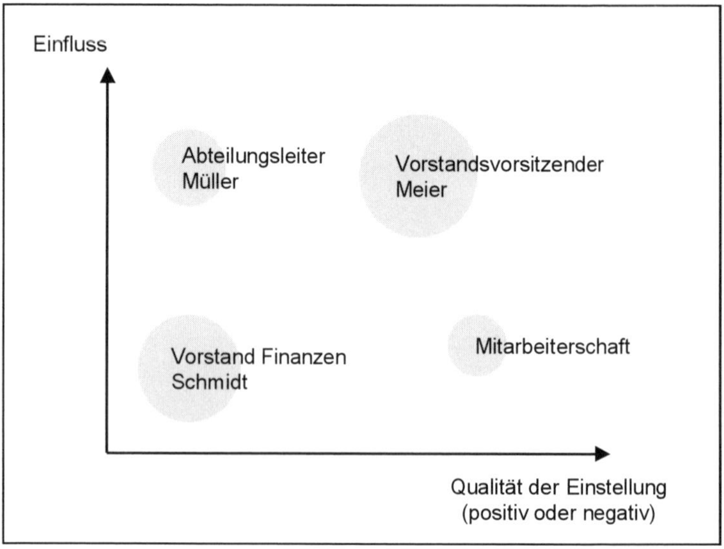

Stakeholderanalyse an einem beliebigen Projektbeispiel

Sie sollten sich bei der Analyse auf diejenigen Personen oder Personengruppen konzentrieren, die einen starken Einfluss haben und gleichzeitig gut beeinflussbar sind. Um Personen(gruppen), die nicht beeinflussbar sind, brauchen Sie sich nicht zu kümmern. Auch diejenigen, deren eigener Einfluss klein ist, sollten nicht im Fokus Ihrer Aufmerksamkeit stehen.

Wie können Sie nun die Stakeholderanalyse für Ihr eigenes Netzwerk nutzen? Auch bezüglich der Personen in Ihrem Umfeld sollten Sie sich fragen, inwiefern diese wichtig für Sie sind. Die gezielte Pflege Ihrer Kontakte nach einer solchen Analyse bringt Ihnen in 74jedem Falle wesentlich mehr Nutzen als ein wahlloses Netzwerken quer durch die Onlineplattformen.

Sie mögen nun der Ansicht sein, dass dieses Kapitel unverhältnismäßig instrumentalistisch und fast schon manipulativ erscheint. Damit haben Sie vollkommen recht. Im organisationalen Kontext ist nämlich genau das Ihr Ziel: Kontakte zu knüpfen, die Ihnen für Ihre eigene Position, für Ihr Unternehmen, für Ihr Projekt oder Anliegen weiterhelfen. Genau dieser instrumentalistische Charakter unterscheidet ein Business-Netzwerk von Ihrem privaten Freundeskreis.

Netzwerke richtig nutzen

Netzwerkplattformen wie Xing oder Facebook sind also wunderbare Einrichtungen, wenn man sie richtig einsetzt und ihre Grenzen kennt. Zum Sammeln von Kontakten leisten sie sehr gute Dienste, zumal diverse Funktionen Sie auf Neuigkeiten, Geburtstage oder sonstige Veränderungen im Profil Ihrer Kontakte aufmerksam machen. Diese Nachrichten können Sie als Auslöser nutzen, um vernachlässigte Kontakte wieder aufleben zu lassen. Um ein Netzwerk aufzubauen, welches Sie beruflich weiterbringt, reichen Onlineplattformen jedoch nicht aus. Sie bieten zu wenige Sortierungsmöglichkeiten Ihrer Kontakte, sodass die Gefahr besteht, dass Sie schnell den Überblick über Ihre Kontakte verlieren.

2.5 Literatur

- Csikszentmihalyi, M. und I. S. (1991): Die außergewöhnliche Erfahrung im Alltag. Die Psychologie des Flow-Erlebnisses. Klett-Cotta.
- Friedag, H. R. & Schmidt, W. (2004): My balanced scorecard. Haufe.
- Ganter, H.-D. & Walgenbach, P.: Empirische Untersuchungen zum Arbeitsverhalten von Managern. In: Kieser, A., Reber, G., Wunderer, R. (1995): Handwörterbuch der Führung. Schäffer-Poeschel-Verlag.
- Kaplan, R. S. & Norton, D. P. (2005): The Balanced Scorecard – Measures that Drive Performance. Harvard Business Review, Vol. 83, Issue 7/8.

MITARBEITER FÜHREN
TEAMS FÜHREN
ORGANISATIONEN FÜHREN
SICH SELBST FÜHREN

3 Mitarbeiter führen

3.1 Dyadische Führungsbeziehungen

Einige grundlegende Informationen zu dyadischen Führungsbeziehungen haben Sie bereits im Kapitel 1.2 erhalten. An dieser Stelle soll nun vor allem die praktische Umsetzung weiter vertieft werden: Wie können Sie eine dyadische Führungsbeziehung aufbauen?
Die dyadische Führung wurde zum ersten Mal in den 1970er-Jahren als Leader-Member-Exchange-Theory (LMX) bekannt. Hier liegt der Fokus also auf der *Interaktion* zwischen Führungskraft und Geführtem. Die Annahmen der LMX-Theorie identifizieren im Wesentlichen zwei Interaktionsprozesse, nämlich die sogenannten „low-quality leader-member-relations" sowie komplexer aufgebaute Beziehungen, die auf gegenseitigem Vertrauen, Respekt, wechselseitigem Einfluss und einer ausgehandelten Rollenverantwortlichkeit fußen („high-quality leader-member-relations" oder „reife Beziehungen"). Die erste Art der Beziehung bauen Führungskräfte dieser Theorie zufolge besonders zu Mitgliedern der „Outgroup" auf, die zweite zu Mitgliedern der „Ingroup" unter den Mitarbeitern. Ob der einzelne Mitarbeiter Mitglied der einen oder der anderen Gruppe ist, hängt dabei maßgeblich von ihm selbst ab. Durch seine Bereitschaft, über formale, vertraglich geregelte Beziehungen hinaus zur Zielerreichung der Gruppe beizutragen, qualifiziert der Mitarbeiter sich für den Status eines Mitglieds der Ingroup.
Die Ergebnisse späterer Untersuchungen zur LMX-Theorie zeigen, dass qualitativ hochwertige Interaktionsbeziehungen zwischen Führungskräften und Geführten viele für das Unternehmen positive Auswirkungen haben: Sie können unter anderem zu weniger Fluktuation, höherer positiver Leistungseinschätzung durch die Führungskraft, höherem organisationalen Engagement, besseren Arbeitseinstellungen sowie höherem Partizipationsgrad führen (vgl. G.

B. Graen & M. Uhl-Bien, 1995). Daher ist es sowohl für Organisationen als auch für Führungskräfte wünschenswert, möglichst viele „high-quality leader-member-relations" auszubauen.
Im Jahre 1991 entwickelten Graen und Uhl-Bien einen dreistufigen Prozess zum Übergang von formalen zu qualitativ hochwertigen Beziehungen zwischen Führungskräften und ihren Mitarbeitern:

1. Phase der formalen Beziehung (stranger phase)
   Die Beziehung ist zunächst nur auf formaler und vertraglicher Basis ausgebildet. Führungskraft und Geführter stehen in einem Outgroup-Verhältnis zueinander, in dem sie ihre organisationalen Rollen erfüllen. Die Einstellung des Geführten beruht hauptsächlich auf Selbstinteresse.
2. Kennenlernphase (acquaintance phase)
   Zu Beginn der zweiten Phase steht das Angebot der Führungskraft oder des Geführten, die Beziehung über die formale Ebene hinaus auszuweiten. Der Geführte übernimmt mehr Verantwortung und erhält im Gegenzug mehr Informationen. Mit wachsender persönlicher Beziehung eröffnet die Führungskraft dem Geführten mehr Entwicklungsmöglichkeiten. Noch ist jedoch keine stabile Beziehung ausgebildet. Vielmehr handelt es sich um einen Test von beiden Seiten, wie die Zusammenarbeit in dem neuartigen Verhältnis funktioniert.
3. Phase der Partnerschaft (mature partnership phase)
   In der dritten Phase ist der der Geführte Teil der Ingroup geworden. Das Verhältnis ist nicht mehr länger von Selbstinteresse geprägt, sondern dient dem Wohle der Gruppe.

Aus Sicht der Führungskraft und entsprechend dieser Theorie erscheint besonders ein Aspekt der dyadischen Führung wichtig: Je besser eine Führungskraft ihre Mitarbeiter kennt, desto leichter wird es, dem einzelnen Mitarbeiter ein Angebot zu unterbreiten, mittels dem er sich für eine höherwertige Beziehung qualifizieren (Übergang von der ersten zur zweiten Phase) bzw. sich als festes Mitglied der Ingroup etablieren kann (Übergang von der zweiten in die dritte Phase).
Was passieren kann, wenn eine Führungskraft ihre Mitarbeiter nicht kennt, zeigt das folgende Beispiel:

Beispiel: Frau Gerstetters neuer Führungsstil

Führungskräftetrainings hat Frau Gerstetter, Chefdirectrice der Modezeitschrift „Couture Elegante" schon mehrfach besucht und trotzdem hat sie das Gefühl, den „richtigen" Führungsstil noch nicht identifiziert zu haben – bislang. Seit sie in der vergangenen Woche ein Training absolviert hat, in dem es hautsächlich um die Frage ging, wie man „mit Menschlichkeit führen" kann, ist Frau Gerstetter Feuer und Flamme für die Ratschläge, die sie bekommen hat.

Und so hält sie sich an ihren Führungskräfte-Aktionsplan, den sie am letzten Tag des Trainings aufgestellt hat und der ihr vorgibt, besonders menschlich und „weich" zu führen. Zurück in der Agentur, machen sich erste Veränderungen schnell bemerkbar: Zunächst reagiert man skeptisch auf die „neue" Frau Gerstetter, die bislang in ihrem Unternehmen eher als kühl und distanziert galt. Schon bald merken einige Angestellte aber, dass sie mit mehr Vertrauen und Wertschätzung geführt werden und scheinen regelrecht aufzublühen. Eine Entwicklung, die Frau Gerstetter in dieser Intensität nie erwartet hätte.

Schnell wird jedoch auch klar, dass einige Mitarbeiter mit dem neuen Stil nicht gut zurechtkommen. Sie erscheinen eher verunsichert und können ihre neuen Freiheiten und Handlungsspielräume kaum nutzen.

Für Frau Gerstetter stellt dies zunächst kein Problem dar. Hat sie doch im Training gelernt, dass Veränderungen Zeit brauchen und dass nicht jeder in gleicher Weise auf das Verhalten anderer Menschen reagiert. Und so beschließt sie, ihre Führungsprinzipien zunächst nicht wieder umzustellen, sondern weiterhin mit „sanfter Hand" zu führen.

Sehr irritiert muss Frau Gerstetter ein halbes Jahr später jedoch feststellen, dass sich ca. 50 % der Mitarbeiter nicht an diese Art der Führung gewöhnen können. So erhält sie in ihrem jährlichen Führungskräftefeedback zwar viele positive Rückmeldungen, aber auch ebenso viele negative – und die freimütigen Anmerkungen einiger Kollegen sind geradezu vernichtend. In ihrem Feedbackbericht liest sie z. B.: „Ich danke für die Bemühungen zum Small Talk. Meist nimmt mir das aber die Zeit, die ich für wichtigere Themen bräuchte" oder „Eine Führungskraft, die keine klaren Ansagen macht, hilft mir persönlich kein Stück weiter." Warum das Feedback teilweise so schlecht ausfällt, kann sie sich nicht erklären. Nach wie vor bewertet sie selbst ihre neue Art zu führen als eine sehr moderne Sichtweise auf den Mitarbeiter und auf die Aufgaben der Führungskraft. Vielleicht ist „Couture Elegante" einfach noch nicht bereit für moderne Führungskräfte?

Das Beispiel zeigt, dass eine Führungskraft nicht mit nur einem Führungsstil für alle Mitarbeiter auskommen wird. Sicherlich ist das Menschenbild von Frau Gerstetter ein modernes (wie Sie es im Kapitel 1.1 kennengelernt haben). Trotzdem hängt die Art der erfolgreichen Führung auch zu einem erheblichen Teil davon ab, auf welche Weise Mitarbeiter geführt werden *wollen*. Die Vorstellungen der einzelnen Mitarbeiter können dabei sehr weit auseinandergehen und aus positiven oder negativen Erfahrungen mit den Vorgesetzten genauso gespeist werden wie aus der eigenen Kinderstube.

Schätzen Sie Ihre Mitarbeiter ein: Das Reifegradmodell

Einer der Schlüssel dazu, Ihrem Mitarbeiter ein sinnvolles Beziehungsangebot zu unterbreiten und den Aufbruch in Phase 2 einzuleiten, liegt in der Einschätzung des Reifegrads Ihres Mitarbeiters.
Nach Hersey und Blanchard (1982) bestimmt der Reifegrad eines Mitarbeiters, in welcher Weise er geführt werden sollte. Im Rahmen der LMX-Theorie kann der Reifegrad jedoch auch eine Aussage darüber ermöglichen, welche Art von Aufgabe Sie als Führungskraft Ihrem Mitarbeiter, der bislang eher zur Outgroup gehörte, übertragen sollten.
Der Reifegrad eines Mitarbeiters kann unterteilt werden in einen aufgabenbezogenen und einen persönlichen Reifegrad. Der aufgabenbezogene Reifegrad wird unter anderem durch die nachstehenden Faktoren bestimmt:

- Fachwissen/Erfahrung
- Lebensalter
- Selbstständigkeit der Aufgabenerledigung
- Grad der Lösungs-, anstatt Problemfokussierung
- Analysefähigkeit
- Strukturiertheit der Arbeitsweise

Bei Einschätzung des persönlichen Reifegrads kommen folgende Faktoren zum Tragen:

- Leistungsmotivation
- Eigeninitiative
- Lern- und Veränderungsbereitschaft
- Art und Weise des Umgangs mit Konflikten

- Selbstreflexionsfähigkeit
- Souveränität in kritischen Situationen

Beide Aufzählungen sollen einen Eindruck der Faktoren geben. Sie erheben keinen Anspruch auf Vollständigkeit.
Hat der Mitarbeiter einen noch nicht so ausgeprägten aufgabenbezogenen Reifegrad und entsprechend wenig Erfahrung, so gilt es sicherlich, ihn noch stärker zu lenken, Anweisungen zu geben und seine Leistungen zeitnah zu überwachen. Besonders viel Akzeptanz wird Ihnen als Führungskraft dann entgegengebracht, wenn Sie Verständnis für den Reifegrad zeigen und die Rolle eines Coaches für Ihren Mitarbeiter einnehmen.
Mit steigendem Reifestadium eines Mitarbeiters sollten Sie ihn mehr und mehr im Sinne eines Trainings unterstützen. Anstehende Entscheidungen sollten Sie gemeinsam klären bzw. erklären.
Ist der Mitarbeiter bereits erfahrener und eine aufgabenbezogene Unterstützung damit kaum noch erforderlich, dann besteht Ihre Aufgabe als Führungskraft eher darin, ihn zu motivieren und ihm eigene Entscheidungsspielräume zu überlassen.
Bei sehr hohem Reifegrad eines Mitarbeiters können Sie ganze Arbeitspakete an ihn delegieren, innerhalb derer er Entscheidungen eigenverantwortlich treffen kann.

Kienbaum Expertentipp: Der Reifegrad Ihrer Mitarbeiter

Es ist nicht schwierig, den Reifegrad anderer Personen einzuschätzen. Im Gegenteil: Meist haben Führungskräfte ein sehr genaues Bild von der Reife ihrer Mitarbeiter. Im Alltag gehen derlei Überlegungen jedoch häufig aus Zeitgründen unter, sodass man als Führungskraft meist eher intuitiv als geplant vorgeht. Dies muss nicht immer schlecht sein – und doch hat sich in vielen Führungskräftetrainings gezeigt, wie wenig Aufwand es bedeutet und wie viel Nutzen es zugleich bringt, wenn Sie sich einige Minuten Zeit nehmen, Ihre Mitarbeiter einmal einer „Reifegrad-Reihenfolge" zuzuordnen.

Wir möchten Sie daher dazu einladen, sich 15 bis 20 Minuten Zeit zu nehmen, Ihre persönliche Einschätzung des Reifegrades Ihrer Mitarbeiter vorzunehmen.

Lernen Sie Ihre Mitarbeiter kennen: Das DISG-Modell

Menschen sind unterschiedlich. Sie haben verschiedene Interessen, Eigenschaften und Verhaltensweisen. Einigen Menschen fällt es leicht, mit anderen in Kontakt zu kommen, andere stehen lieber unauffällig im Hintergrund. Manche Verhaltensweisen erscheinen uns positiv und sehr verständlich, andere wiederum empfinden wir als störend und schwer nachvollziehbar – wichtig ist bei all dem eines: das Gegenüber sowohl im privaten Bereich als auch im Arbeitsleben so zu nehmen, wie es ist. Dies gilt natürlich auch für die Führungskraft. Doch Ihren Mitarbeiter so zu nehmen, wie er ist, schließt nicht aus, dass Sie ihn zielgerichtet einsetzen und steuern können. Um jedoch Reibungspunkte oder Konflikte aufgrund unterschiedlicher Vorstellungen oder Arbeitspräferenzen so gering wie möglich zu halten, ist es von großem Vorteil, wenn Sie wissen, welche Persönlichkeitsstruktur Ihr Gegenüber besitzt. Was treibt ihn an, was macht ihm in seinem Arbeitskontext Spaß? Braucht er viel Kontakt zu Anderen, um Höchstleistungen zu vollbringen oder benötigt er eher Ruhe? Liebt er es, sich in Details „reinzubeißen" oder ist er eher der auf schnelle Umsetzung orientierte Pragmatiker? Welche Bedürfnisse hat er und welche Ängste?

Hinter all dem steht: Welche Rahmenbedingungen können Sie als Führungskraft schaffen, um aus jedem einzelnen Ihrer Mitarbeiter das Bestmögliche „herauszuholen"? Hier lohnt ein Blick in die Persönlichkeitspsychologie, die verschiedene Persönlichkeitstypen unterscheidet und sichtbar macht. Unterstützung dabei bietet das DISG-Modell von J. G. Geier und D. Downey („DISG® Verhaltensprofil").

DISG: Dominant, Initiativ, Stetig und Gewissenhaft – diese vier Begriffe beschreiben sehr charakteristische Persönlichkeitsausprägungen, die man in verschiedene Gegensatzpole einordnen und durch folgendes System darstellen kann.

Die Einordnung erfolgt auf zwei Achsen, die zum einen zwischen introvertierten und extravertierten Personen und zum anderen zwischen leistungs- und menschenorientierten Personen unterscheiden. Hierdurch werden Aussagen über potenzielle Verhaltensreaktionen eines Menschen möglich. Alle Menschen zeigen Verhaltensweisen aus jeder der vier Verhaltenstendenzen – allerdings in unterschiedlicher Ausprägung und oftmals mit einem Schwerpunkt.

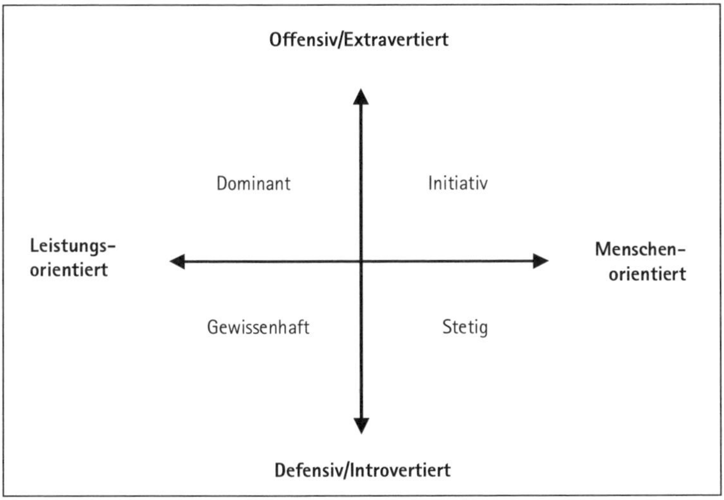

DISG® Verhaltensprofil nach Geier & Downey

Der dominante Typ

Der dominante Typ tritt extravertiert und leistungsorientiert auf. Er orientiert sich mehr an Zielen und Resultaten, als an den Bedürfnissen seiner Mitmenschen. Er ist meist sehr durchsetzungsfähig und misst sich gerne mit Anderen, um so zu zeigen, was er kann. Nicht selten vermittelt er dabei einen kühlen, aber direkten und redegewandten Eindruck. Er arbeitet lieber unabhängig von Anderen. Als leistungsorientierter Mensch kann er im Team gut als eine Art „Motor" und Antreiber eingesetzt werden. Haben Sie als Führungskraft einen dominanten Mitarbeiter im Team, so sollten Sie mit ihm gemeinsam eine klare Abgrenzung seines Kompetenzbereichs vornehmen und ihm herausfordernde Aufgaben stellen, ihn dabei aber nicht zu häufig kontrollieren. Langatmige Diskussionen sind nicht hilfreich, er benötigt vielmehr klare, aber dabei natürlich wertschätzende „Ansagen". Günstig ist es, ihn bei abwechslungsreichen Tätigkeiten einzusetzen und konkrete Möglichkeiten zur Weiterentwicklung mit ihm zu vereinbaren – oder ihm zumindest die karriereförderlichen Konsequenzen einer guten Leistung zu verdeutlichen. Auf zu starre Regeln und auf zeitaufwendige Detailarbeiten wird er negativ reagieren.

Der initiative Typ

Auch der initiative Typ besitzt ein extravertiertes Auftreten, zeigt sich dabei aber eher als „Menschenfreund". Er ist gesprächig und offen, kann begeistern und verströmt Optimismus. Er knüpft viele Kontakte und zeichnet sich durch seine oftmals kreative und spontane Arbeitsweise aus, was ihn zu einer Art „Ideenschleuder" im Team macht. Als Führungskraft kann man sich dies zunutze machen, indem man ihm viel Raum für die Äußerung und Entwickelung seiner Ideen zugesteht. Sein Bedürfnis nach Teamarbeit geht mit einer relativ starken Abhängigkeit von Anerkennung einher, daher sollte er dichter getaktetes Lob erhalten. Sein Wunsch nach Anschluss macht ihn zu einem idealen Kandidaten, zur beliebtesten Person im Team, die offiziell für den Zusammenhalt und die Steuerung der emotionalen Befindlichkeiten verantwortlich ist. Da er als kreativer Geist nicht selten zu Unorganisiertheit und Unzuverlässigkeit neigt, sollten Sie auch diesen Typus nicht mit zu viel Detailarbeit betrauen. Als Führungskraft sollten Sie dafür Sorge tragen, dass der initiative Typ im Arbeitsalltag zur Prioritätensetzung angehalten wird. Regelmäßige Gesprächstermine zwischen Ihnen und Ihren initiativen Typen helfen ihnen dabei, sich zu strukturieren.

Der stetige Typ

Der stetige Typ ist ebenfalls mitarbeiterorientiert, zeigt sich aber gleichzeitig wesentlich zurückhaltender und introvertierter. Auch er mag das Arbeiten im Team, konzentriert sich dabei aber mehr auf seine Aufgabe, er spezialisiert und vertieft sich gerne. Er neigt dazu, Probleme zu vermeiden und weicht Konflikten eher aus, da er Vertrauen und ein harmonisches Umfeld braucht. Deshalb sollten Sie ihm weniger delegierende Funktionen übertragen. Wegen seiner stetigen und geduldigen Arbeitsweise mag er keine schnellen und unvorhergesehenen Veränderungen in seinem Arbeitsumfeld, Sie können ihn daher gut für längerfristig angelegte oder auch zuarbeitende Detailtätigkeiten einsetzen. Er bevorzugt klare Strukturen und vorab definierte Vorgehensweisen. Innerhalb des Teams ist er meist als kooperativer und verlässlicher Kollege geschätzt und kann damit einen guten Gegenpol zum kreativen Charakter darstellen, dessen Ideen er strukturiert umsetzt. Aufgrund seiner Neigung, Probleme zu vermeiden, sollten Sie die Bedürfnisse des stetigen Typs im Auge behalten. Für eine mentale Unterstützung wird er Ihnen in Problemsituationen dankbar sein.

Der gewissenhafte Typ

Der gewissenhafte Typ ist ein selbstdisziplinierter und auf die Aufgaben und Leistungen fokussierter Mensch, der einen eher diplomatischen Umgang mit seinen Mitarbeitern oder Kollegen pflegt. Aufgrund seiner Vorliebe für sehr genaues Arbeiten mit hohem Qualitätsanspruch können Sie ihn sehr gut für nachbereitende und kontrollierende Qualitätssicherungsmaßnahmen einsetzen. Allerdings sollten Sie ihm eine ruhige, möglichst ungestörte Arbeitsatmosphäre verschaffen und ihm genügend Zeit zubilligen. Auch klare Verfahrensanweisungen helfen dem gewissenhaften Typ, seine Leistungsfähigkeit voll auszuschöpfen. In einem passend gestalteten Umfeld kann er sehr ausdauernd und logisch vorgehen und dem Team als geduldiges „Arbeitspferd" dienen. Von anstehenden Veränderungen sollten Sie ihn frühzeitig in Kenntnis setzen und mit ihm gemeinsam einen klaren Zeitrahmen für seine Tätigkeiten entwickeln. Wegen seinem zuweilen pedantischen Verhalten erscheint er zuweilen dickköpfig, sodass Sie ihm in Konfliktsituationen mit genügend Toleranz begegnen sollten.

Kienbaum Expertentipp: Schätzen Sie Ihre Mitarbeiter ein

Das DISG-Modell stellt eine gute Möglichkeit dar, Ihre Mitarbeiter zu typologisieren. Schon eine simple Einordnung kann Ihnen dabei helfen, Ihre Mitarbeiter in ihrem Verhalten besser einzuschätzen und dadurch auch besser zu steuern und zu führen. Wenn Sie Ihre Mitarbeiter anhand der aufgezeigten Faktoren sensibel betrachten, wird es Ihnen sicher gelingen, die oben genannten Persönlichkeitstypen bei Ihren Mitarbeitern zu identifizieren. Behandeln Sie jeden Mitarbeiter seiner Persönlichkeit entsprechend, dann werden Sie eine Optimierung der Arbeitsaufteilung, Motivation und Zusammenarbeit in Ihrem Team erreichen.

Situative Führung

Eine der Situation angemessene Führung – was ist das? Der Begriff „Situative Führung" wird meist im Zusammenhang mit der Ent-

scheidungsbildung verwendet, wie Sie an den im Folgenden dargestellten zwei Theorien sehen werden.
Die Forderung nach situativer Führung ist heute ebenso populär wie trivial, denn selbstverständlich sollte sich das Verhalten einer Führungskraft nach der aktuellen Situation bzw. der Problemstellung richten. Trotzdem ist es bis heute nicht gelungen, die Faktoren zu definieren, die eindeutig zu gutem Führungsverhalten führen. Dies entbindet Sie aber als Führungskraft nicht von der Verantwortung, die konkrete Situation in Ihre Überlegungen einzubeziehen und jedes Mal neu abzuwägen, welches Gewicht situativen Bedingungen zukommen sollte.
Was hat situative Führung nun aber mit dyadischer Führung zu tun? Geht es bei den Dyaden denn nicht nur um die Beziehung zwischen Führungskraft und Mitarbeiter? – Ja und nein. Sicherlich geht es primär um die Beziehung. Die folgenden Modelle zeigen jedoch, dass auch die situative Führung auf Parameter aufbaut, die die Kenntnis der Mitarbeiter voraussetzen. Dies wiederum bedeutet, dass situative Führung nur dann erfolgreich sein kann, wenn eine qualitativ hochwertige Beziehung zwischen der Führungskraft und ihren Mitarbeitern besteht.

Das Führungskontinuum nach Tannenbaum und Schmidt

Ausgehend von der Frage, inwieweit die Mitarbeiter an der Entscheidungsbildung partizipieren sollten, haben Robert Tannenbaum und Warren H. Schmidt 1958 das sogenannte Führungskontinuum entwickelt.
Im Führungskontinuum bilden ein autoritärer und ein demokratischer Führungsstil die Extrempole. Dazwischen befinden sich, abgestuft nach dem Maße der Einbeziehung der Mitarbeiterschaft in die Entscheidungsbildung, fünf weitere grundsätzliche Führungsverhaltensweisen:

- *Autoritär*: Der Vorgesetzte entscheidet alleine und ordnet an.
- *Patriarchalisch*: Der Vorgesetzte ordnet an, begründet jedoch seine Entscheidung.
- *Beratend*: Der Vorgesetzte entscheidet vorläufig, holt nachfolgend die Meinung der Mitarbeiter ein und entscheidet schließlich selbst.

- *Konsultativ*: Der Vorgesetzte schlägt Alternativen vor und gestattet Fragen, entscheidet letztlich aber selbst.
- *Partizipativ*: Der Vorgesetzte zeigt das Problem auf, die Mitarbeiter schlagen Lösungen vor, anschließend entscheidet der Vorgesetzte.
- *Delegativ*: Der Vorgesetzte zeigt das Problem auf und legt den Entscheidungsspielraum fest, die Gruppe entscheidet.
- *Demokratisch*: Die Gruppe entscheidet autonom, der Vorgesetzte nimmt lediglich die Rolle eines Koordinators ein.

Um zu beurteilen, welche der Verhaltensweisen für eine gegebene Situation angemessen ist, legen Tannenbaum und Schmidt folgende Aspekte zugrunde:

- Charakteristika des Vorgesetzten:
  - Wertesystem
  - Vertrauen in die Mitarbeiter
  - Führungsqualitäten
  - Ausmaß empfundener Sicherheit in der Situation
- Charakteristika der Mitarbeiter:
  - Ausmaß der Erfahrung in der Entscheidungsfindung
  - Fachliche Kompetenz
  - Engagement für das Problem
  - Ansprüche bezüglich beruflicher und persönlicher Entwicklung
- Charakteristika der Situation:
  - Art der Organisation
  - Eigenschaften der Gruppe
  - Art des Problems
  - zeitlicher Abstand zur Handlung

Das Modell von Tannenbaum und Schmidt kann sicherlich nur als grobe Richtlinie nutzbringend eingesetzt werden, da es nur eine Dimension des Führungsverhaltens, nämlich die Entscheidungsbildung, betrachtet. Daher geht es zu wenig darauf ein, *wie* die Führungskraft von der Bewertung der Charakteristika der eigenen Person, der Mitarbeiter und der Situation zu einer der Führungsverhaltensweisen gelangt. Dennoch bietet dieses Modell eine gute Systematisierung möglicher Verhaltensweisen.

Bei der Bewertung der Charakteristika der Mitarbeiter wird deutlich, dass das Führungskontinuum ohne genaue Kenntnis der Mitarbeiter als Entscheidungshilfe nicht funktionieren kann. Darüber hinaus zeigt sich in den Beschreibungen der sieben Führungsstile deutlich, dass die Entscheidung für einen der Führungsstile maßgeblich von den verschiedenen Reifegraden und Typologien der Mitarbeiter abhängt. In der Praxis wird es für Sie als Führungskraft daher wichtig sein, ein möglichst großes Repertoire an Verhaltensweisen oder Führungsstilen zeigen zu können, wenn dies nötig ist.

Das Entscheidungsmodell nach Vroom

In einer wesentlich aktuelleren Theorie beschäftigt sich V. H. Vroom mit der Frage, ob die Entscheidungsbildung durch die Führungskraft allein oder unter Einbeziehung der Mitarbeiterschaft geschehen sollte. Vroom befindet vor allem zwei Faktoren als bestimmend für den Erfolg einer Entscheidung. Dies sind Akzeptanz und Qualität. Ausgehend von diesen Größen postuliert Vroom sieben Fragen, die die Führungskraft vor jeder Entscheidungsbildung beantworten sollte:

1. Wie groß ist die Bedeutung der Entscheidung?
   Ist die Bedeutung sehr groß, so sollte die Führungskraft in die Entscheidungsfindung eingreifen.
2. Wie wichtig ist die Akzeptanz der Entscheidung durch die Mitarbeiter?
   Wenn eine hohe Akzeptanz durch die Mitarbeiter nötig ist, sollten die Mitarbeiter in den Entscheidungsprozess eingebunden werden.
3. Reicht die Kompetenz der Führungskraft aus, um eine qualitativ hochwertige Entscheidung zu treffen?
   Wenn die Führungskraft nicht genügend Informationen, Wissen und Erfahrungen hat, sollte sie die Gruppenmitglieder einbeziehen, um die Erfahrungslücke zu schließen.
4. Wie groß ist die Wahrscheinlichkeit der Akzeptanz der Entscheidung durch die Mitarbeiter, wenn die Führungskraft die Entscheidung allein trifft?
   Sind die Mitarbeiter wahrscheinlich mit der alleinigen Entscheidung durch die Führungskraft einverstanden, so müssen sie nicht zwingend in den Entscheidungsprozess eingebunden werden.

5. Teilen die Mitarbeiter die Unternehmensziele, zu denen die Lösung des Problems beitragen soll?
   Wenn die Mitarbeiter die Ziele des Unternehmens nicht unterstützen, sollte die Führungskraft ihre Mitarbeiter möglichst wenig in die Entscheidung einbeziehen und sie auf keinen Fall allein entscheiden lassen.
6. Verfügt die Gruppe über genügend Kompetenz, um zu einer qualitativ hochwertigen Entscheidung zu gelangen?
   Je mehr Wissen und Erfahrungen die Mitarbeiter haben, desto mehr Entscheidungsverantwortung können sie übertragen bekommen.
7. Sind die Mitarbeiter fähig, bei der Problemlösung als Team zusammenzuarbeiten oder sind Konflikte zu erwarten?
   Wenn die Gruppenmitglieder motiviert und fähig sind, die Probleme alleine zu bewältigen, kann ihnen mehr Verantwortung für die Entscheidung überlassen werden.

In seiner Theorie entwickelt Vroom ein komplexes Entscheidungsmodell, das in Abhängigkeit der Beantwortung der Fragen zu verschiedenen Führungsverhaltensweisen führt. (Für detailliertere Informationen über das Modell empfehlen wir Ihnen V. H. Vrooms Artikel aus dem Jahr 2000, den Sie in der Literaturliste finden.)
Auch wenn das Modell nicht schwierig zu verstehen ist, hat es sich jedoch als unpraktikabel herausgestellt, im Führungsalltag vor jeder Entscheidung sieben Fragen zu beantworten und in einer Entscheidungstabelle nachzuschlagen, um zur jeweils richtigen Verhaltensweise zu gelangen. Trotzdem kann die Beantwortung der Fragen vor wichtigen Entscheidungen oder wenn Sie unsicher bezüglich der besten Vorgehensweise sind, hilfreich sein.
Ähnlich wie beim Führungskontinuum nach Tannenbaum und Schmidt, gilt auch für diese Theorie, dass Sie einige der sieben Fragen nur beantworten können, wenn Sie als Führungskraft Ihre Mitarbeiter gut kennen. Während die ersten drei Fragen sich nur auf die Führungskraft selbst beziehen, erfordert die Beantwortung der restlichen vier Fragen eine hochwertige Beziehung zwischen der Führungskraft und ihren Mitarbeitern.

Vorbildfunktion und Symbolhandlungen

Beispiel: Spätabendliche Work-Life-Balance

Diskussionen über Symbolhandlungen oder die Vorbildfunktion von Führungskräften für ihre Mitarbeiter führen immer wieder zu interessanten Praxisberichten.

So berichtete kürzlich ein Teilnehmer eines Trainings, er habe nach erfolgreicher Bewältigung einer nationalen Unternehmensfusion eine E-Mail mit einem Dankesschreiben seines Vorgesetzten erhalten. In dieser E-Mail beschrieb der Vorgesetzte noch einmal den überdurchschnittlichen Einsatz, den alle Mitarbeiterinnen und Mitarbeiter auf sich nehmen mussten, um die Herausforderungen der letzten Monate zu meistern. Er informierte lehrbuchartig über die letzten noch laufenden Fusionsprozesse, dann beschrieb er die aktuelle Situation und die Visionen des Unternehmens. Letztlich schloss er mit der Bemerkung, dass sich die Unternehmenslage seit wenigen Tagen entspannt habe und dass er jedem Mitarbeiter rate, „nach den Anstrengungen wieder ein wenig zur Ruhe zu kommen", um das eigene Arbeits- und Privatleben wieder ins Gleichgewicht zu bringen.

Diese wirklich schöne Geste der Führungskraft stieß jedoch eher auf Unverständnis als auf positive Resonanz. Der Grund dafür war der Kopf der E-Mail, dem zu entnehmen war, dass die E-Mail am Samstagabend gegen 23.15 Uhr versendet worden war.

Immer wieder sind Führungskräfte erstaunt darüber, welch starken Einfluss sie auf ihre Mitarbeiter ausüben. Einen Großteil dieses Einflusses üben sie aktiv und willentlich aus, einen nicht unerheblichen Teil vermitteln sie jedoch auch, ohne dass es ihnen bewusst wird.

Führungskräfte haben häufig für ihre Mitarbeiter eine Vorbildfunktion. Diese kann manchmal offensichtlich negativ geprägt sein, à la „Wenn der sich das Recht herausnimmt, 75 statt 60 Minuten Mittagspause zu machen, kann ich das auch tun!“ In vielen Fällen wird der Einfluss der Führungskraft aber weniger klar erkennbar sein, z. B. nach dem Motto: „Nach dem Pareto-Prinzip kann ich nicht arbeiten. Meine Führungskraft ist so penibel, dass ich mir keine 99 %ige Arbeit leisten kann.“ Oder: „Offensichtlich wird hier erwartet, dass man sich hier auch als Führungskraft jede Reise selbst bucht und relevante Unterlagen selbst aus dem Drucker holt. So erlebe ich es schließlich jeden Tag bei meiner Vorgesetzten.“ Glücklicherweise

haben Sie jedoch auch die Möglichkeit, positiven Einfluss zu nehmen, z. B. könnte Ihr Mitarbeiter empfinden: „Mein Vorgesetzter ist so wahnsinnig strukturiert und ich merke, wie mir das in Gesprächen häufig hilft, Lösungen zu finden. Ich versuche, eine ähnliche Funktion auch für meine Mitarbeiter zu erfüllen."
Die Situationen, in denen Führungskräfte Vorbildfunktionen in negativer oder positiver Hinsicht einnehmen, sind zahlreich und sehr unterschiedlich. Die folgende Auflistung entspringt einer ca. 10-minütigen Diskussion unter Bereichsleitern, ergänzt um einige erklärende Fragen:

- Arbeitsdisziplin: Bleibt die Führungskraft bei der Sache oder schweift sie gedanklich häufig ab?
- Arbeitsmethodik: Ist die Führungskraft strukturiert? Setzt sie (Arbeits-)Methoden richtig und sinnvoll ein?
- Effizienz von Besprechungen: Sind die Besprechungen effizient organisiert und strukturiert? Sind sie mit Zeiten hinterlegt? Wie häufig finden Besprechungen statt und wie ausladend werden sie gestaltet?
- Führen von Mitarbeitergesprächen: Redet hauptsächlich die Führungskraft oder der Mitarbeiter? Zeigt die Führungskraft Einfühlungsvermögen und Interesse für die Position des Mitarbeiters?
- Beurteilung von Mitarbeitern: Sind die Kriterien klar, die einer Beurteilung zugrunde liegen? Wird die gesamte Beurteilungsskala ausgeschöpft? Ist die Beurteilung differenziert und stützt sich auf Beobachtungen? Werden Beurteilungen erklärt und mit Beispielen hinterlegt? Werden frühzeitig Möglichkeiten zur Optimierung aufgezeigt?
- Art und Weise der Problembearbeitung: Ist die Führungskraft problem- oder lösungsorientiert? Geht sie optimistisch oder pessimistisch mit Herausforderungen um?
- Einsatz bei vermeintlichen Banalitäten: Wie viel Aufmerksamkeit lässt die Führungskraft Details zukommen? Welche Details werden berücksichtigt, welche nicht?
- Kommunikationsweise: Kommuniziert die Führungskraft kurz, klar und prägnant oder ausschweifend und verwirrend?
- Zwischenmenschlicher Umgang: Wird der Mitarbeiter als „Partner auf Augenhöhe" angesehen oder besteht in der Kommunika-

tion ein eindeutiges Machtgefälle? Werden Anmerkungen des Mitarbeiters aufmerksam angehört?

- Menschenbild und Grundhaltung: Wie spricht die Führungskraft über andere Personen im Unternehmen oder über nicht anwesende Mitarbeiter?
- Gleichbehandlung: Wie viel Wert legt die Führungskraft auf eine Gleichbehandlung verschiedener Mitarbeiter, Personengruppen oder Kunden?
- Glaubwürdigkeit und Geradlinigkeit: Steht die Führungskraft zu ihrem Wort? Werden angekündigte Konsequenzen auch eingehalten? Stellt sich die Führungskraft in Ernstfall vor die eigenen Mitarbeiter?
- Authentizität: Passt die Kommunikation zum sonstigen Führungshandeln?
- Loyalität: Vertritt die Führungskraft die Interessen des Unternehmens glaubhaft? Vertritt die Führungskraft die Interessen ihrer Mitarbeiter glaubhaft?
- Vorleben des betrieblichen Gesundheitsmanagements (BGM): Hält sich die eigene Führungskraft an die Vorgaben des BGM oder wird das BGM eher als lästige Pflichtübung betrachtet?
- Umgang mit der eigenen Gesundheit: Achtet die Führungskraft auf ihre Gesundheit? Sieht die Führungskraft vital aus? Arbeitet die Führungskraft an der eigenen Work-Life-Balance?
- Umgang mit dem eigenen Urlaub: Nimmt die Führungskraft überhaupt Urlaub? Wird der Urlaub dann auch „durchgehalten" (bleibt der BlackBerry oder das Handy aus), lehnt sie Terminanfragen für den Zeitraum ihres Urlaubs ab oder nimmt sie sie letztlich doch an?
- Umgang mit Feedback bzw. Kritik an der eigenen Person: Ist die Führungskraft offen für Kritik? Holt sie aktiv Kritik ein?
- Bereitschaft, sich zu verändern: Arbeitet die Führungskraft an sich, wenn sie kritisiert wird? Setzt sie konstruktive Veränderungsvorschläge um?

Diese Liste könnte man wahrscheinlich immer weiter fortsetzen und auch die erläuternden Fragen sind nur Beispiele, die sich beliebig ergänzen lassen. In jedem Falle macht die Auflistung deutlich, dass der Einfluss einer Führungskraft enorm ist.

Kienbaum Expertentipp: Der Einfluss Ihrer Führungskraft

Genauso wie Sie einen Einfluss auf Ihre Mitarbeiter haben, so haben auch Ihre Führungskräfte einen Einfluss auf Sie selbst. Nehmen Sie sich einmal 15 Minuten Zeit und überlegen Sie, welche Verhaltensweisen, Ansichten, Einstellungen, Arbeitsweisen etc. Sie von Ihrer Führungskraft übernommen haben.

Bestimmt sind einige Aspekte dabei, die Sie in gewissem Sinne stolz machen, da Sie Ihre/n Vorgesetze/n für ein gutes Vorbild halten. Wie sieht es aber mit den anderen Aspekten aus? Mit denjenigen, die Sie eher unbewusst übernommen haben, weil „man es eben so macht"? Vielleicht finden Sie Möglichkeiten, einige dieser Verhaltensweisen durch ein anderes – aus Ihrer Sicht besseres – Verhalten zu ersetzen.

Die Vorbildfunktion der Führungskraft ist zunächst ein vollkommen neutrales Thema. Erfreulich ist es, wenn sich Mitarbeiter viele Verhaltensweisen von Führungskräften abschauen können, die als positiv bewertet werden und die gleichzeitig auch für das Unternehmen einen Wert haben. Es besteht jedoch immer auch die Gefahr, dass die Vorbildfunktion zu einem bestimmten Zweck instrumentalisiert wird. So könnte man auf die Idee kommen, dass Führungskräfte E-Mails erst am späten Abend an ihre Mitarbeiter versenden, um die Ansicht zu fördern, es sei normal, bis spät in den Abend hinein zu arbeiten.

Symbolhandlungen stellen eine Sonderform der Vorbildfunktion dar. Dies sind besondere Handlungen, die häufig Ritualcharakter haben und dadurch für die Mitarbeiter sehr wichtig geworden sind. Die Bedeutung dieser Symbolhandlungen ist ganz unabhängig vom Aufwand, der mit ihnen verbunden ist. Schon sehr kleine Gesten können für Mitarbeiter zu positiven Symbolen werden. Häufig berichtete Beispiele sind:

- Die Begrüßung der Mitarbeiter am Morgen oder am Wochenanfang.
- Das Verabschieden in das Wochenende am Freitagnachmittag bzw. -abend.

- Eine kleine Aufmerksamkeit (Blümchen, Yes-Törtchen etc.) zum Geburtstag des Mitarbeiters.
- Die Begrüßung, wenn man sich auf dem Flughafen, in der Kantine oder auch in der Stadt begegnet.
- Kurze Pausengespräche beim Rauchen oder in der Teeküche.

Auch diese Liste ließe sich endlos fortführen. Gemein ist den Symbolen, dass ihre Bedeutung schnell übergeneralisiert und auf andere Bereiche des beruflichen oder privaten Lebens übertragen wird („Herr Paul hat mich neulich auf dem Markt nicht gegrüßt. Ich glaube, das wird nichts mit meiner Beförderung.") Über Symbolhandlungen haben Sie als Führungskraft daher eine starke Möglichkeit zu motivieren, aber auch zu demotivieren. Die beste Möglichkeit, mit dieser Problematik umzugehen ist es, offen darüber zu sprechen, wenn eine Symbolhandlung ausbleibt und die Gründe dafür zu nennen („Herr Meier, ich habe Sie neulich in der Stadt gesehen, war aber furchtbar in Eile und wollte nicht über den ganzen Marktplatz rufen. Ich hoffe, Sie verstehen das.")

Da es sich bei Symbolhandlungen um kleine Gesten handelt, besteht grundsätzlich auch die Gefahr, dass sie sich abnutzen und inflationär eingesetzt werden müssen. Bleiben die Symbolhandlungen trotz wachsender Kompetenz eines Mitarbeiters gleich, kann dies unter Umständen schon als eine Missachtung der eigenen Person ausgelegt werden.

Symbolhandlungen oder Vorbildfunktion haben aber nicht nur Personen, sondern auch Personengruppen oder Organisationen. Und so sind es häufig scheinbare Kleinigkeiten, die bei den Mitarbeitern zu unguten Gefühlen und Motivationsverlusten führen können. In vielen Unternehmen wurden z. B. zu Zeiten der Wirtschaftskrise 2009 die kostenlosen Getränke für die Belegschaft als Einsparungsmaßnahme gestrichen. In wohl allen Fällen löste dies große Empörung aus. In anderen Unternehmen wurden Weihnachtsfeiern und ähnliche Veranstaltungen mit Ritualcharakter gekürzt. Aus Unternehmersicht sind solche Entscheidungen absolut nachvollziehbar, aus Sicht der Mitarbeiter sind sie jedoch vor allem dann schwer zu akzeptieren, wenn bekannt ist, dass das kommende Jahr „besonders hart" wird. Die damit für das Unternehmen entstehen-

den Kosten durch Motivationsverluste und Schwächung der Mitarbeiterbindung sind nicht genau zu berechnen, sollten jedoch nicht unterschätzt werden.
Auch wenn wahrscheinlich viele Mitarbeiter sagen würden, dass sie das Verhalten ihres Vorgesetzten nicht in jeder Hinsicht unterstützen, fällt die Erklärung, warum Vorgesetzte als Vorbilder angesehen werden, relativ leicht. In der Regel haben direkte Führungskräfte die Ebene erreicht, die für die eigene Person den nächsten Entwicklungsschritt darstellt. Ist die Führungskraft auf dieser Ebene erfolgreich, so scheint ihr Verhalten das richtige Verhalten für diese Position zu sein. Das Verhalten der Führungskraft stellt dementsprechend das Vergleichsverhalten für den Mitarbeiter dar, wenn er über seine eigene Karriere nachdenkt. Darüber hinaus verfügen Führungskräfte häufig über mehr Arbeits- oder Lebenserfahrung, sind länger im Unternehmen und wissen daher vermeintlich besser, wie man sich in der spezifischen Unternehmenskultur richtig verhält. Dieser Effekt steigt tendenziell, je jünger oder je kürzer der Mitarbeiter im Unternehmen ist.

Kienbaum Expertentipp: Überprüfen Sie Ihre eigene Vorbildwirkung

Auch Sie haben eine starke Vorbildfunktion für Ihre Mitarbeiter. Dies werden Sie nicht vermeiden können und sollten es auch gar nicht versuchen. Umso wichtiger ist es, dass Sie sich selbst überlegen, welchen Einfluss Sie ausüben möchten und in welchen Fällen Sie unter Umständen Gefahr laufen, ein nicht gewolltes Verhalten bei Ihren Mitarbeitern hervorzurufen. Zur Führung Ihrer Mitarbeiter sollten Sie sich Ihrer eigenen Wirkung in jedem Fall bewusst sein. Gute Informationsquellen sind neben Ihrer Eigenwahrnehmung auch Mitarbeiter oder Kollegen, mit denen Sie schon lange zusammenarbeiten. Auch Freunde und Ihr Lebenspartner können sicher zu einem vollständigen Bild beitragen. Eine sehr gute Informationsquelle stellen neue Mitarbeiter und Kollegen dar, die einen unverstellten Blick auf Sie haben und Ihnen eine Rückmeldung zu dem ersten Eindruck geben können, den Sie hinterlassen. Leider ist es allerdings oft schwierig, an diese Informationen zu gelangen.

Schaffen Sie dyadische Führungsbeziehungen!

Mit zunehmender Komplexität des Menschenbilds wird auch die Führung immer komplexer. Mitarbeiter unterscheiden sich in vie-

lerlei Hinsicht. Wenn Sie erfolgreich mit Ihren Mitarbeitern zusammenarbeiten wollen, haben Sie nur eine Möglichkeit: Lernen Sie Ihre Mitarbeiter kennen! – und das auf möglichst vielen Ebenen. Je besser Sie Ihre Mitarbeiter kennen, umso genauer wissen Sie, wie Sie Ihre Mannschaft motivieren können, welche Menschentypen sich unter Ihren Mitarbeitern befinden, wie viel Entscheidungsbefugnis Sie Ihren Mitarbeitern zutrauen können und wie viel Entscheidungsfreiheit diese erwarten, wie Sie als Vorbild auf verschiedene Mitarbeiter wirken und wie Sie unterschiedliche Reaktionen Ihrer Mitarbeiter begreifen sollten.
Viel Arbeit, mögen Sie denken. Sie haben recht! Bei einer großen Anzahl von Mitarbeitern in Ihrem Team scheint die Aufgabe fast unmöglich, aber Sie sollen ja auch nicht gleich morgen alle genau kennen – und Sie werden feststellen, dass schon kleine Modifikationen in Ihrem eigenen Verhalten große Veränderungen im Verhalten Ihrer Mitarbeiter auslösen können.
Sehr schwierig, mögen Sie auch denken. Auch damit haben Sie recht! Doch dies ist die Aufgabe einer Führungskraft und die Tatsache, dass Sie Führungskraft (geworden) sind, lässt darauf schließen, dass man Ihnen diese Aufgabe zutraut. Sie dürfen also ruhig mit Selbstbewusstsein darangehen!

3.2 Aufgaben der Führungskraft

Als Führungskraft haben Sie viele verschiedene Aufgaben. In diesem Abschnitt diskutieren wir einige Aufgaben, die bei der Mitarbeiterführung besonders zentrale Herausforderungen darstellen.

Mitarbeitergespräche: Fragetechniken einsetzen

Der Begriff „Mitarbeitergespräch“ wird oft reduziert auf das formale Mitarbeitergespräch, welches jährlich oder halbjährlich durchzuführen ist. Dabei ist natürlich auch jedes andere Gespräch zwischen Führungskraft und Mitarbeiter ein Mitarbeitergespräch. Gerade im Sinne der dyadischen Führung sollte es selbstverständlich sein, dass viele informelle Mitarbeitergespräche wesentlich sinnvoller sind als wenige formelle Termine. Solche Gespräche sollten Sie nicht nur dann führen, wenn ein aktueller Anlass vorhanden ist: Machen Sie Ihren Mitarbeitern regelmäßig Gesprächsangebote, auch wenn gerade kein konkretes Thema anliegt. Damit beugen Sie dem Mythos „Mitarbeitergespräch gleich Kritikgespräch“ vor und sorgen dafür, dass der einzelne Mitarbeiter sorgloser in das Gespräch einsteigen kann.

Setzen Sie systemische Fragetechniken ein

Alle Arten von Mitarbeitergesprächen sollten so frageorientiert wie möglich geführt werden. Ganz nach dem Motto: „Wer fragt, der führt“. Besonders gut eignen sich dafür systemische Fragetechniken. Sie bieten sich vor allem deshalb an, weil der Mitarbeiter mit ihnen zur selbstständigen Problemanalyse und Erarbeitung von Lösungen angeregt wird.

Kienbaum Expertentipp: Was ist Sytemik?

Die Systemik stellt insgesamt ein weites Feld dar, das hier nicht in allen Einzelheiten diskutiert werden soll. Ausbildungen zum Systemiker oder systemischen Berater dauern in der Regel mehrere Monate und umfassen weit mehr Bereiche als diejenigen, die in unserem Rahmen wichtig sind. Hier sollen nur einiger Gedanken kurz dargestellt werden, die relativ einfach nachvollziehbar und gleichzeitig für die Führungsarbeit sehr gut nutzbar sind.

Wichtig für das Verständnis der systemischen Fragetechniken sind drei Grundgedanken der Systemik:

- Konstruktivistisches Denken
- Lösungs-, anstatt problemorientiertes Denken
- Vernetzes Denken

Konstruktivistisches Denken geht davon aus, dass keine eindeutige Wirklichkeit existiert: Jeder konstruiert sich vor dem Hintergrund seiner Erfahrungen seine eigene Realität. Dies bedeutet, dass es keine objektive Gültigkeit oder Richtigkeit von Problemlösungen, Vorschlägen, Handlungen, Maßnahmen etc. gibt. Es gibt nur subjektiv als richtig angenommene Lösungen. Führt man diesen Gedanken weiter, so kommt man schnell zu der Überzeugung, dass jeder einzelne nur für sich selbst in der Lage ist, eine Antwort auf ein bestehendes Problem zu finden. In der Führungsarbeit bietet sich dieses Verständnis besonders deshalb an, weil es den Mitarbeiter in die Verantwortung nimmt, Lösungen zu finden und sich dadurch gleichzeitig selbst weiterzuentwickeln. Ein weiterer Vorteil ist, dass Reaktanzen, also Widerstände, vermieden werden, die durch vorgegebene Lösungen leicht auftreten können.

Die Lösungs-, statt Problemorientierung nimmt diesen letzten Aspekt wieder auf. Bei systemischen Fragen der Führungskraft merkt der Mitarbeiter nämlich schnell, dass er von dieser keine vorgegebenen Lösungen erwarten kann. Wenn er seine Situation also ändern bzw. sein Problem lösen will, muss er selbst lösungsorientiert denken. Häufig stellt er dann fest, dass die Lösung zu einem Problem relativ leicht zu finden ist und eindeutig auf der Hand liegt. Schwieriger wird es, wenn er sich aus seiner eigenen passiven Komfortzone herausbewegen und akzeptieren muss, dass eine Lösungsfindung Aufwand bedeutet (mehr dazu finden Sie im Kapitel 4.3: Nörgeleien im Team: Das Kreismodell).

Das vernetzte Denken bildet den dritten Grundgedanken der Systemik. Schon der Name „Systemik" zeigt ja, dass Personen, Personengruppen oder Organisationen hier nie isoliert, sondern immer als in ein System eingebettet betrachtet werden. Als Bild dafür kann man sich ein Mobile vorstellen. In diesem Mobile kann man ein jedes Teilchen anstoßen. Egal, wie klein das Teilchen auch ist, es wird einen Einfluss auf die anderen Teile des Systems haben, auch wenn diese viel größer sind. Diese Sichtweise eröffnet ganz neue Perspektiven für die Problemlösung. Es ist damit möglich, nicht nur nach dem „ganz großen Wurf", dem „ultimativen Hebel" zu suchen, sondern auch kleine Maßnahmen zu erwägen und deren Interaktion mit dem System zu analysieren.

Die wichtigsten systemischen Fragetechniken

Wir stellen Ihnen nun einige gebräuchliche systemische Fragetechniken vor und erläutern diese jeweils mit exemplarischen Beispielfragen.

Zielorientierte Frage

Diese Frage bietet sich häufig zu Beginn eines Gesprächs an, um zu definieren, welches Ziel beide Gesprächspartner mit einem Gespräch verfolgen bzw. welche Zwischenergebnisse erreicht werden sollen.

- Was wäre für Sie ein gutes Ergebnis des heutigen Gesprächs?
- Welche Zwischenergebnisse erwarten Sie von dem Meeting?

Ressourcenorientierte Frage

Hier geht es darum, vorhandene Fähigkeiten herauszuarbeiten und deren Einfluss auf die Lösung eines Problems zu identifizieren.

- Was können Sie besonders gut?
- Welche Lösungsmuster können Sie übertragen?

Skalierungsfrage

Dieser Fragetyp bietet zunächst einen Maßstab für die Messung von Veränderungen. Außerdem kann er dabei helfen, erwartete Effekte in kleinere und realistischere Schritte zu unterteilen.

- Nehmen wir an, null bedeutet, dass Sie gar kein Problem haben. Zehn bedeutet, dass Sie aufgrund der aktuellen Situation schlaflose Nächte haben und die Gedanken daran kaum abwenden können. Wie würden Sie Ihr Problem heute einstufen?
- Was müsste passieren, damit Sie von einer 6 auf eine 5 kommen?

Zirkuläre Frage

Hier wird die Wirkung einer Interaktion zwischen zwei Beteiligten auf Dritte betrachtet.

- Welche Auswirkungen hätte es auf das Team, wenn Sie mit Ihrem Kollegen besser zusammenarbeiten könnten?
- Wie sieht Ihre Vorgesetzte die Spannungen zwischen Ihnen und Ihrem Kollegen?

Ausnahmefrage

Diese Frage verdeutlicht, dass die aktuelle Situation nicht der Standard sein muss, sondern ebenso gut eine Ausnahme bilden kann.

- Wann war es das letzte Mal anders?
- Was genau war anders?

Wunderfrage

Diese Frage konkretisiert, welche Veränderungen sich ergeben würden, wenn ein Problem nicht mehr bestünde.

- Stellen Sie sich vor, dass über Nacht ein Wunder geschieht und Ihr Problem hat sich in Luft aufgelöst. Was ist anders?
- Wer außer Ihnen wird die Veränderungen noch bemerken?

- Was hätte sich verändert, wenn sich ein etwas kleineres Wunder ereignet hätte?

Überlebensfrage

Diese Frage stellt eine Möglichkeit der Paradoxen Intervention dar. Durch die überzogene Darstellung eines Problems wird der Widerstand des Gesprächspartners provoziert, um zu verdeutlichen, dass aktuell schon gute Lösungsansätze vorhanden sind.

- Wie haben Sie es bisher mit diesem Problem ausgehalten?
- Wie konnten Sie mit dieser Belastung bislang umgehen?

Kienbaum Expertentipp

Einige dieser Fragen mögen Sie zunächst befremdlich und kompliziert finden. In der Umsetzung zeigt sich häufig jedoch sehr schnell, dass der Befragte eigene Lösungsansätze entwickelt, die zu seinem eigenen Erleben der Problemsituation passen und die er dadurch sehr leicht annehmen kann. Lassen Sie sich von anfänglichen Misserfolgen nicht entmutigen. Die Fragen geschickt zu stellen, ist nicht immer einfach und erfordert ein wenig Übung.

Nachfolgend finden Sie zwei Beispiele für unterschiedliche Verläufe von Mitarbeitergesprächen. Das erste Beispiel ist eher konfrontativ und durch die Führungskraft dominiert. Im zweiten Beispiel verhält sich die Führungskraft frageorientiert und nutzt systemische Fragetechniken. In beiden Gesprächen ist das Thema, dass der junge und neue Verwaltungsmitarbeiter Herr Ruppig frischen Wind in sein Team bringen möchte und versucht, seine älteren und erfahrenen Kollegen zu neuen Verfahrensweisen zu bewegen.

Beispiel: Konfrontatives Mitarbeitergespräch mit Herrn Ruppig

Führungskraft: Hallo, Herr Ruppig! Schön, dass Sie sich Zeit nehmen für ein kurzes Gespräch.

Ruppig: Gerne, Herr Meier, worum geht es denn?

Führungskraft: Ich würde gerne über Ihr Auftreten als neuer Mitarbeiter im Team sprechen. Ich stelle fest, dass Sie sehr forsch an die Kollegen herantreten.

Ruppig: Ach wirklich? Ich bin doch nicht forsch. Zumindest ist mir das gar nicht aufgefallen.

Führungskraft: Das wundert mich. Die Kollegen sind schon recht verstimmt darüber, dass jemand, der gerade erst frisch in die Organisation kommt, meint, alles besser zu wissen.

Ruppig: Also, so ist es ja nun nicht ...

Führungskraft: Warum schauen Sie sich denn nicht erst einmal an, wie der Hase hier läuft?

Ruppig: Ich denke, dass ich das getan habe. Ich stelle fest, dass viele Prozesse deutlich besser laufen und dachte, dass sich die Kollegen freuen, wenn sie durch meine Methoden Arbeitszeit und Nerven sparen.

Führungskraft: Leider funktioniert es so nicht. Die Kollegen verfügen über viele Erfahrungen. Ich möchte Sie bitten, sich danach zu richten und Ihr Auftreten zu überdenken.

Ruppig: ...

Beispiel: Frageorientiertes Mitarbeitergespräch mit Herrn Ruppig

Führungskraft: Hallo, Herr Ruppig! Schön, dass Sie sich Zeit nehmen für ein kurzes Gespräch. Wie geht es Ihnen?

Ruppig: Ganz gut, danke der Nachfrage.

Führungskraft: Und, wie haben Sie sich bei uns eingewöhnt?

Ruppig: Gut. Die Arbeit macht mir Spaß. Die Kollegen sind nett und ich kann viele neue Ideen einbringen.

Führungskraft: Gut, dass Sie es ansprechen. Wie kommen denn die Kollegen mit den neuen Ideen zurecht? Für viele mag es ja doch eine große Umstellung sein.

Ruppig: Na ja, einige sind schon etwas veränderungsresistent und sperren sich ziemlich gegen meine Vorschläge.

Führungskraft: Woran könnte das denn aus Ihrer Sicht liegen?

Ruppig: Ich habe mir auch schon meine Gedanken gemacht. Die Kollegen haben ja jahrelang anders gearbeitet, da fällt ihnen die Umstellung vielleicht nicht ganz so leicht.

Führungskraft: Wahrscheinlich ist das der Grund. Was würden Sie denn vorschlagen, wie wir das Problem ein wenig entschärft bekommen?

Ruppig: Ich habe keine Ahnung.

Führungskraft: Gab es denn schon mal einen Vorschlag von Ihnen, der gut bei den Kollegen angekommen ist?

Ruppig: Ja, neulich hatte ich den Eindruck, dass meine Erklärungen zur besseren Nutzung von Outlook ganz gut ankamen.

Führungskraft: Was war in der Situation denn anders als sonst?

Ruppig: Vielleicht war das Thema greifbarer und – wenn ich recht überlege, ist da ein Kollege auf mich zugekommen. Sonst war immer eher ich derjenige, der Veränderungen initiiert hat.

[...]

Führungskraft: Sie haben ja nun festgestellt, dass es sinnvoll sein könnte, wenn Sie sich etwas passiver verhalten und eher darauf warten, dass die Kollegen auf Sie zukommen und um Rat fragen. Wenn Sie selbst Ideen haben, sagten Sie, dass Sie sich vorstellen könnten, eher ein Angebot zu machen, als Ihre Ideen direkt zu äußern. Was halten Sie davon, wenn Sie es in nächster Zeit einfach mal so ausprobieren und wir schauen gemeinsam in vier Wochen noch einmal, was sich zwischen Ihnen und den Kollegen verändert hat?

Ruppig: Ja, das können wir gerne machen. Ich danke Ihnen für das Gespräch.

Dieses fiktive Beispiel lässt deutlich erkennen, dass der Gesprächsausgang in der ersten Situation relativ ungewiss ist. Herr Ruppig wird vielleicht die Anweisung seiner Führungskraft befolgen, genauso gut könnte es aber sein, dass er „auf stur" stellt und sich wenig ändern wird.

In der zweiten Situation fällt es Herrn Ruppig offensichtlich leichter, über das Problem zu sprechen. Er beschreibt seine Situation zunächst selbst. Dies nimmt der Führungskraft die Aufgabe ab, das Thema von sich aus anzusprechen. Nach der Benennung durch den Mitarbeiter kann sie dann mit dem (von ihm selbst erkannten) Problem gefahrlos weiterarbeiten. Die Lösungsmöglichkeiten werden ebenfalls vom Mitarbeiter erarbeitet, die Führungskraft fasst sie nur abschließend zusammen.

Sicherlich werden auch frageorientierte Gespräche nicht immer so positiv verlaufen wie in unserem zweiten Beispiel. Die Erfahrung zeigt jedoch, dass die Erfolgswahrscheinlichkeit bei dieser Art der Gesprächsführung wesentlich höher liegt und das Gespräch zugleich für beide Seiten erheblich angenehmer verläuft.

Ist ein frageorientierter Gesprächsstil einmal etabliert, nimmt dies dem Mitarbeiter die Angst vor Kritikgesprächen. Zudem erleichtert es Ihnen als Führungskraft, auch Gespräche ohne besonderen Anlass zu führen. Der Mitarbeiter wird nun nicht mehr vor jedem Gespräch die Sorge haben, dass ihn gleich „wieder eine Standpauke" erwartet. Einen exemplarischen Ablauf eines Mitarbeitergesprächs, der sich in der Praxis als sinnvoll erwiesen hat, finden Sie im Anhang. Versuchen Sie einmal, diesen für Ihre Gesprächsvorbereitung zu nutzen.

Produktive Beurteilungs- und Zielvereinbarungsgespräche

Auch in formellen Mitarbeitergesprächen, beispielsweise im Beurteilungs- oder Zielvereinbarungsgespräch, lassen sich die oben erläuterten Prinzipien, also Frageorientierung und Systemisches Fragen, anwenden. Beide Techniken tragen zu einer vertrauensvollen Atmosphäre zwischen Ihnen als Führungskraft und Ihrem Mitarbeiter bei. Je offener Sie das Gespräch führen, desto größer ist die Aussicht darauf, dass Ihr Mitarbeiter das Gespräch nicht nur als Feedbackgespräch, sondern auch als Personalentwicklungsmaßnahme betrachten kann.

Der Gesprächsablauf und die Fragen, die Sie als Führungskraft stellen sollten, sind unter Umständen ein wenig anders gelagert als in einem informellen Mitarbeitergespräch. Meist ist der Ablauf durch Zielvereinbarungsformulare, Mitarbeitergesprächsbögen oder Beurteilungsformulare vorgegeben. (Sowohl für Zielvereinbarungsgespräche als auch für Beurteilungsgespräche finden Sie im Anhang Vorlagen.)

Ziel des Gesprächs ist es, eine qualifizierte, fundierte und begründete Rückmeldung zur Leistung des Mitarbeiters zu geben. Diese Rückmeldung sollte auf Basis der Stellenbeschreibung oder der aktuellen Aufgabe des Mitarbeiters stattfinden. Hierzu ist es selbstverständlich unerlässlich, zu Beginn der Zusammenarbeit oder in einem Jahresauftaktgespräch gemeinsam mit dem Mitarbeiter zu definieren, welche Erwartungen an ihn herangetragen werden und welche Ziele er erreichen sollte: Beiden Seiten muss von vornherein klar sein, welche Leistung als überdurchschnittlich, durchschnittlich oder unterdurchschnittlich angesehen wird und wie die Leistung gemessen wird.

Das Gespräch selbst dient dann neben einer Einschätzung von Arbeitsqualität, -quantität, -effizienz und -organisation auch der Leistungsanerkennung, der Identifikation neuer Aufgabenbereiche, der Motivation des Mitarbeiters und dem Informationsfluss zwischen Führungskraft und Mitarbeiter. In der Regel werden Beurteilungsgespräche zum Jahresanfang (teilweise ergänzend auch zur Mitte des Jahres) geführt. Am Jahresanfang bietet sich das Gespräch als Möglichkeit an, auch die Ziele für das kommende Jahr festzulegen.

Konstruktiver Umgang mit ungenügender Leistung

Beispiel: Herrn Honsels nachlassende Leistungen

Frau Reichensitter arbeitet seit mehreren Jahren als Bereichsleiterin in der Personalberatung „Human Values Inc." Schon seit dem vergangenem September ist ihr aufgefallen, dass einer ihrer Projektleiter, Herr Honsel, nicht mehr so motiviert bei der Arbeit zu sein schien, wie sie es aus der langjährigen Zusammenarbeit zuvor gewohnt war.

Dies äußerte sich zum einen in der geringen Zahl der Akquisitionsgespräche, die Herr Honsel in letzter Zeit in SAP hinterlegt hatte, zum anderen schien er auch seine persönlichen Ziele, welche zu Beginn des Jahres vereinbart worden waren, nicht mit ausreichender Kraft voranzutreiben. Darüber hinaus hatte Frau Reichensitter erwartet, dass Herr Honsel sich mehr für die Marktbearbeitung in der Branche „Automotive" einsetzen würde, denn schließlich hatte sie ihm in Aussicht gestellt, diesen Bereich bei entsprechender Leistung im kommenden Jahr verantworten zu dürfen.

Aufgrund der defizitären Leistung von Herrn Honsel kam diese Beförderung zum Jahreswechsel selbstverständlich nicht in Frage. Herr Honsel, der bis zum 31.12. täglich mit einer Nachricht bezüglich seiner Beförderung gerechnet hat, fragt nun im Rahmen seines Zielvereinbarungsgesprächs für das neue Jahr nach, warum er nicht befördert wurde, und es spielt sich der folgende Dialog ab:

Honsel: Ich würde gerne noch darüber sprechen, warum es für eine Beförderung nicht gereicht hat.

Reichensitter: Ich habe bei Ihnen einen deutlichen Rückgang Ihrer Akquisitionstätigkeiten festgestellt. Das hat mich überrascht und mir gleichzeitig gezeigt, dass wir mit der Beförderung noch ein wenig warten sollten.

Honsel: Das überrascht mich nun wieder. Ich gebe Ihnen recht, dass ich etwas weniger umtriebig war, im Prinzip habe ich doch aber auch 100 % meiner Ziele erreicht, wie wir ja eben besprochen haben.

Reichensitter: Sie haben vollkommen recht und ich schätze Ihren Einsatz sehr. Die angekündigte Beförderung hatte ich damals allerdings unter der Voraussetzung eines gleichbleibend motivierten Einsatzes ausgesprochen.

Honsel: Das war mir nicht bewusst. Das vergangene Jahr war turbulent und viele der Kollegen haben deutlich unter ihren Zielen abgeschnitten, sodass ich meine Leistung im Verhältnis schon als recht positiv bewerten würde.

Reichensitter: Die Erwartungen an eine Bereichsleiterposition sind natürlich noch mal ein Stück höher. Ich muss gestehen, dass ich zum Ende des Jahres skeptisch war, ob Sie diese nach einer Beförderung erfüllen würden. Außerdem hätte ich wirklich ein wenig mehr Einsatz im Bereich „Automotive" von Ihnen erwartet.

Honsel: Interessant. Darüber hatten wir meines Wissens nie gesprochen und ich habe schon das Gefühl, dieses Thema in unserer Organisation gut bespielt zu haben. Was wären denn Ihre Erwartungen gewesen?

Reichensitter: Mailings an die „Großen" zum Beispiel. Intensivere Kontaktaufnahme zu den Zulieferern. Im Bereich Public hat der Kollege Steverding eine Konferenz initiiert. Solche Aktivitäten von Ihrer Seite hätten es für mich leichter gemacht, eine Beförderung vor der Geschäftsleitung durchzusetzen.

Das Beispiel von Herrn Honsel und Frau Reichensitter kommt sicher in dieser oder ähnlicher Form häufig vor. Das Kernproblem zwischen den beiden liegt klar auf der Hand: Offensichtlich haben beide Parteien unterschiedliche Ansichten darüber, welche Leistung ausreichend und welche ungenügend für eine Beförderung ist.
Um ein konstruktives Gespräch zum Umgang mit ungenügender Leistung führen zu können, muss zunächst also klar definiert sein, was „ungenügende Leistung“ eigentlich bedeutet. In der Regel sollten die Erwartungen von Führungskraft und Mitarbeiter im regulären Zielvereinbarungs- oder Jahresauftaktgespräch geklärt werden können. Wird dabei wie in diesem Beispiel eine Beförderung in Aussicht gestellt, dann sollte auch klar kommuniziert werden, ob es dafür ausreicht, die vereinbarten Ziele zu erreichen oder ob es nötig ist, weitere Ziele zu erfüllen (etwa diejenigen, die typisch für die nächsthöhere Position sind).

Kienbaum Expertentipp: Definieren Sie genaue Anforderungen

Achten Sie im nächsten Zielvereinbarungsgespräch darauf, ob Sie genau definieren können, unter welchen Umständen Sie eine Leistung als ausreichend bewerten werden. Klären Sie mit Ihrem Mitarbeiter, welche Kriterien unbedingt erfüllt sein müssen und welche optionale Zusatzkriterien sind. Wenn ein variabler Gehaltsanteil mit der Zielerreichung verbunden ist, sollte dabei genau definiert sein, wie die Anrechnung der Zielerreichung erfolgt.

Führen Sie Führungskräfte, dann sollten Sie darauf achten, Fach- und Führungsleistung genau zu trennen. Definieren Sie insbesondere, was Sie unter Führungsleistung verstehen und tauschen Sie sich darüber aus, wie die Situation zu bewerten ist, wenn die „Zahlen" im Team Ihres Mitarbeiters zwar stimmen, er aber trotzdem seiner Führungsverantwortung nicht nachkommt (z. B., weil es eine starke Fluktuation im Team gibt, weil keine Personalentwicklung stattfindet etc.).

Wenn Sie als Führungskraft eine ungenügende Leistung identifiziert haben, ist es zunächst notwendig zu analysieren, was die Ursache dafür sein könnte. Befragt man die Mitarbeiter zu den Gründen, dann erhält man meist Antworten wie:

- „Ich habe ja keine Möglichkeit, die verlangte Leistung zu zeigen, da meine Führungskraft mir nicht genügend Verantwortung überträgt."
- „Ich weiß zwar, was ich tun soll, habe aber einfach noch keine Vorstellung davon, wie ich es angehen soll."
- „Ich weiß, dass ich mich um dieses Thema kümmern sollte, aber es fällt mir einfach schwer, die nötige Motivation dafür aufzubringen."

Schon diese drei Beispiele zeigen, dass es unterschiedliche *Kategorien* von Gründen für ungenügende Leistungen gibt. Manchmal hat der Mitarbeiter keine Gelegenheit, Leistung zu zeigen, weil er es nicht *darf* (Beispiel 1). In anderen Fällen würde er zwar gerne die Anforderungen erfüllen, besitzt aber nicht die nötigen Kompetenzen dazu und *kann* deshalb nicht (Beispiel 2). In wieder anderen Fällen handelt es sich um ein Problem der Motivation: der betreffende Mitarbeiter *will* die Leistung nicht erbringen (Beispiel 3).
Je nachdem, welche Gründe Sie für die Minderleistung identifiziert haben, sollten Sie in unterschiedlicher Weise intervenieren:

Dürfen: Eröffnen Sie Freiräume!

- Vergrößern Sie das Maß an Wahlmöglichkeiten, Selbststeuerung und Selbstkontrolle.
- Flexibilisieren Sie die Arbeitszeiten.

- Durchkämmen Sie Ihre Regelungsdichte.
- Vereinbaren Sie Ziele dialogisch.
- Fordern Sie Selbstverantwortung und bestehen Sie darauf, dass existierende Freiräume genutzt werden.

Können: Fordern Sie fördernd!

- Geben Sie Ihren Mitarbeitern Aufgaben, die ihren Fähigkeiten entsprechen und sie gleichzeitig herausfordern.
- Informieren Sie Ihre Mitarbeiter regelmäßig und umfassend.
- Betrachten Sie Fehler Ihrer Mitarbeiter als Lernchancen. Ohne Fehler ist kein Lernen möglich.
- Beurteilen Sie Leistung auch nach der individuellen Leistungssteigerung.
- Führen Sie Fördergespräche, um voneinander zu lernen.
- Finden Sie das richtige Verhältnis zwischen Stabilität und Veränderung.
- Setzen Sie Ihr Personal gezielt ein.
- Betreiben Sie planvolle Personalentwicklung.

Wollen: Vermeiden Sie Demotivation!

- Informieren Sie Ihre Mitarbeiter über Unternehmensstrategie und -ziele und erläutern Sie die Bedeutung der gestellten Aufgaben.
- Beziehen Sie Ihre Mitarbeiter frühzeitig in Veränderungsprozesse ein.
- Achten Sie auf Konfliktsignale im Team.
- Signalisieren Sie Interesse an jedem einzelnen Mitarbeiter.
- Sprechen Sie offen über Motivationsbarrieren.
- Bieten Sie aktiv Unterstützung bei der Verfolgung persönlicher Ziele an.

Kienbaum Expertentipp: Identifizieren Sie die Gründe für Minderleistungen

Wenn Sie ungenügende Leistungen bei einem Mitarbeiter feststellen, dann nehmen Sie sich Zeit zu reflektieren, welche Gründe dies haben könnte. Fragen Sie sich ehrlich, welchen Anteil Sie selbst an dem Problem haben und welchen Anteil Ihr Mitarbeiter zu verantworten hat.

Selbst wenn sie die Gründe für ungenügende Leistung identifiziert haben, fällt es vielen Führungskräften sehr schwer, diese in einem Kritikgespräch zu thematisieren. Warum ist es so schwierig, ein negatives Feedback zu geben? Die Gründe liegen auf der Hand: Der Mitarbeiter ...

- könnte denken, dass ich ihm nicht vertraue.
- kann es nicht ertragen, wenn ich ihn auf Fehler aufmerksam mache.
- meint, ich interessiere mich ja doch nicht für seine Probleme.
- fühlt sich gegängelt, wenn ich mich zu stark einmische.
- arbeitet nicht mehr so gut, wenn ich ihn kritisiere.
- wird „die Kurve schon noch kriegen“.
- steht schon genügend unter Stress, wenn ich jetzt auch noch ankomme.

Wenn Sie solche Gedanken kennen, dann ehrt Sie dies als großen Menschenfreund, und wahrscheinlich haben Sie ein gutes persönliches Verhältnis zu Ihren Mitarbeitern. Das berufliche Verhältnis leidet jedoch oft darunter, wenn Sie Ihre Kritik nicht äußern (und das kann sich letztlich auch wieder auf die private Ebene auswirken). Denken Sie noch einmal zurück an das Beispiel von Herrn Honsel und Frau Reichensitter. Sicher hätte sich Herr Honsel gefreut, wenn er schon früher ein Feedback bekommen und so eine Chance gehabt hätte, sein Verhalten an sein Ziel (Beförderung) anpassen zu können.

Die Konsequenzen des Nichtansprechens von ungenügender Leistung können bitter sein:

- Das Problem wird auf die lange Bank geschoben und die ungenügende Leistung verstetigt sich.
- Dem Mitarbeiter wird der Ernst der Lage nicht klar. Er ist der Meinung, seine Leistung reiche aus. Warum sollte er also mehr tun?
- Der Mitarbeiter hat Erwartungen an seine berufliche Entwicklung, die am Ende enttäuscht werden müssen. Das dann notwendige Gespräch zu führen, wird auch für die Führungskraft ungleich schwerer sein, als wenn sie frühzeitig reagiert hätte.

Kienbaum Expertentipp: Machen Sie sich die Gründe für Ihre Zurückhaltung und deren Konsequenzen klar

Überlegen Sie zunächst, was Sie daran hindert, ungenügende Leistungen anzusprechen.

1. Gibt es tatsächlich gewichtige Gründe, warum Sie die Minderleistung (noch) nicht ansprechen?
2. Könnte es nicht doch sein, dass Sie nur die Scheu vor einem unangenehmen Gespräch daran hindert?

Sollten Sie die erste Frage mit „nein" beantworten müssen, dann kann es Ihnen helfen, wenn Sie sich die Konsequenzen eines ausbleibenden Gesprächs vor Augen führen.

1. Was passiert, wenn ich das Gespräch nicht führe?
2. Wie schwierig bzw. unangenehm wird das Gespräch, wenn ich es dann doch irgendwann führen muss?
3. Bringt es nicht viele Folgeprobleme für meinen Mitarbeiter mit sich, wenn ich das Problem nicht anspreche?

Wenn Sie nun wiederum die dritte Frage mit „doch" beantworten müssen, aber noch immer nicht überzeugt sind, dass kein Weg an diesem Gespräch vorbeiführt: Vielleicht hilft es Ihnen, sich zu überlegen, mit welchen Vorteilen für Ihren Mitarbeiter das Gespräch verbunden sein könnte:

1. Wird mein Mitarbeiter es wissen wollen, wenn ich seine Leistung als nicht ausreichend empfinde?
2. Welche Nachteile entstehen dem Mitarbeiter, wenn ich ihn weiter über seine Minderleistung im Ungewissen lasse?
3. Was wäre mein Mitarbeiter mit einem wertschätzenden Feedback zu leisten im Stande?
4. Welche seiner eigenen Ziele gefährdet mein Mitarbeiter durch sein aktuelles Verhalten?

Sicherlich gibt es auch Situationen, in denen Mitarbeiter absichtlich nicht die Leistung erbringen, die sie erbringen könnten. In diesen Fällen brauchen Sie sich aber nicht so viele Gedanken zu machen: Es liegt ja klar auf der Hand, dass ein Gespräch dringend notwendig ist. Wahrscheinlich sind dies auch nicht die Gespräche, die Ihnen als Führungskraft schwerfallen.

In allen anderen Fällen kann das Fazit nur lauten: Sprechen Sie ungenügende Leistungen an, sobald Sie diese identifiziert haben. Letztlich helfen Sie niemandem, wenn Sie Ihre Eindrücke nicht schildern und kommen damit einer Ihrer ureigensten Aufgaben als Führungskraft nicht nach.

Auch Ihre Mitarbeiter (gerade dann, wenn Sie Führungskräfte führen) haben selbstverständlich die Verantwortung, ihre eigene Leistung zu überwachen. Letztlich reicht es jedoch nicht aus, wenn Sie sich darauf verlassen, dass Ihr Mitarbeiter sich ein Feedback selbstständig einholen wird.

Aufgaben delegieren

Beispiel: Delegation – zwischen Führungs- und Fachaufgaben

Frau Waldberg ist Ingenieurin für Oberflächenoptimierung und stieg nach ihrem Master vor etwa fünf Jahren mit einem Traineeprogramm in die Automobilbranche ein. Nach dem erfolgreichen Abschluss des zweijährigen Traineeprogramms wurde sie in den Talent-Pool des Unternehmens übernommen und erhielt eine Festanstellung in der Abteilung Oberflächenentwicklung.

In den zwei Jahren nach dem Traineeprogramm fand sie sich sehr gut in das Team von acht Personen ein und wurde aufgrund ihrer überdurchschnittlichen Kompetenz zur Teamleiterin befördert.

Frau Waldberg arbeitet nach wie vor mit viel Begeisterung in ihrem Team, wird in jüngerer Zeit jedoch immer wieder mit Problemen konfrontiert. „Wofür denn diese ganzen Analysen? Das haben wir doch gestern schon gemacht", so die beiden jüngeren Mitarbeiter des Teams. Auch störe sie, dass Frau Waldberg nur selten ansprechbar und zu häufig selbst „operativ unterwegs" sei. Herr Meyer, der über viel Erfahrung verfügt und dem Frau Waldberg gerne die Verantwortung für die Teamführung überträgt, wenn sie keine Zeit hat, bemerkte im letzten Mitarbeitergespräch: „Frau Waldberg, ich fühle mich schon sehr unwohl, wenn ich die Kollegen anweisen soll. Und eigentlich ist es ja auch gar nicht meine Aufgabe."

In einem Coaching, das Frau Waldberg im Rahmen des Talentprogramms nutzen kann, schildert sie die Sachlage aus ihrer Sicht und muss sich schnell eingestehen, dass sie tatsächlich in letzter Zeit wieder mehr Spaß daran gefunden hat, selbst fachliche Aufgaben zu übernehmen und dass sie dadurch „vielleicht an der einen oder anderen Stelle nicht für Führungsaufgaben zur Verfügung" gestanden hat.

Ihren Einwand, dass Herr Meyer in diesen Situationen doch mit seiner

Erfahrung das Team leiten könne, lässt ihr Coach so nicht stehen. Gemeinsam erarbeiten die beiden, dass Herr Meyer hierfür sicherlich einen konkreten Auftrag von Frau Waldberg benötigen würde. Zunächst muss aber geklärt werden, ob sich Herr Meyer eine Führung des Teams überhaupt zutraut, da er bislang nicht die Möglichkeit hatte, Führungsaufgaben zu übernehmen. „Mit seinen 63 Jahren ist es ohnehin fraglich, ob er sich in dieses neue Aufgabenfeld hineinentwickeln möchte", stellt Frau Waldberg schließlich selbst fest. „Vielleicht sollte ich das tatsächlich mit ihm besprechen. Bezüglich der beiden jungen Kollegen denke ich aber wirklich, dass sie sich am Anfang erstmal durch die Einzelanalysen quälen müssen. So ist es doch bei jedem Neueinsteiger", argumentiert Frau Waldberg. Ihr Coach entgegnet: „Welche Frage stellen Sie als Erstes, wenn Sie von Ihrem Vorgesetzten den Auftrag bekommen, Analysen durchzuführen?" „Na, ich würde nach dem Hintergrund der Analysen fragen ... Sie meinen, dass den jungen Kollegen der Hintergrund fehlt? Den sollten sie ja eigentlich von der Uni mitbringen, aber gut, es wäre eine Möglichkeit."

Am Beispiel von Frau Waldberg können Sie gut erkennen, dass Delegation sich aus verschiedenen Perspektiven sehr unterschiedlich darstellen kann. Was von der Führungskraft gut gemeint ist, muss bei den Mitarbeitern noch lange nicht gut ankommen. Delegation kann grundsätzlich mindestens drei verschiedenen Zwecken dienen:

- Entlastung der Führungskraft: Als Führungskraft können und dürfen Sie nicht alle fachlichen Aufgaben alleine bewältigen. Sie sind vielmehr Verteiler für die anfallenden Aufgaben.
- Personalentwicklung der Mitarbeiter: Nach Möglichkeit sollten die Aufgaben so auf die Mitarbeiter verteilt werden, dass sie fordernd, gleichzeitig aber für den einzelnen Mitarbeiter zu bewältigen sind. Sie sollten also dem Reifegrad des jeweiligen Mitarbeiters entsprechen. (Wie Sie den Reifegrad einschätzen, können Sie im Kapitel 3.1 nachlesen.)
- Motivation der Mitarbeiter: Gelingt es jedem Mitarbeiter unter Aufwendung seiner Ressourcen, einen herausfordernden Auftrag zu bewältigen, so stärkt dies in der Regel sein Selbstvertrauen und seine Selbstwirksamkeit.

Kienbaum Expertentipp: Was bedeutet Selbstwirksamkeit?

Das psychologische Konzept der Selbstwirksamkeit bezeichnet die Erwartung einer Person, vermittels ihrer eigenen Kompetenzen gewünschte Handlungen erfolgreich ausführen zu können. Eine hohe Selbstwirksamkeit hat also eine Person, die glaubt, dass sie auch schwierige Situationen in der gewünschten Richtung beeinflussen und somit etwas bewirken kann.

Ein entscheidender Aspekt für die Empfindung von Selbstwirksamkeit ist die Frage der Kontrolle, also die Frage danach, ob die Person selbst Kontrolle über eine Situation hat oder ob der Ausgang eher vom Zufall, von anderen Personen oder von höherer Gewalt abhängig ist.

Das Konzept der Selbstwirksamkeit spielt bei der Motivation eine wichtige Rolle. Der Grund dafür liegt auf der Hand: Wenn man nicht daran glaubt, selbst Einfluss nehmen zu können, würde jeder Versuch dazu verschwendete Energie bedeuten. Glaubt man hingegen, die Situation kontrollieren zu können, dann lohnt es sich, Anstrengung zu investieren.

Im Sinne der dyadischen Führung gibt es noch einen weiteren Anlass zur Delegation: Der Leader-Member-Exchange-Ansatz (den Sie im Kapitel 3.1 kennengelernt haben) besagt, dass eine hochwertige Beziehung zwischen Führungskraft und Mitarbeiter durch Angebote der Führungskraft, Verantwortung zu übernehmen, gefördert wird. Für die Führungskraft ist die Delegation demnach ein gutes Mittel, um den Mitarbeiter besser kennenzulernen und ein Gefühl dafür zu entwickeln, wie viel Verantwortung dem Mitarbeiter übertragen werden kann. Dem Mitarbeiter bietet die Übertragung von Aufgaben eine Gelegenheit, sein Engagement und seine Motivation für die gemeinsame Aufgabe zu demonstrieren. Er erhält durch richtige Delegation also die Möglichkeit, die Führungsdyade mitzugestalten. In der Praxis wird jedoch meist nicht richtig delegiert. Dies sind die häufigsten Fehler beim Delegieren:

- Kognitive (gedankliche) Entlastung der Führungskraft
  Anstatt planvoll an denjenigen Mitarbeiter zu delegieren, der für die Aufgabe geeignet oder zuständig ist, entlastet die Führungskraft ihren Kopf, indem sie alle Ideen auf den nächstbesten Mitarbeiter ablädt („Gestern hatte ich noch eine Idee: Wir brauchen für die Imagekampagne neue Fotos vom Vorstand. Koordinieren Sie das bis heute Nachmittag. Dann sollten wir das Format der Broschüre doch noch einmal ändern, dafür bräuchte ich Vorschläge bis morgen früh. Um 13.30 Uhr würde ich gerne Herrn Alt zum Lunch treffen, reservieren Sie dafür bitte einen Tisch …“).

- Scheindelegation
Die Führungskraft delegiert eine Aufgabe, deren einzelne Schritte in ihrem eigenen Kopf schon fest definiert sind. Der Mitarbeiter hat nicht die Möglichkeit, selbst Verantwortung zu übernehmen („Frau Schmidt, bitte koordinieren Sie das Projekt und erstatten Sie mir morgen Bericht, damit ich überprüfen kann, dass Sie die richtigen Schritte eingeleitet haben.").
- Ausschnittsdelegation
Hier werden nur einzelne Teilschritte delegiert, ohne den größeren Zusammenhang zu verdeutlichen. Auch wenn die eigentliche Aufgabe klar ist, kann der Mitarbeiter die Aufgabe nicht optimal ausführen, da er das Ziel nicht kennt. Es ist ihm somit nicht möglich, seine Aufgabe an das Ziel anzupassen („Herr Hannen, erstellen Sie mir bis nächste Woche eine detaillierte Auswertung unseres Monatsergebnisses.").
- Delegation ohne „Leitplanken"
Das Ziel der Delegation ist in diesem Falle zwar klar, jedoch wird keinerlei Rahmen zum Erreichen dieses Ziels vorgegeben. Die Ausführung kann daher sehr unterschiedlich ausfallen und der Mitarbeiter fühlt sich schnell überfordert („Frau Walter, bitte schicken Sie doch möglichst bald ein Akquisitionsschreiben an Herrn Roth heraus. Da muss doch ein Auftrag zu holen sein.").
- Unterminierte Delegation
Die Führungskraft legt weder zeitliche Richtlinien für den Abschluss des Auftrags noch für Zwischenschritte fest. Dem Mitarbeiter fehlt deshalb die Orientierung, welche Priorität er dem Auftrag einräumen soll („Bitte schreiben Sie gelegentlich einen Artikel zum Thema „Fehler in der Delegation").
- Rücknahme der Delegation
Ein erteilter Auftrag wird letztendlich doch durch die Führungskraft selbst ausgeführt. Besonders problematisch ist dieser Fehler, wenn der Mitarbeiter keine Begründung dafür erhält, warum ihm der Auftrag wieder entzogen wurde: Das wird ihm mit hoher Wahrscheinlichkeit das Gefühl geben, nicht kompetent oder nicht schnell genug gewesen zu sein („Ach, Herr Holzner, um das Konzeptpapier müssen Sie sich nicht mehr kümmern, das habe ich gestern Abend noch schnell gemacht.").

- Durchdelegation
  Hier delegiert die Führungskraft Aufträge nicht direkt an den unterstellten Mitarbeiter, sondern über zwei oder noch mehr Ebenen „nach unten“ (mehr dazu erfahren Sie im Kapitel 6.2). Die Folge ist, dass sich die Führungskraft der dazwischen liegenden Ebene übergangen fühlt und die eigenen Ressourcen unter Umständen nicht richtig einplanen kann („Ach Frau Schmidt, ich habe Ihren Vorgesetzten gerade nicht erwischt, könnten Sie nicht eben mal die Zahlen für das letzte Quartal zusammenstellen? Ist ja nur eine Kleinigkeit.“).

Sicherlich gibt es noch viele weitere Fehler und Fallstricke. Gemeinsam ist allen diesen Fehlern, dass nicht planvoll delegiert und von dem ausgegangen wurde, was der Mitarbeiter zur Ausführung seines Auftrags benötigt. Was bedeutet aber planvolle und richtige Delegation? Worauf sollten Sie als Führungskraft achten, um derartige Fehler zu vermeiden?

Die sechs „W" der Delegation

Richtige Delegation ist eine Kunst, sie sollte planvoll geschehen. Und daher kostet Delegation zunächst einmal Zeit. Als Führungskraft sollten Sie sich im Vorfeld zu verschiedenen relevanten Aspekten Gedanken machen. Eine Delegation „aus dem Bauch heraus“ setzt eine sehr gute Kenntnis der Aufgabe und des betroffenen Mitarbeiters voraus. In den meisten Fällen ist diese Art der Delegation aber dennoch erfolglos. Bei der Vorbereitung auf die Delegation helfen Ihnen die sechs „W“ der Delegation:

1. Was?

Was ist genau zu tun?
Welches Ergebnis wird angestrebt?
Welche Schwierigkeiten sind zu erwarten?

Bestimmen Sie klar, welches Ergebnis erreicht werden soll. Beschreiben Sie das angestrebte Ergebnis so kurz und prägnant wie möglich, aber trotzdem so detailliert wie nötig. Achten Sie dabei darauf, nur das Ergebnis zu beschreiben und nicht gleichzeitig den Weg dorthin vorzugeben.

In keinem Fall delegieren sollten Sie beispielsweise:

- Echte Führungsaufgaben (z. B. Mitarbeitergespräche)
- Streng vertrauliche Angelegenheiten (z. B. Vertragsangelegenheiten)
- Wichtige Aufgaben, bei denen keine Zeit für Erklärungen und Überprüfungen vorhanden ist (z. B. kurzfristige Präsentation im Vorstand)
- Außergewöhnliche Sonderfälle (z. B. Aufgaben, für die Sie selbst noch keine Lösung haben)
- Fast immer delegieren können Sie hingegen beispielsweise die folgenden Dinge:
- Routinearbeiten
- Vorbereitende Aufgaben (z. B. Entwürfe)
- Stellvertretende Teilnahme an Meetings, bei denen Sie keine zentrale Rolle spielen

2. Wer?

Wer ist für die Aufgabe am besten geeignet?
Wer besitzt die notwendigen Fähigkeiten und Kenntnisse?

Überlegen Sie sich im Vorfeld, welcher Mitarbeiter für die zu delegierende Aufgabe am besten geeignet ist. Der betreffende Mitarbeiter muss in der Lage sein, die Aufgabe zu erfüllen, sie sollte aber nach Möglichkeit auch eine Herausforderung für ihn darstellen. Selbstverständlich wird es allerdings auch immer Aufgaben geben, die nicht für die Personalentwicklung geeignet sind, die Sie aber trotzdem delegieren müssen, um sich selbst zu entlasten.
Um zu entscheiden, welchem Mitarbeiter Sie welche Aufgaben übertragen können, ist es nötig, den Reifegrad eines jeden Mitarbeiters zu kennen (mehr dazu finden Sie im Kapitel 3.1). Das Reifegradmodell wird für praktische Zwecke allerdings häufig als zu sperrig empfunden. Alternativ (aber auch ergänzend) können Sie Ihre Mitarbeiter nach deren Potenzial und Performance (Leistung) einordnen und dementsprechend entscheiden, was Sie an welchen Mitarbeiter delegieren können.

Wenig Potenzial und wenig Performance:

- Delegieren Sie nur bekannte Aufgaben.
- Teilen Sie kurzfristige Prozessziele mit.

- Kontrollieren Sie die Aufgabenerfüllung engmaschig.
- Steuern Sie den Mitarbeiter nötigenfalls.
- Versuchen Sie den Mitarbeiter zu motivieren.

Wenig Potenzial und viel Performance:
- Delegieren Sie möglichst bekannte Aufgaben.
- Teilen Sie Prozessziele und bei bekannten Aufgaben auch Ergebnisziele mit.
- Kontrollieren Sie engmaschig, lassen Sie dem Mitarbeiter aber auch Freiräume.
- Motivieren Sie den Mitarbeiter zu einer eigenständigen Bearbeitung der Aufgabe.

Viel Potenzial und wenig Performance:
- Delegieren Sie viel.
- Kontrollieren Sie relativ häufig.
- Geben Sie regelmäßiges Feedback.
- Treten Sie als Coach Ihres Mitarbeiters auf.
- Bestärken Sie gute Leistungen des Mitarbeiters.

Viel Potenzial und viel Performance:
- Delegieren Sie viel.
- Kommunizieren Sie nur Ergebnisziele.
- Kontrollieren Sie nur wenig.
- Bieten Sie herausfordernde Aufgaben an.
- Bestätigen Sie den Mitarbeiter bei Erfolgen.

Während die Leistung eines Mitarbeiters relativ einfach einzuschätzen ist, lässt sich sein persönliches Potenzial oft schwerer bestimmen. Es gibt jedoch Anhaltspunkte, die Ihnen bei der Potenzialbewertung helfen können:
- Arbeitet sich Ihr Mitarbeiter schnell in neue Aufgabengebiete ein?
- Zeigt er Eigeninitiative bei der Auseinandersetzung mit seinen Aufgaben?
- Ist er auch in kritischen Situationen so belastbar, dass seine Arbeitsqualität nicht darunter leidet?
- Ist er bereit sich zu verändern und dazuzulernen?

3. Warum?

Welchem Zweck dient die Aufgabe?
Was passiert, wenn die Aufgabe nicht oder nur unvollständig erledigt wird?

Verdeutlichen Sie dem betroffenen Mitarbeiter, welchem Zweck die Aufgabe dient und erklären Sie größere Zusammenhänge. Je reifer ein Mitarbeiter ist, umso mehr wird er sich für den Gesamtzusammenhang seiner Tätigkeit interessieren. Da die ihm übertragenen Aufgaben mit größerer Reife ebenfalls wachsen, sind ausreichende Informationen unerlässlich für den Mitarbeiter.
Als Führungskraft müssen Sie ständig entscheiden, welche Informationen Sie an Ihre Mitarbeiter weiterleiten und welche nicht. Dies ist Teil Ihrer Aufgabe. Achten Sie bei der Delegation auch darauf, Ihren Mitarbeitern mitzuteilen, wenn es keine weiteren Informationen oder Zusammenhänge gibt. Häufig vergessen Führungskräfte dies. Während die Führungskraft weiß, dass sie alle wichtigen Informationen weitergegeben hat, ist der Mitarbeiter dann der Ansicht, er sei nicht umfassend genug einbezogen worden.
Unabhängig von der Reife des Mitarbeiters dient die Erklärung der größeren Zusammenhänge einem weiteren Zweck: Geht man davon aus, dass sich jeder Mitarbeiter weiterentwickelt, so benötigt er auch immer mehr Kenntnis der Zusammenhänge, um auf umfassendere Aufgaben oder höhere Positionen im Unternehmen vorbereitet zu sein. Dabei ist es natürlich notwendig, den Informationsumfang auf jeden Mitarbeiter individuell abzustimmen, um ihn weder zu unter- noch zu überfordern.

4. Wie?

Wie soll bei der Ausführung vorgegangen werden?
Welche Vorschriften und Richtlinien sind zu beachten?
Welche Verfahren sollen angewandt werden?
Wie ist die Aufgabe an den Mitarbeiter zu delegieren?

Dieser Aspekt der Delegation wird häufig als nicht schlüssig empfunden, denn eigentlich soll das „Wie“ ja der Mitarbeiter entscheiden.
Im Prinzip ist dies richtig. Dem Mitarbeiter sollte so viel Freiraum gelassen werden, wie er bewältigen kann. In vielen Fällen ist es aber

nötig, dass Sie die „Leitplanken" der Aufgabenerledigung vorgeben. Das können einzelne Stichworte oder auch zugrunde zu legende Konzepte, wichtige Ansprechpartner oder andere Dinge sein.
Wie viel „Wie" der einzelne Mitarbeiter braucht, ist oft schwer einzuschätzen. Umso wichtiger ist es, dem Mitarbeiter zu signalisieren, dass Sie als Ansprechpartner für schwierige Fragen zur Verfügung stehen.
Das „Wie" betrifft aber noch ein weiteres Feld, nämlich die Frage danach, wie Sie als Führungskraft den Auftrag an den Mitarbeiter übergeben. Der wichtigste Schritt dabei ist Ihre eigene Vorbereitung. Machen Sie sich über die sechs „W" Gedanken und notieren Sie sich eventuell Stichworte, bevor Sie mit Ihrem Mitarbeiter ins Gespräch gehen. Für das Gespräch selbst sollten Sie einen Rahmen schaffen, der genügend Ruhe und auch Zeit für Rückfragen bietet. Eine Delegation zwischen „Tür und Angel" führt mit hoher Wahrscheinlichkeit zum Misserfolg.

5. Womit?

Welche Hilfsmittel werden benötigt?
Womit muss der Mitarbeiter ausgerüstet sein?

Versetzen Sie sich in die Lage Ihres Mitarbeiters und überlegen Sie, welche Hilfsmittel er benötigen wird, um Ihren Auftrag auszuführen. Manche Dinge, die für Sie selbstverständlich sind, stellen für Ihren Mitarbeiter vielleicht große Hürden dar, die ihn viel Zeit und Energie kosten. Häufige „Zeitfresser" für den Mitarbeiter sind:

- Fehlende Ressourcen (z. B. Arbeitsmittel, personelle Ressourcen, Räumlichkeiten für die Projektarbeit etc.)
- Fehlende Befugnisse (z. B. Rechte zur Einsicht von Unterlagen)
- Fehlende Kompetenzen (wenn Ihre Delegation zur Personalentwicklung beitragen soll, müssen Kompetenzen manchmal erst aufgebaut werden)
- Fehlendes Netzwerk (an viele Informationen aus dritter Hand gelangen Sie möglicherweise leichter als Ihr Mitarbeiter)

An dieser Stelle können Sie gut erkennen, dass Ihre Arbeit mit der Delegation noch nicht erledigt ist. Wichtig ist, dass Sie dem Mitarbeiter auch während der Bearbeitung der Aufgabe als Sparringspartner und Coach zur Verfügung stehen. Dies soll ihn selbstverständlich nicht davon entbinden, die Lösung für aufkommende Probleme zunächst in Eigenverantwortung zu suchen.

6. Wann?

Wann soll mit der Aufgabe begonnen werden?
Bis wann soll sie abgeschlossen sein?
Welche Zwischentermine sind zu vereinbaren?

So einfach das „Wann“ zu definieren ist, so häufig wird es auch vergessen. Vereinbaren Sie mit Ihrem Mitarbeiter immer einen Termin, zu dem die Aufgabe abgeschlossen sein soll. Darüber hinaus benötigen Sie je nach Reife des Mitarbeiters und Komplexität des Auftrags mindestens einen Termin zur Zwischenabstimmung und gegebenenfalls Neuausrichtung der Arbeit.
Vereinbarte Termine sollten von Ihrer Seite aus in jedem Fall eingehalten werden, damit der Mitarbeiter nicht das Gefühl bekommt, seine Aufgabe sei unwichtig. Planen Sie den Abschluss des Auftrags durch Ihren Mitarbeiter in jedem Fall etwas früher ein als Ihren eigenen Abschlusstermin. So haben Sie im Notfall die Möglichkeit, selbst einzugreifen, wenn die Bearbeitung nicht zufriedenstellend verläuft. Dies sollte aber die Ausnahme bleiben, da Sie sonst Gefahr laufen, eine Kultur der Rückdelegation aufzubauen (mehr dazu finden Sie im übernächsten Abschnitt).

Das erfolgreiche Delegationsgespräch

Besonders gut nachvollziehbar ist Ihr Auftrag, wenn Sie ihn pyramidal beschreiben. Das bedeutet, dass Sie mit dem Ziel – also der Spitze der Pyramide – beginnen und dann so weit wie nötig ins Detail gehen. Damit erhält der Mitarbeiter die Möglichkeit, den Sinn seiner Aufgabe von Anfang an zu verstehen und alle folgenden Informationen diesem Sinn unterzuordnen.
Auch wenn Sie einen Auftrag pyramidal formuliert und alle „W“ beachtet haben, können Sie nicht sicher sein, dass Ihr Mitarbeiter den Auftrag so verstanden hat, wie Sie ihn gemeint haben. Sie sollten also zum Ende jedes Gesprächs sicherstellen, dass beide Seiten dasselbe verstanden haben. Dafür bietet eine abschließende Zusammenfassung der Inhalte durch Sie selbst eine gute Möglichkeit. Noch besser ist es

jedoch, wenn Sie den Mitarbeiter bitten, den Gesprächsinhalt noch einmal zu wiederholen. Sie können auf diese Weise sicherstellen, dass dem Mitarbeiter alle wichtigen Punkte im Gedächtnis geblieben sind und er alles richtig verstanden hat. Diese Vorgehensweise ist für viele Mitarbeiter zunächst ungewohnt. Sie sollten den Mitarbeiter daher zu Beginn des Gesprächs darauf hinweisen, dass Sie am Schluss eine Zusammenfassung von ihm erwarten. Wenn Sie die Zusammenfassung durch den Mitarbeiter einmal als Instrument in Ihrem Team etabliert haben, werden Sie erleben, dass Ihre Mitarbeiter Ihnen wesentlich genauer zuhören, wenn Sie mit ihnen sprechen.

Wie Sie Rückdelegation vermeiden

Beispiel: Rückdelegation

„Ich weiß langsam nicht mehr, was ich anders machen soll!" klagt Herr Lange, Bereichsleiter in der Beschwerdestelle der KUHR-Versicherung, seinem Kollegen sein Leid. „Immer, wenn ich mit Aufträgen für meine Leute komme, habe ich sie früher oder später wieder selbst auf dem Tisch! Und dabei habe ich mich wirklich bemüht, alle sechs „W" zu beachten. Darüber hinaus stehe ich als Ansprechpartner zur Verfügung und beantworte bereitwillig jede Frage, die mir meine Mitarbeiter zu ihren Aufgaben stellen."

„Hast du dich mal gefragt, ob das Problem nicht an dir liegt?" fragt sein Kollege.

„An mir?", entgegnet Herr Lange. „Wie soll ich denn das verstehen? Was soll ich denn noch alles tun, damit die Damen und Herren endlich anfangen zu arbeiten?"

„Weniger." So die simple Antwort seines Kollegen.

Was meint der Kollege von Herrn Lange mit seiner Aussage, Herr Lange solle „weniger“ tun? Was Herr Lange hier mit seinen Mitarbeitern erlebt, geschieht sehr häufig. Führungskräfte mühen sich tagtäglich, um ihren Mitarbeitern die Bearbeitung von Delegationsaufträgen so einfach wie möglich zu machen. Da solche Aufträge meist aber zur regulären Arbeit hinzukommen, sind die Mitarbeiter nicht immer begeistert davon und versuchen häufig, mit wenig Aufwand zum Ziel zu kommen.

Im Sinne des allgemeinen Nutzens erscheint es dann natürlich am einfachsten, den Auftrag zurück an die Führungskraft zu verweisen, denn diese ist nicht nur kompetenter und schneller („schließlich ist ja sie die Führungskraft und nicht ich!“), sondern hat dem Team die Sonderaufgabe unter Umständen auch noch „eingebrockt“, weil sie eine gute Figur bei ihrem Vorgesetzten machen wollte.
Das Problem ist also, dass sich schnell eine Kultur der Rückdelegation entwickelt. Stellen die Mitarbeiter fest, dass der Chef einspringt, sobald man laut genug nach ihm ruft, dann werden sie dieses Verhaltensmuster immer wieder nutzen, um lästige Aufträge nicht übernehmen zu müssen.
Die Gründe für Rückdelegation müssen jedoch nicht immer so böswillig sein, wie wir es oben mit einem Augenzwinkern dargestellt haben. Es könnte auch sein, dass der Mitarbeiter

- mit dem Erwartungsdruck nicht zurechtkommt,
- Angst davor hat, für eventuelle Fehler geradestehen zu müssen,
- befürchtet, seine Leistung würde auf den Prüfstand gestellt.

Kurz: der Mitarbeiter muss Verantwortung übernehmen.
Wir wollen hier davon ausgehen, dass die Führungskraft richtig delegiert hat. Ist einem Mitarbeiter sein Auftrag nicht klar, weil die Führungskraft wichtige Informationen, Befugnisse oder Ähnliches vergessen hat, so wäre die Rückdelegation durch die Führungskraft selbst verschuldet. Dieses Problem ließe sich durch eine planvollere Delegation im Sinne der sechs „W“ relativ einfach beheben.
Die Folgen von regelmäßiger Rückdelegation für die Führungskraft sind schwerwiegend: Viele Vorgesetzte fühlen sich überlastet, weil sie mit ihren eigentlichen Kernaufgaben zeitlich nicht mehr zurechtkommen oder bis spät in die Nacht arbeiten, um alle Termine einhalten zu können. In letzter Konsequenz wird die Führungskraft womöglich als „Schlechtleister“ zu einem Kritikgespräch mit dem eigenen Vorgesetzten gebeten.
Doch auch für die Mitarbeiter bringt Rückdelegation Nachteile mit sich. Gute Gründe für Delegation sind neben der eigenen Entlastung der Führungskraft auch die Weiterentwicklung und die Motivation der Mitarbeiter. Diese positiven Effekte werden durch Rückdelegation stark eingeschränkt. Das kurzfristige Hochgefühl des Mitarbei-

ters, einen Auftrag erfolgreich rückdelegiert zu haben, weicht meist schnell dem täglichen Alltagstrott, der schon lange nicht mehr motivierend wirkt.

Techniken der Rückdelegation

Rückdelegation kann auf verschiedene Weise erfolgen. Mal ist sie sehr subtil, mal offen, teilweise geschieht sie bewusst, teils auch unbewusst. Hier finden Sie einige häufig angewandte Techniken:

- Schmeichelei
  Der Mitarbeiter schmeichelt seinem Vorgesetzten, in der Hoffnung, dass dieser erkennt, dass er selbst die Aufgabe eigentlich viel kompetenter erledigen könnte. („Ach, du kannst das doch eigentlich viel besser als ich.“)
- Schlechtes Gewissen
  Beim Vorgesetzten werden Gewissensbisse erzeugt, weil er den Mitarbeiter von anderen Verpflichtungen abhält und dies erhebliche Konsequenzen mit sich bringt. („Also wissen Sie, eigentlich hatte ich meiner Frau versprochen, heute Abend mal früher zu Hause zu sein, da passt mir die Aufgabe ganz schlecht. In der letzen Woche ist es abends immer so spät geworden. Man muss ja auch auf die Beziehungshygiene achten. Ansonsten wäre es natürlich kein Problem.“)
- Andauerndes Nachfragen
  Während der Delegation durch den Vorgesetzten fragt der Mitarbeiter so lange nach, bis die Führungskraft alle Arbeitsschritte selbst produziert hat. Der Mitarbeiter erhofft sich davon, dass die Führungskraft die Aufgabe nun direkt selbst übernehmen wird. Falls dies nicht geschieht, hat der Mitarbeiter nun zumindest eine ziemlich genaue Vorstellung von seiner Aufgabe und muss selbst wenig kreativ werden. („Wie soll die Präsentation denn aussehen?“ … „Welche Gliederung schwebt Ihnen denn da vor?“ … „Diesen einen Punkt verstehe ich noch nicht. Wie soll ich das genau machen?“ …)
- Luftballon-Technik
  Das Problem wird stark aufgebauscht. Der Führungskraft soll klargemacht werden, dass eigentlich nur sie selbst in der Lage ist, dieses Problem zu lösen. („Ja, ich könnte da schon anrufen, aber

ich weiß nicht, ob wir hier nicht jemanden von höherem Rang brauchen. Wenn uns dieses Geschäft nicht gelingt, dann bekommen wir wahrscheinlich ziemlichen Druck von oben, oder?")

- Feuerwehr
  Die Bearbeitung wird so lange herausgezögert, bis sie zeitlich für einen weniger erfahrenen Mitarbeiter nicht mehr zu schaffen ist. Die Führungskraft muss also einspringen, um den versprochenen Termin einhalten zu können. („In zwei Tagen ist doch der Termin für das Konzeptpapier. Es war in den letzten Wochen einfach zu viel los. Sie wissen schon, die Auftragslage und dann noch die beiden neuen Kollegen, die ich einarbeiten musste. Können Sie mir da nicht ausnahmsweise helfen?")
- Schuldkomplex
  Der Mitarbeiter argumentiert, dass die Führungskraft selbst Schuld an der aktuellen Situation hat und daher nun die Konsequenzen tragen muss. („Ich hatte ja damals schon gefragt, warum wir diese Aufgabe erledigen müssen. Eigentlich ist das doch Aufgabe vom Team Rütter und nicht unsere. Damals haben Sie ja gesagt, dass wir das schon hinbekommen und nun weiß ich nicht, wie ich das neben meinen anderen Aufgaben noch unterbringen soll.")
- Alle in einem Boot
  Das Problem wird auf das gesamte Team ausgedehnt und der „worst case" beschworen. („Hier wäre es gut, wenn Sie selbst Hand anlegen könnten, sonst steht die ganze Abteilung ziemlich schlecht dar, und das können wir uns wirklich nicht leisten.")

Sicherlich kennen Sie als Führungskraft unzählige weitere Beisiele für subtile oder offene Rückdelegation. Achten Sie einmal im Alltag darauf, wie häufig Ihre Mitarbeiter Ihnen Ihre Aufträge wieder auf den Tisch legen. Überprüfen Sie auch, ob und wann Sie selbst Techniken der Rückdelegation anwenden. Da es sich hier häufig um ein anerzogenes Problem handelt, geschieht Rückdelegation in vielen Fällen ganz automatisch.

Methoden für die Zurückweisung von Rückdelegation

Es ist sehr wichtig, dass Sie Rückdelegation nicht zum Normalzustand werden lassen. Um Rückdelegation zu verhindern, sollten Sie sich vorab allerdings sicher sein, dass Sie richtig delegiert haben. Wenn Sie gerade einen akuten Fall von Rückdelegation erleben, sind Gegenfragen die beste Methode, um den Erfolg Ihres Gegenübers zu verhindern. Versuchen Sie Ihren Mitarbeiter zu seinem eigentlichen Auftrag zurückzuführen. Nachfolgend finden Sie einige zielführende Gegenfragen:

- Was würden Sie denn tun, wenn ich nicht da wäre?
- Was haben Sie für Ideen, wie wir jetzt am besten weiter an dem Problem arbeiten können?
- Was haben Sie bisher versucht, um den Auftrag auszuführen?
- Was benötigen Sie noch, um mit der Bearbeitung fortzufahren?

In Fällen von bewusster und unberechtigter Rückdelegation können Sie auch weniger subtile Fragen stellen. Diese werden natürlich nicht gerade zur Deeskalation beitragen, zeigen aber, dass Sie die absichtliche Rückdelegation durchschaut haben:

- Sie wollen also, dass ich Ihre Arbeit mache?
- Warum sollte ich das erledigen, wofür Sie bezahlt werden?

Haben Sie die eine oder andere der oben beschriebenen Techniken identifiziert, dann können Sie auch Interventionsstrategien anwenden, die auf die spezielle Situation zugeschnitten sind:

- Luftballon-Technik
  Versachlichen Sie das Thema nochmals. Sie haben sich schließlich gut überlegt, dass Sie diese Aufgabe dem Mitarbeiter übertragen wollen und können. Stellen Sie die Aufgaben und Ziele erneut klar und fragen Sie Ihren Mitarbeiter, welche Vorschläge er zur Bearbeitung machen kann.
- Feuerwehr
  Fragen Sie Ihren Mitarbeiter, welche Schritte er einleiten würde, wenn er genug Zeit hätte. Wenn diese Schritte aus Ihrer Sicht zielführend sind, dann geben Sie Ihrem Mitarbeiter einen Aufschub für die Bearbeitung. Diese Möglichkeit hatten Sie ja vorab eingeplant, denn das „Wann" hatten Sie Ihrem Mitarbeiter gegenüber früher terminiert, als Ihre eigene endgültige Deadline

liegt. Lassen Sie sich von nun an in kurzen zeitlichen Abständen Bericht erstatten.

- Schuldkomplex
  Lassen Sie sich nicht verunsichern. Ihr Beitrag zur augenblicklichen Situation ist Ihnen klar. Verdeutlichen Sie nochmals die Rahmenbedingungen Ihres Auftrags, vereinbaren Sie neue zeitliche Richtlinien und lassen Sie sich die Herangehensweise Ihres Mitarbeiters erläutern.
- Alle in einem Boot
  Auch hier gilt: Lassen Sie sich nicht verunsichern. Die Rollen und Aufgaben der Beteiligten hatten Sie vorab klar kommuniziert. Wenn die Auswirkungen wirklich so schlimm wären, dann wäre Ihnen dies bereits früher aufgefallen und Sie hätten die Aufgabe gar nicht erst delegiert. Bieten Sie Ihrem Mitarbeiter Unterstützung an und coachen Sie ihn während der Aufgabenbewältigung.

Der Zusammenhang zwischen Delegation und Rückdelegation

Gehäufte Fälle von Rückdelegation hängen oft eng mit der Form der Delegation zusammen. Letztlich sind Sie nur dann sicher vor Rückdelegation, wenn Sie zuvor sauber delegiert haben. Die sechs „W" liefern Ihnen ein gutes Gerüst dafür, in der Delegation nichts zu vergessen.
Haben Sie richtig delegiert, dann ist die Wahrscheinlichkeit, dass Ihre Mitarbeiter Versuche zur Rückdelegation unternehmen, relativ gering. Wenn dies aber doch geschieht, dann sollten Sie die entsprechende Aufgabe wirklich nur in Ausnahmesituationen übernehmen. Ansonsten signalisieren Sie, dass Rückdelegation bei Ihnen funktioniert. Es kann hilfreich sein, das Thema offen mit Ihren Mitarbeitern zu besprechen. Die Kommunikation Ihrer Erwartungen an Ihre Mitarbeiter ist ohnehin unerlässlich. In diesem Zusammenhang sollten Sie verdeutlichen, dass Sie Ihre Delegation sorgfältig planen und Ihre Mitarbeiter bei der Erfüllung der an sie delegierten Aufgaben unterstützen werden. Genauso selbstverständlich sollten Sie aber auch kommunizieren, dass Sie Rückdelegation nicht akzeptieren werden.

Kienbaum Kompetenztest: Delegation

Zur Überprüfung, ob Ihre Delegation erfolgreich ist, können Sie sich nach Abschluss einer Delegation die folgenden Fragen stellen. Dies wird vor allem dann hilfreich sein, wenn Sie mit der Verantwortungsübernahme durch Ihren Mitarbeiter und der Erledigung der Aufgabe nicht zufrieden sind.

1. Ist die betreffende Person für die delegierte Aufgabe kompetent und reif?
2. Habe ich den Arbeitsauftrag klar und deutlich formuliert und habe ich mir Gewissheit darüber verschafft, dass er verstanden wurde?
3. Sind die Zwischenergebnisse von mir überprüft worden und habe ich dazu Rückmeldungen gegeben?
4. Habe ich Versuche der Rückdelegation erkannt und ihnen entgegengewirkt?

3.3 Mitarbeiter motivieren

Im Kapitel 3.1 haben wir Ihnen mit dem Reifegradmodell und dem DISG-Modell schon zwei Möglichkeiten zur Einordnung Ihrer Mitarbeiter in ein Typenraster aufgezeigt. Im Bereich der Motivation bietet sich eine weitere Klassifikation an:

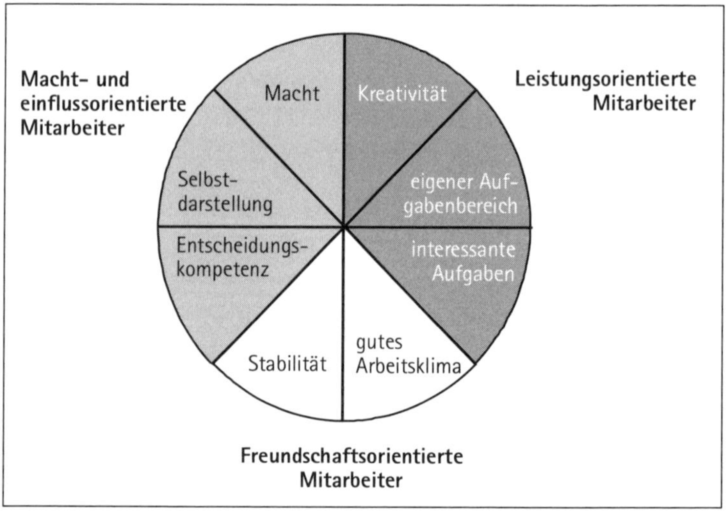

Motivationstypen

Diese Typologie lehnt sich an die Arbeit von Joachim S. Krug und Ulrich Kuhl an (vgl. J. S. Krug & U. Kuhl, 2006). Die Autoren haben drei maßgebliche Motive identifiziert, denen Menschen in unterschiedlichem Ausmaß folgen: Macht, Leistung und Freundschaft. Diese Schlagworte stehen in Verbindung mit darunterliegenden Motivationskanälen, die für den jeweiligen Mitarbeitertyp besonders bedeutsam sind.

Das Machtmotiv wurde in der oben dargestellten Grafik durch den Begriff Einfluss erweitert, da der Begriff Macht in unserem Sprachgebrauch negativ belegt ist. Tatsächlich stehen die Motive aber gleichwertig nebeneinander. Stellen Sie bei sich selbst ein Machtmotiv fest, ist dies also keinesfalls schlimm. Im Gegenteil: eine Führungskraft ganz ohne Machtmotiv würde Ihre Aufgabe wahrscheinlich nicht gut ausfüllen können, da sie sich vor Verantwortung drücken würde.

In vielen Führungskräftetrainings wird immer wieder beklagt: „Ich habe ja keine Möglichkeiten, meine Mitarbeiter zu motivieren. Befördern kann ich sie nicht, mehr zahlen kann ich ihnen auch nicht. Was soll ich denn tun?" Fragt man die Führungskräfte dann, wie ihre eigenen Vorgesetzten sie selbst motivieren könnten, so tauchen die Aspekte „Beförderung" und „Bezahlung" fast nie auf. Vielmehr werden vermeintliche Kleinigkeiten genannt, wie etwa: „mal ein Lob bekommen" oder „dass die Ebenen darüber wissen, wenn ein Konzept von mir kommt" oder „wenn ich mehr Verantwortung hätte und selbst Entscheidungen treffen dürfte".

Es gibt zahlreiche Möglichkeiten, Ihre Mitarbeiter zu motivieren! Sie erfordern von Ihnen als Führungskraft jedoch zunächst die Kenntnis Ihrer Mitarbeiter. Die in der Abbildung zu den Motivationstypen dargestellte Taxonomie legt nahe, dass Mitarbeiter über unterschiedliche „Kanäle" motivierbar sind. Beispielsweise werden Sie einem anschlussorientierten Mitarbeiter keinen Gefallen damit tun, wenn Sie ihm freudestrahlend mitteilen, er dürfe nun alleinverantwortlich ein innovatives Konzept zur Kundenorientierung entwickeln. Einen Mitarbeiter, der eher macht- bzw. statusorientiert ist, werden Sie genauso wenig über eine interessante Aufgabe motivieren können, wenn er auf diesem Kanal nicht empfänglich ist. Teilen Sie ihm aber mit, dass er sein Konzept in der Besprechung auf nächsthöherer Ebene selbst vorstellen soll, wenn dieses den Anforderungen entspricht, so wird er mit einer ganz anderen Motivation an seiner Aufgabe arbeiten.

Zusammengefasst bedeutet das, dass Motive nicht erschaffbar sind, bestehende Motivstrukturen aber durch passende Aufgaben, Anforderungen und Ziele bedient werden können.
Sie mögen sich nun fragen: Bedeutet dies nicht eine Instrumentalisierung der Mitarbeiter oder ihrer Motivstrukturen? Ja, genau das ist es, und dies geschieht mit voller Absicht. Wird Ihnen ein Mitarbeiter dieses Vorgehen übel nehmen? Nein, sicher nicht. Im Gegenteil – er wird Ihnen dankbar dafür sein, dass Sie sein Talent und sein Interesse für bestimmte Dinge erkannt haben.

Erstellen Sie ein Motivationsprofil

Die folgende Abbildung zeigt ein beispielhaftes Motivationsprofil. Füllen Sie für einen Ihrer Mitarbeiter doch einmal ein solches Motivationsprofil aus. (Eine Kopiervorlage ohne Beispielwerte finden Sie im Anhang.) Bewerten Sie dafür auf einer Skala von eins bis zehn, wie stark der betreffende Mitarbeiter auf den verschiedenen Motivationskanälen empfänglich ist, markieren Sie die entsprechenden Kreuzungspunkte auf den Linien und verbinden Sie sie miteinander. Die so gebildete Fläche zeigt Ihnen, welchem Motivationstyp Ihr Mitarbeiter am ehesten entspricht.

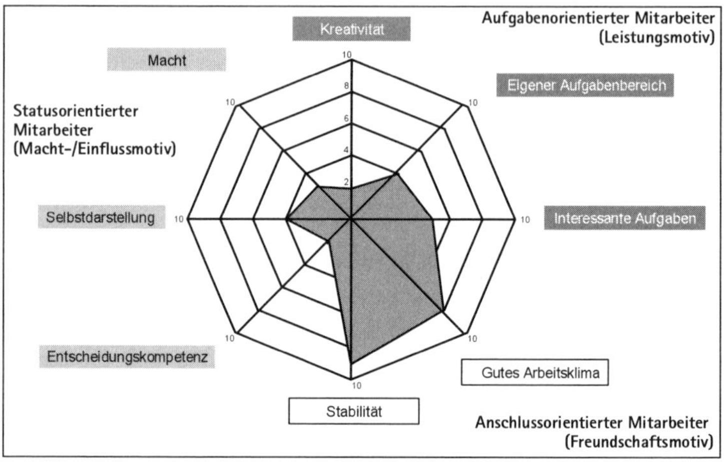

Beispielhaftes Motivationsprofil

Außer der Kenntnis Ihrer Mitarbeiter benötigen Sie für ihre Motivation aber noch eine zweite Grundlage: Hier ist Ihre Kreativität gefragt, um die verschiedenen Motivationskanäle mit passenden Aufgaben zu füllen. Überlegen Sie sich, welche ganz konkreten Aufgaben oder Tätigkeiten Sie einem Mitarbeiter übertragen können, der über den Kanal „Stabilität" oder über den Kanal „Selbstdarstellung" zu motivieren ist.

Kienbaum Expertentipp: Füllen Sie die Motivationskanäle mit Leben

Bearbeiten Sie nun das Motivationsprofil für Ihren ausgewählten Mitarbeiter weiter: Machen Sie sich Gedanken dazu, wie Sie die zwei bis drei Kanäle, die bei ihm am stärksten ausgeprägt sind, mit Aufgaben füllen können.

Wenn Ihnen das zunächst schwerfällt, können Sie das Motivationsprofil Ihres Mitarbeiters mit einem Bekannten oder Kollegen durchsprechen – oder Sie besprechen die Möglichkeiten der Motivation direkt mit Ihrem Mitarbeiter. (Zur konkreten Ausarbeitung findet sich Platz auf der Kopiervorlage des Motivationsprofils im Anhang.)

Wenn Sie bereits eine gute dyadische Beziehung zu Ihrem Mitarbeiter aufgebaut haben, dürfte die Frage, welche Art von Aufgaben ihn motivieren kann, kein Problem für Sie darstellen. Aber auch in einem Jahresauftaktgespräch oder im ersten intensiveren Kontakt mit einem neuen Mitarbeiter können Sie fragen, welches seine persönlichen Wünsche und Bedürfnisse sind und was für ihn persönlich herausfordernde Aufgaben wären. Sicher wird man Ihnen diese Fragen nicht als Unwissenheit und Schwäche auslegen, sondern Ihnen eher mit Offenheit, Vertrauen und Dankbarkeit begegnen.

3.4 Meetings erfolgreich gestalten

Beispiel: Ein Meeting ist immer besser als kein Meeting?

Herr Alexis, Teamleiter in einem Automobilkonzern, hat für heute ein Meeting mit einer Reihe von Projektmitarbeitern einberufen. Dazu gehören sowohl Mitglieder seines eigenen Teams als auch weitere Teamleiter sowie ein Abteilungsleiter. Insgesamt werden ca. 15 Leute erwartet. Aus seiner Sicht ist das Projekt in den letzten Wochen ziemlich „aus dem Ruder gelaufen", und es gibt, so sagt er, einiges zu besprechen.

Eigentlich wollte er allen Teilnehmern rechtzeitig vorher eine Agenda zukommen lassen, aber durch den hohen Druck des Tagesgeschäfts hat er es einfach nicht mehr geschafft, sich konkrete Tagesordnungspunkte zu überlegen. Er geht aber davon aus, dass es auch so gehen wird. Außerdem hat er gestern Abend gegen 19 Uhr noch schnell einige Powerpointfolien zum Projekt verschickt. Ausreichend Gesprächsbedarf gibt es in jedem Fall!

Das Meeting soll um 10 Uhr beginnen. Jetzt ist es 09.50 Uhr, die ersten Teilnehmer sind bereits da. Herr Alexis versucht, den Beamer zum Laufen zu bringen: „Verdammt! Jedes Mal das Gleiche, nie funktioniert die Technik, wenn man sie braucht!" Ein Mitarbeiter aus einer anderen Abteilung unterstützt ihn, der Rest guckt zu und tuschelt. 10.10 Uhr, es kann losgehen. Herrn Alexis fällt auf, dass weder Kekse noch Getränke im Raum sind ... „Pech, dann muss es eben ohne gehen, ich bin ja schließlich kein Hotelbetrieb."

Nachdem Herr Alexis etwa 15 Minuten lang über seine Einschätzung des laufenden Projekts gesprochen hat und mittlerweile auch die letzten Projektmitglieder eingetroffen sind, kommt die erste Zwischenfrage: „Das klingt ja alles interessant, Herr Alexis, aber was ist eigentlich die Zielsetzung dieses Meetings?" Herr Alexis erklärt, dass er ganz allgemein über die nächsten Schritte im Projekt sprechen und außerdem Verbesserungspotenziale in der Zusammenarbeit identifizieren wolle. Der Abteilungsleiter packt daraufhin unvermittelt seine Sachen: „Entschuldigen Sie, Herr Alexis, aber für solche Allgemeinplätze habe ich keine Zeit, schicken Sie mir doch das Protokoll zu, ja?"

Herrn Alexis ist das unangenehm, aber er macht gute Miene zum bösen Spiel und referiert weiter. Im Hintergrund nimmt er leise Nebengespräche wahr. Als er die Runde um Einschätzungen bittet, erntet er nur Schweigen. „Sagt mal, hat eigentlich irgendjemand von euch die Powerpointpräsentation durchgesehen, die ich gestern Abend verschickt habe?!" Erneutes Schweigen. Weitere Teilnehmer werden unruhig: „Herr Alexis, ich bin in dieses Projekt kaum noch involviert. Wir haben heute Vormittag noch dringende Außentermine beim Kunden, jetzt ist es 11.35 Uhr, wie lange werden wir noch brauchen?" Herr Alexis wiegelt ab.

Aus der linken Ecke meldet sich Herr König zu Wort. Sein Beitrag nimmt geschlagene 20 Minuten in Anspruch. Das Thema des Meetings trifft er leider auch nicht, doch Herr Alexis ist nicht in der Lage, ihn einzufangen. Spätestens jetzt, das sieht Herr Alexis deutlich, sind die restlichen Teilnehmer innerlich ausgestiegen. Entnervt und ohne ein erkennbares Ergebnis beendet er gegen 12 Uhr das Meeting. Kopfschüttelnd verlassen die Teilnehmer den Raum.

Diese Situation ist natürlich eine überspitzte Darstellung der Gefahren schlechter Vorbereitung. Dennoch haben Sie etwas Ähnliches sicher auch schon erlebt. Für alle möglichen Projekte, Initiativen, Arbeitsgruppen und Task Forces, aber auch im Rahmen der Regelkommunikation werden (immer wieder) Meetings einberufen. Ein Großteil davon stellt sich im Nachhinein als verschwendete Zeit dar. Solche Meetings sind in der Regel

- schlecht vorbereitet,
- ohne klare Zielsetzung, geschweige denn Agenda,
- zu einem schlechten Zeitpunkt angesetzt,
- ohne vorher definiertes Ende und
- mit zu vielen und/oder den falschen Teilnehmern einberufen.

Die Teilnehmer kennen das bereits und

- kommen zu spät,
- sind ebenfalls schlecht vorbereitet,
- nicht bei der Sache und
- stören im schlimmsten Fall noch den ohnehin schon holprigen Ablauf durch Nebengespräche.

Anstrengend, wenn Sie als Teilnehmer in solch einem Meeting festhängen. Wirklich nervenaufreibend, wenn Sie selbst der Initiator einer solchen Veranstaltung sind.
Wie gerne erinnert man sich doch im Gegensatz dazu an gut organisierte Meetings, die pünktlich endeten, die man gut versorgt mit Informationen und Entscheidungen verließ, die einem halfen, die eigene Arbeit zu erleichtern und die Dinge in der Firma wieder ein Stück voranzubringen. Auf den folgenden Seiten werden wir Sie dabei unterstützen, künftig mehr von diesen Meetings zu organisieren und durchzuführen!
Zunächst liefern wir Ihnen einige Anregungen zum Aufbau einer soliden Meetingstruktur. Im Anschluss daran finden Sie praktische Tipps, die Ihnen dabei helfen werden, Meetings erfolgreicher durchzuführen – gegliedert nach den Phasen Vorbereitung, Durchführung und Nachbereitung.

Kienbaum Expertentipp: Verantwortung im Meeting

Für alle drei Phasen eines Meetings (Vorbereitung, Durchführung und Nachbereitung) sollte die gleiche Person verantwortlich sein! So verhindern Sie Verantwortungsdiffusion und erhöhen die Verbindlichkeit. Das bedeutet allerdings nicht, dass diese Person alles allein machen muss – zur Delegation haben Sie ja bereits im Kapitel 3.2 viel Wissenswertes erfahren.

Sinnvolle Meetingstrukturen

Wie handhaben Sie in der Regel Ihre Meetings? Berufen Sie sie spontan ein, je nach Bedarf und Thema? Oder haben Sie eine übergreifende Systematik etabliert? Das bietet sich an: Führungskräfte, die ihre Meetings effizient und zielführend gestalten, überlegen sich in der Regel vorab genau, welches Thema auf welche „Plattform" gehört. Zwei Fragen erleichtern Ihnen die Strukturierung:

1. Welche *Inhalte* will ich in welcher Form von Meeting besprechen?
2. Was soll im Zusammenhang mit den anberaumten Inhalten *erreicht* werden?

Geht es z. B. um immer wiederkehrende operative Fragestellungen, wie etwa die Verteilung konkreter Aufgaben? Will ich Reportings abrufen, Informationen weitergeben oder vielleicht neue Ideen entwickeln, Meinungen diskutieren, Entscheidungen treffen? Möchte ich einen Ausblick auf das kommende Jahr geben oder sogar die Gesamtstrategie für die nächsten Jahre besprechen?
Soweit dies planbar ist, sollten Sie diese grundlegenden Fragen für sich geklärt haben. Darauf aufbauend können Sie dann eine klare Grundstruktur für das gesamte Jahr entwickeln, z. B.: montags ein einstündiges Präsenzmeeting zum Umsatzreporting mit den Abteilungs- und Teamleitern, zweiwöchentlich donnerstags eine dreißigminütige Telefonkonferenz mit den Projektleitern, einmal pro Monat mittwochs ein zweistündiges Präsenzmeeting zum Zielcontrolling mit den Abteilungsleitern und einmal pro Jahr eine zweitägige Strategieklausur mit dem gesamten Führungskreis in der ersten Septemberwoche. Schon das konsequente Durchdenken Ihrer Meetingthemen zum Aufbau dieser Grundstruktur wird Ihnen dabei helfen, die einzelnen Themen sauber zu trennen und grundlegende

Zielsetzungen klar zu definieren. Dies wiederum macht die anschließende Feinplanung für jedes einzelne Meeting maßgeblich effizienter und effektiver. Und diese Klarheit hilft wiederum den Teilnehmern.

Kienbaum Expertentipp: Meetingregeln

- Bei der Jahresplanung hilft Ihnen die „5-W-Meeting-Regel": *W*ann und *W*ie oft spreche ich mit *W*em *W*ie lange über *W*elche Themen?
- Die Faustregel dafür: Operative Themen sollten häufiger und kürzer, strategische Themen seltener und länger besprochen werden.

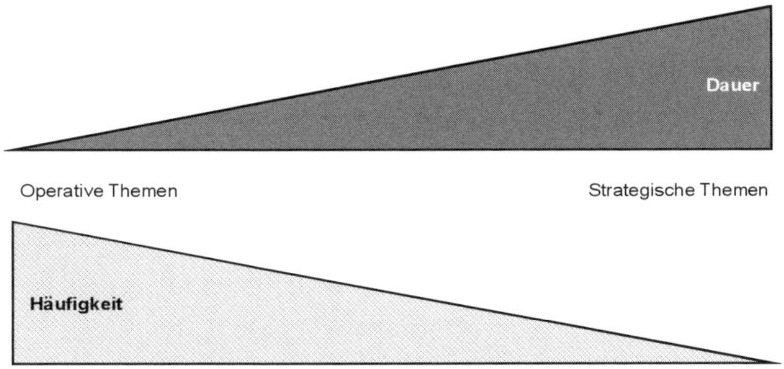

Optimierte Meetinggestaltung

Wenn Sie erst einmal eine Grundstruktur etabliert haben, dann können Sie innerhalb dieses Rahmens die einzelnen Meetings konkret gestalten. Mehr dazu finden Sie auf den nächsten Seiten.

Vorbereitung von Meetings

Die solide Vorbereitung eines Meetings ist die Grundvoraussetzung für die erfolgreiche Durchführung. „Irgendwie" ist das ja auch jedem klar. Die Praxis zeigt jedoch, dass dieses Wissen häufig nicht umgesetzt wird. Damit Sie Ihre Meetings künftig optimal vorbereiten können, haben wir eine Checkliste für Sie zusammengestellt. Die Liste finden Sie im Anhang dieses Buches.

Kienbaum Expertentipp: Meetings vorbereiten

- Versenden Sie die Einladung nebst Agenda rechtzeitig und geben Sie den Teilnehmern die Möglichkeit, die Agenda um eigene Punkte zu ergänzen.
- Planen Sie nach der 60:20:20-Regel: Verplanen Sie also maximal 60 % der Zeit für Ihre eigentlichen Inhalte, reservieren Sie 20 % für unvorhergesehene Themen und Diskussionen sowie 20 % für soziale Aktivitäten wie Pausen und Nebengespräche.

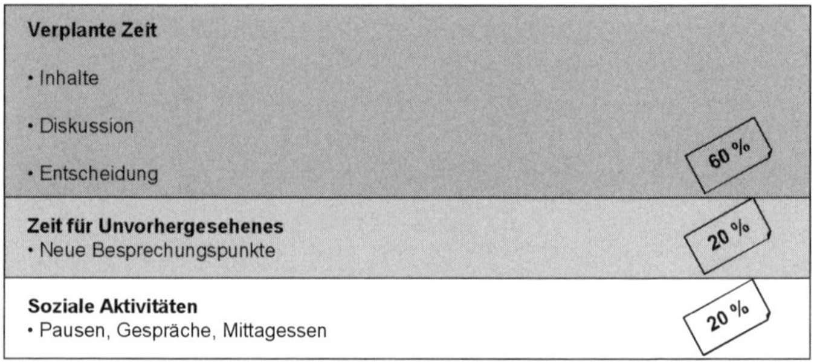

Die 60:20:20-Regel

Durchführung von Meetings

Nun sind Sie startklar: Sie haben die Ziele Ihres Meetings klar vor Augen und eine realistische Menge an Tagesordnungspunkten. Alle Teilnehmer haben rechtzeitig die Einladung erhalten und Rückmeldung gegeben, alle notwendigen Materialien liegen vor. Was gilt es nun bei der Durchführung des Meetings zu beachten, damit Ihre gute Vorbereitung sich auch gelohnt hat?

Pünktlichkeit schafft einen guten Anfang

In jedem Fall beginnen Sie Ihre Meetings pünktlich, unabhängig davon, ob wirklich alle da sind. Das ist für die Einhaltung Ihres Zeitmanagements unabdingbar und hat gleichzeitig eine langfristig disziplinierende Wirkung auf notorische „Zuspätkommer“. Es bietet sich hier auch an, die wichtigsten Tagesordnungspunkte gleich zu Beginn zu besprechen, das schafft für die Teilnehmer eine zusätzliche Motivation, rechtzeitig zu erscheinen.

Kienbaum Expertentipp: Die Freiwilligenliste

Paradoxe Intervention zum Thema Pünktlichkeit.

Wenn das Meeting in einem unkritischen Rahmen stattfindet, probieren Sie es doch mal mit dem augenzwinkernden Instrument der „Freiwilligenliste“: Kommen Teilnehmer zu spät, tragen Sie deren Namen zunächst wortlos auf einem gesonderten Flipchart mit der Überschrift „Freiwilligenliste“ ein. Die Teilnehmer sind irritiert. Nun erklären Sie Ihre Liste mit den Worten: „Sie sehen, Herr Schlegel und Herr Friedemann haben es heute bereits auf die Freiwilligenliste geschafft!“ Sie werden weitere irritierte Blicke ernten.

Mit der gebotenen Ernsthaftigkeit fahren Sie nun fort: „Sie fragen sich, was es mit der Liste auf sich hat? Nun, in Meetings benötigt man ja für alle möglichen Tätigkeiten Freiwillige, z. B. zum Nachschenken von Kaffee, zum Befüllen des Themenspeichers, zum Öffnen der Fenster oder zur Übernahme anderer lästiger Aufgaben. Lassen Sie uns einfach alle gemeinsam zum gegebenen Zeitpunkt überlegen, wo Herr Schlegel und Herr Friedemann uns heute am besten unterstützen können.“ Auf diese Weise machen Sie sich die anderen Teilnehmer zu „Verbündeten“ und lassen letztlich die Gruppe entscheiden, welche Aufgaben die „Freiwilligen“ übernehmen sollen.

Unserer Erfahrung nach wird diese kleine Intervention – bei stabiler Beziehungsebene und mit entsprechendem Augenzwinkern vorgetragen – mit Humor und einem ertappten Lächeln entgegengenommen. Ihre Botschaft kommt an! Häufig achten die Teilnehmer anschließend selbst darauf, dass sie zum Beispiel nach Pausen pünktlich erscheinen, und ihrem fortan wachen Auge entgeht niemand, der sich um einen Platz auf der Freiwilligenliste verdient macht. Teilweise geht die Freude an der Liste sogar soweit, dass Teilnehmer sich gegenseitig eintragen, wenn sie zu spät kommen. Die Liste hat also einen spielerischen und selbstdisziplinierenden Effekt, denn niemand möchte darauf stehen. Sie selbst sind von nun an natürlich ebenso ein potenzieller Kandidat für die Liste, sollten Sie einmal zu spät kommen.

Delikater ist dieses Instrument natürlich bei Meetings mit kritischen Themen und/oder sehr schwierigen Teilnehmern. Hier sollten Sie entweder ein hohes Maß an Fingerspitzengefühl besitzen oder aber besser ganz darauf verzichten.

Grundlagen für die erfolgreiche Durchführung

Die erfolgreiche Durchführung eines Meetings hängt von vielen Dingen ab:

- Klären Sie zu Beginn, ob die Teilnehmer sich entsprechend der vorab versendeten Agenda vorbereitet haben. Scheuen Sie sich nicht, ein Meeting abzubrechen, wenn aufgrund mangelnder Vorbereitung keine Arbeits- und Entscheidungsfähigkeit zu erwarten ist.
- Erläutern Sie zum Einstieg kurz die Agenda mit den einzelnen Tagesordnungspunkten und den dafür gesetzten Zielen und Zeiten. Das schafft Orientierung und erhöht die Selbststeuerung innerhalb der Gruppe.
- Klären Sie knapp offene Fragen zur Agenda.
- Legen Sie ein klares Ende fest: Handelt es sich um ein Regelmeeting, dann bleiben Sie konsequent innerhalb des vorgesehenen Zeitrahmens.
- Verlängern Sie die Dauer des Meetings nur mit guter Begründung und informieren Sie rechtzeitig darüber.
- Auch im Falle eines außerordentlichen Meetings sollten Sie vorab dessen Dauer festlegen und sich daran halten.
- Einmal pro Stunde sollten Sie eine kurze Pause von mindestens fünf Minuten machen, um die Konzentration der Gruppe aufrechtzuerhalten.
- Steuern Sie die Diskussion konsequent und behalten Sie den roten Faden des Meetings im Auge.
- Wenn Sie persönlich auch inhaltlich stark involviert sind, benennen Sie nach Möglichkeit bereits in der Vorbereitung einen gesonderten Moderator, dessen Aufgabe die Steuerung des Diskussionsprozesses ist.
- Prüfen und visualisieren Sie während des Meetings die Zwischenergebnisse und die erreichten Ziele. Das schafft Klarheit über den Fortschritt und wirkt motivierend: Die Teilnehmer erkennen, welchen Nutzen das Meeting für sie hat.
- Dokumentieren Sie schon im Laufe des Meetings vereinbarte Maßnahmen mit Inhalten, Verantwortlichkeiten und Deadlines. Dafür bestimmen Sie möglichst schon im Vorfeld des Meetings

einen Protokollführer und stellen diesem eine entsprechend strukturierte Vorlage für das Protokoll zur Verfügung.

- Prüfen Sie zum Ende des Meetings, ob aus Sicht der Teilnehmer noch ungeklärte Punkte bestehen. Klären Sie diese, sofern es innerhalb des Zeitrahmens möglich ist. Wenn die Klärung mehr Zeit in Anspruch nimmt, sammeln Sie die offenen Punkte in einem Themenspeicher. Beenden Sie das Meeting auf jeden Fall pünktlich.

Agenda Planungsmeeting Qualifizierung 2010					
Ort: Büro Berlin, Raum 3.45		**Datum:** 16.10.2010		**Uhrzeit:** 09.00 – 11.00 Uhr	
Teilnehmer Fritz Barnhold, Thomas Baumgart, Jörn Ebing, Johannes Kalkmann, Rita Köhler, Inga Thiel, Jürgen Vogel					
Meetingverantwortlicher: Johannes Kalkmann			**Protokoll:** Thomas Baumgart		
Zeit (Dauer)	**Thema**	**Ziel**	**Verantwortung**	**Materialien**	**Vorbereitung**
09:00 (5')	Begrüßung	Gemeinsamer Einstieg	J. Kalkmann	keine	nein
09:05 (10')	Information zu Status quo Veranstaltungen 2009	Überblick und Orientierung für TN	T. Baumgart	Gesamtliste Veranstaltungen 2009	nein
09:15 (30')	Eruierung Qualifizierungsbedarf der Abteilungen 2010	Planungsgrundlage 2010 schaffen	J. Ebing, I. Thiel	bereits ausgefüllte Bedarfsmeldungen	ja
09:45 (15')	Pause				
10:00 (30')	...	...	...	...	...
10:30 (15')	...	...	...	...	...
10:45 (15')	Abschluss und Verabschiedung	Klären offener Punkte, Vergabe der To-dos, Themenspeicher	J. Kalkmann	Themenspeicher Aktionsplan	nein
11:00	Ende des Meetings				

Beispielhafte Meeting-Agenda

Die Aufgaben des Moderators

Dem Moderator kommt bei der Durchführung von Meetings eine besondere Rolle zu:

- Er vereinbart mit den Teilnehmern zu Beginn des Meetings gemeinsam getragene Regeln (Gesprächsregeln, Zeitmanagement, Umgang mit Handys etc.).

- Er verfolgt den roten Faden, kontrolliert die Einhaltung von Zeiten und Themen sowie die Zielerreichung und sichert so die klare Struktur des Meetings (Stichwort: „Wertschätzende Grundhaltung gegenüber den Teilnehmern bei zielorientierter inhaltlicher Steuerung").
- Er steuert Gesprächsanteile, bezieht schweigsame Teilnehmer aktiv mit ein und zügelt Vielredner („3-Minuten-Regel").
- Er bemüht sich um eine inhaltlich neutrale Haltung und bietet Außenperspektive.
- Er vermittelt Klarheit bei komplexen Inhalten, wiederholt Beiträge mit eigenen Worten, um ein gemeinsames Verständnis zu sichern und eindeutige Formulierungen für das Protokoll festzuhalten.
- Er vermittelt bei Meinungsverschiedenheiten und führt zurück auf die Sachebene.
- Er fasst die Ergebnisse regelmäßig zusammen und visualisiert sie („Quick Wins").
- Er sammelt ungeklärte Aspekte für alle sichtbar in einem „Themenspeicher", z. B. auf einem Flipchartblatt.
- Er kontrolliert die eindeutige Zuweisung von Arbeitspaketen inklusive Deadlines und Verantwortlichkeiten.
- Er klärt zum Ende offene Fragen.
- Er beendet das Meeting pünktlich.

Nachbereitung von Meetings

Ist das Meeting erfolgreich verlaufen, folgt zuletzt eine saubere Nachbereitung und eine übersichtliche Dokumentation der Ergebnisse, die Sie den Teilnehmern zur Verfügung stellen. Die Nachbereitung sollte folgende Schritte enthalten:

- Eine 5-10-minütige Reflexion: Was lief gut in diesem Meeting, was soll beim nächsten Mal anders gemacht werden? Wie werde ich darauf Einfluss nehmen?

  Halten Sie Ihre Gedanken dazu in einigen Stichworten fest und legen Sie diese an einer Stelle ab, wo sie Ihnen bei der Vorbereitung des nächsten Meetings zwingend wieder begegnen (z. B. in

Ihrer Meeting-Mindmap, deren Erstellung wir Ihnen am Ende dieses Kapitels ans Herz legen).

- Die Anfertigung des Protokolls (ggf. inklusive Fotos der Flipcharts und Metaplanwände).
- Die leicht auffindbare Ablage im System.
- Das zeitnahe Versenden des Protokolls an die Teilnehmer (höchstens 3 Werktage nach dem Meeting).
- Das Kontrollieren der vereinbarten Maßnahmen durch die jeweiligen Verantwortlichen.

Protokoll Planungsmeeting Qualifizierung 2010					
Ort: Büro Berlin, Raum 3.45		**Datum:** 16.10.2010		**Uhrzeit:** 09.00 – 11.00 Uhr	
Teilnehmer Fritz Barnhold, Thomas Baumgart, Jörn Ebing, Johannes Kalkmann, Rita Köhler, Inga Thiel, Jürgen Vogel					
Meetingverantwortlicher: Johannes Kalkmann			**Protokoll:** Thomas Baumgart		
Thema	**Besprochene Inhalte**	**Maßnahmen**	**Wer**	**Bis**	**Erledigt**
Information zu Status quo Veranstaltungen 2009	Gute Buchungsquote größtenteils sehr gute Seminarbeurteilungen	Rückmeldung an Sales-Trainer zu Verschlechterung im Feedback ggü. 2009	T. Baumgart	26.02.2010	
Eruierung Qualifizierungsbedarf der Abteilungen 2010	...	Nachreichen Bedarfe Marketing	R. Köhler	26.02.2010	
		Konsolidierung Bedarfe	T. Baumgart	01.03.2010	
		Qualifizierungsplanung 2010	J. Kalkmann	02.05.2010	
...	...	...	...	...	
Offene Punkte, Themenspeicher	Nachfrage Produktion zu Möglichkeiten Meetingoptimierung	Einholen Angebote Seminar „Meetings erfolgreich führen" und Angebote Mindmap-Software	T. Baumgartner	26.02.2010	

Beispielhaftes Meeting-Protokoll

Kienbaum Expertentipp: Inhalte einer Protokoll-Mail

In eine Protokoll-Mail an die Teilnehmer gehört ...

- ein Dank für die Teilnahme am Meeting
- eine kurze Hervorhebung der aus Ihrer Sicht zentralen Erfolge bzw. Ergebnisse des Meetings
- das vollständige und Korrektur gelesene Protokoll mit allen Verantwortlichkeiten und Deadlines sowie die Bitte, sich bei Rückfragen zu melden

- ggf. ein kurzer Hinweis auf Anregungen/Erkenntnisse, die Sie aus dem Meeting mitgenommen haben („Beim nächsten Mal werden wir mehr Zeit für Pausen einplanen, danke an dieser Stelle für den Hinweis")
- ggf. die Nennung des nächsten Meetingtermins

Unsere Vorschläge und Checklisten sollen Sie bei der Planung und Durchführung erfolgreicher Meetings unterstützen. Natürlich passen nicht alle Vorschläge auch zwingend zu Ihrem individuellen Bedarf. Daher schließen wir dieses Kapitel mit einem weiteren Expertentipp, mit dem wir in der Arbeit mit vielen Führungskräften sehr gute Erfahrungen gesammelt haben:

Kienbaum Expertentipp: Die Meeting-Mindmap

Führen Sie sich unsere Vorschläge noch einmal vor Augen und entwickeln Sie auf dieser Basis Ihre individuelle Meeting-Mindmap.

Die Mindmap können Sie auf verschiedene Arten erstellen:

- Nutzen Sie ein Metaplanpapier oder einen Flipchart und hängen Sie diesen anschließend in Ihrem Büro auf.
- Erstellen Sie die Mindmap auf einem DIN-A4-Blatt und holen Sie sie zu jeder Meetingvorbereitung hervor. Bei Bedarf können Sie Ihre Mindmap im Anschluss an ein Meeting um neue Erkenntnisse erweitern.
- Sie nutzen eine der vielen Mindmapping-Softwares, die mittlerweile auf dem Markt verfügbar sind. Diese können Sie jederzeit anpassen und erweitern. Günstig ist es auf jeden Fall, wenn Sie sich das Ergebnis ausdrucken und an relevanter Stelle ablegen.

So haben Sie Ihre Meetingvorbereitung jederzeit sicher im Griff.

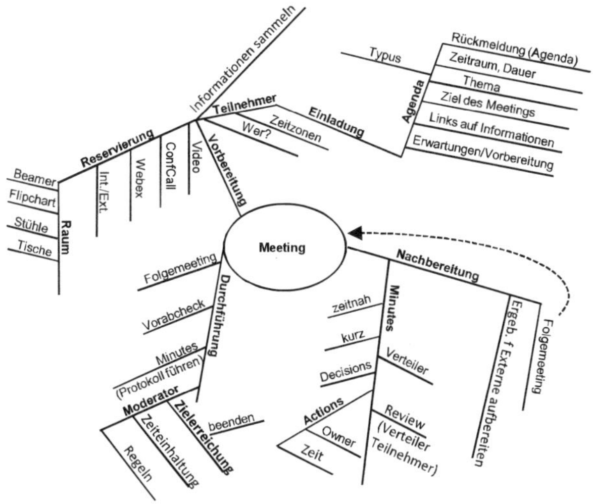

Beispielhafte Meeting-Mindmap

3.5 Literatur

- Buzan, T. (2005): Das Mind-Map-Buch. Die beste Methode zur Steigerung Ihres geistigen Potentials. mvg Verlag.
- Geier, J. G. (1993): Das DISG® Persönlichkeitsprofil. DISG-Training GmbH.
- Graen, G. B. & Uhl-Bien, M. (1995): Relationship-based approach to leadership: Development of leader-member exchange (LMX) theory of leadership over 25 years: Applying a multi-level multi-domain perspective. Leadership Quarterly, Vol. 6.
- Hersey, P. & Blanchard, K. (1982): Management of organizational behavior. Prentice-Hall.
- Krug, J. S. & Kuhl, U. (2006): Macht, Leistung, Freundschaft: Motive als Erfolgsfaktoren in Wirtschaft, Politik und Spitzensport. Kohlhammer.
- Tannenbaum, R. & Schmidt, W. H. (1958): How to choose a leadership pattern. In: „Harvard Business Review". 36/1958, pg. 95-102.
- Vroom, V. H. (2000): Leadership and the decision-making process. Organizational Dynamics, Vol. 68.

TEAMS FÜHREN
ORGANISATIONEN FÜHREN
SICH SELBST FÜHREN
MITARBEITER FÜHREN

4 Teams führen

Wozu ein eigenes Kapitel zur Führung von Teams? Letztlich habe ich als Führungskraft doch immer ein Team, mit dem ich zusammenarbeite. Ist insofern nicht jede Führung auch irgendwie „Teamführung"?
Im letzten Kapitel haben wir die Führung einzelner Mitarbeiter näher beleuchtet. Hier werden wir nun die dort entwickelten Gedanken weiterspinnen. Dabei beziehen wir uns aber nicht mehr auf einzelne Teammitglieder, sondern fokussieren das Team insgesamt.
Das Führen von Teams ist für eine Führungskraft in der Regel ungleich schwieriger als das dyadische Führen einzelner Mitarbeiter, das im Kapitel 3.1 behandelt wurde. Die vielfältigen Beziehungsgeflechte erhöhen die Komplexität und die Dynamik der Führung. Ihre Aufgaben als Führungskraft betreffen hier nicht die Einzelleistungen, die Sie in Einzelgesprächen klären könnten und auch sollten. Teamführungsaufgaben erkennen Sie daran, dass Sie sie tatsächlich nur mit Blick auf das gesamte oder zumindest auf einen Teil des Teams, und am besten mit dem Team zusammen bearbeiten und lösen können.

4.1 Das eigene Team

Beispiel: Team = „Toll, Ein Anderer Macht's"?

Herr Rot, frisch gebackener Teamleiter bei einem regionalen Energieversorger, ist fassungslos. Jetzt weiß er auch, warum sein alter Chef – ein harter Knochen der alten Schule, der so überhaupt nichts von Teamarbeit hielt – immer wieder diesen abgedroschenen Spruch ausgegraben hat: „TEAM? Ja, das kenn ich, das heißt: Toll, Ein Anderer Macht's!" Herr Rot war nicht müde geworden, dagegen zu halten und ihm die Vorzüge von Teamarbeit aufzuzählen, genau wie er es in einem Führungsseminar bei Kienbaum gelernt hatte: „2 + 2 ergibt doch 5 bei Teamarbeit!" Aber jetzt ... vielleicht hat sein Chef ja doch recht gehabt.

Da vorne stehen Herr Freckmann, Herr Schlegel und Herr Vogt, drei seiner Teammitglieder, auf dem Gang und sind in ein offenbar wichtiges Thema vertieft. Das ist kein neues Bild, und grundsätzlich ist es ja laut Kienbaum eine gute Sache, wenn im Team ein enger Austausch gepflegt wird. Die Themen wechseln: Gestern waren es die neuen Steuerpläne der Regierung, vorgestern die neueste Kampagne von Media Markt und heute offenbar die größer werdende Glatze von Herrn Holzmann. Mehrmals schon musste Herr Rot dazwischengehen – immer verständnisvoll natürlich als guter Chef – und die drei mühsam wieder zum Arbeiten bewegen.

Er lässt seinen Blick schweifen in das Büro von Frau Litwinschuh, seiner besten Kraft. Sie sitzt, wie zu erwarten war, an ihrem Arbeitsplatz und treibt das neue Projekt voran, das Herr Rot ihr kürzlich anvertraut hat. Bei den anderen Teammitgliedern gilt sie allerdings als „unentspannt und karriereversessen". Das wiederum wurde Herrn Rot kürzlich von seiner Sekretärin zugetragen. Den Flur hinunter hört man eine leise, aber dennoch aggressive Unterhaltung. Herr Wiedermann und Herr Ehlert halten sich zwar einerseits vom Rest des Teams fern, seit sie vor knapp zwei Wochen aus dem Bereich „Rohr" dazugestoßen sind. Aber miteinander geht es offensichtlich auch nicht. Sie bearbeiten seit zwei Tagen gemeinsam eine Aufgabe, werden sich aber offenbar nicht einig, welcher Weg zur Zielerreichung der richtige ist.

Herr Rot hatte die beiden gebeten, Herrn Schlegel zurate zu ziehen, der Experte für einen zentralen Teil der Aufgabe ist. Das war schon schwierig für die beiden, schließlich kommt Schlegel aus dem Bereich „Strom", wohingegen die beiden eben vom „Rohr", also aus dem Bereich „Gas" sind. Und die Stromer, das weiß man ja, haben ohnehin alle einen an der Waffel ... Herr Schlegel sieht das umgekehrt und minimiert seinen Arbeitseinsatz bei den beiden auf das absolut notwendige Minimum.

So richtig eilig mit der Erledigung der Aufgaben der Abteilung scheint es jedenfalls bis auf Frau Litwinschuh niemand zu haben. Also ganz im Ernst: Das mit der Teamarbeit hatte sich Herr Rot wirklich *etwas* anders vorgestellt. Das ist halt wieder mal typisch „Berater", was die einem da in dem Seminar erzählt haben. Für die Praxis ist es nicht zu gebrauchen. Also jetzt reicht's ihm wirklich! Herr Rot macht seinem Namen alle Ehre, holt tief Luft und brüllt entnervt über den ganzen Gang ...

Die Situation ist Ihnen nicht unbekannt? Alle Welt redet ständig von der Wichtigkeit und dem Nutzen von Teamarbeit für den gemeinsamen Erfolg, nur bei Ihnen macht das Team irgendwie immer Ärger? Was macht denn ein gutes oder sogar sehr gutes Team eigentlich im Kern aus? Und, viel interessanter: Was davon können Sie als Führungskraft direkt oder indirekt positiv beeinflussen?

Merkmale erfolgreicher Teams

Als Führungskraft stehen Sie vor der Herausforderung, dass Sie erfolgreiche Teamarbeit nicht einfach „anordnen" können. Eine vertrauensvolle und erfolgreiche Zusammenarbeit ist nicht erzwingbar, sie muss aktiv gestaltet und gefördert werden. Läuft die Arbeit im Team nicht zufriedenstellend, dann wirkt sich das zunächst unmittelbar auf die Arbeitseffizienz aus, wird aber darüber hinaus auch zusätzlichen persönlichen Stress bei den einzelnen Teammitgliedern hervorrufen. Die ineffektive und ineffiziente Arbeit eines Teams kann sogar negative Auswirkungen auf die Arbeit anderer Teams und letztendlich auf die Leistungsfähigkeit der gesamten Organisation haben.

Die Praxis zeigt, dass sich erfolgreiche von weniger erfolgreichen Teams durch folgende Merkmale unterscheiden:

1. Das gemeinsame Ziel
2. Gut geplante Arbeitsabläufe und Prozesse
3. Zielführende Normen und Verhaltensregeln
4. Geeignete Teamstruktur und Teamgröße
5. Klare Rollen und komplementäre Fähigkeiten
6. Konstruktive Kommunikation und Kooperation
7. Starker Teamgeist und Zusammengehörigkeitsgefühl
8. Ausgeprägte Leistungsorientierung

Bei den ersten fünf Punkten haben Sie als Führungskraft wesentlich mehr Möglichkeiten zur Gestaltung und Beeinflussung als bei den letzen drei Punkten: Daher sollten Sie sich die Merkmale 1 bis 5 genauer einprägen, denn hier liegen für Sie wirksame Hebel in der Teamführung, Faktoren also, die Sie als Führungskraft direkt beeinflussen können. Die letzten drei Punkte sind dagegen eher *Ergebnisse* guter Teamführung. Mit anderen Worten: Ein gemeinsames Ziel können Sie als Führungskraft gut in das Team einbringen, ebenso können Sie z. B. frühzeitig Normen und Verhaltensregeln in Ihrem Team aktiv gestalten. Mit etwas Glück können Sie sogar die Zusammensetzung und Größe Ihres Teams (mit) beeinflussen, auch, wenn dies nicht die Regel ist. Versuchen Sie aber doch mal, als Führungskraft Ihrem Team eine „vertrauensvolle Kommunikation und Koordination" zu verordnen oder auch „Teamgeist und Leistungsorientierung". Wir freuen uns auf Ihre Erfahrungsberichte! Schauen wir uns die einzelnen Merkmale genauer an:

1. Das gemeinsame Ziel

Teams – perfekte Teams – folgen keinen allgemeinen Regeln. Sie organisieren sich optimal um ihr gemeinsames Ziel herum, das die jeweils ideale Organisationsform mit adäquaten Strukturen und Interaktionsformen bestimmt.

(Gunther Schmidt, Organisations- und Teamentwickler)

Das klare Bewusstsein des gemeinsamen Ziels ist das A und O erfolgreicher Teams. Genau genommen sind Ziele sogar die Existenzberechtigung von Teams. Nur wenn die Ziele und die daraus resultierenden Anforderungen jedem Teammitglied klar sind und vom Einzelnen unterstützt werden, wird das Team nachhaltige Leistung entfalten können. Ist dies nicht der Fall, wird sich jedes Teammitglied seine eigenen Ziele suchen, die Energien gehen in unterschiedliche Richtungen oder die einzelnen Teammitglieder beschäftigen sich „mit sich selbst", zum Beispiel, indem Gerüchte und Streitigkeiten entstehen. Als Führungskraft müssen Sie also dafür sorgen, dass Ihr Team die Ziele kennt, dass diese für die einzelnen Teammitglieder eine möglichst hohe Attraktivität haben und dass sie erreichbar sind.

In der Regel wird das globale Ziel vom Unternehmen vorgegeben. Ihre Aufgabe als Führungskraft ist, dieses Ziel für das Team und gegebenenfalls gemeinsam mit dem Team eindeutig herunterzubrechen, sodass jeder weiß, welchen Beitrag er leisten kann und soll. Zusätzlich hat jedes Teammitglied eigene Ziele. Diese können von Anerkennung und Wertschätzung bis hin zu herausfordernden Aufgaben und finanzieller Sicherheit reichen. Wenn es Ihnen als Führungskraft gelingt, die Ziele der Organisation und die Ziele Ihrer Teammitglieder zu vereinen, werden Sie eine nachhaltigere Leistungsbereitschaft Ihrer Teammitglieder für die gemeinsame Sache erreichen.

Kienbaum Expertentipp: Kommunizieren Sie das gemeinsame Ziel

- Geben Sie Ihren Teammitgliedern Orientierung durch die klare Kommunikation von Jahresziele n. Brechen Sie diese gemeinsam mit dem Team auf unterjährige Ziele herunter. Das motiviert und lenkt die Energie in die richtigen Bahnen.
- Stellen Sie durch individuelle Zielvereinbarungen sicher, dass jedes Teammitglied die Teamziele kennt und vor allem weiß, welchen Beitrag es zur Erreichung der Ziele leisten kann.
- Prüfen Sie im Mitarbeitergespräch mit jedem Einzelnen, auf welche Weise seine individuellen Ziele mit den kommunizierten Teamzielen verknüpft werden können.

2. Gut geplante Arbeitsabläufe und Prozesse

In einem überdurchschnittlich leistungsstarken Team weiß jedes Teammitglied genau, wie die Arbeit zu erledigen ist. Die einzelnen Schritte zur Zielerreichung sind sauber beschrieben und jedem Teammitglied verständlich. Benötigte Ressourcen sind vorab berechnet und für alle Teammitglieder transparent, sodass bei Engpässen frühzeitig reagiert und gegengesteuert werden kann. Es herrscht Klarheit über die Regelkommunikation, inklusive der Frage, wer was wann wissen bzw. weitergeben muss. Hier haben Sie als Führungskraft die Aufgabe, diese Prozesse allein oder nach Möglichkeit gemeinsam mit Ihrem Team festzulegen. Wenn Sie die Festlegung allein vornehmen, müssen Sie die Prozesse in jedem Fall allen Teammitgliedern transparent machen. So schaffen Sie Klarheit, Orientierung und damit Motivation.

Kienbaum Expertentipp: Planen Sie Abläufe und Prozesse

- Vergegenwärtigen Sie sich genau, welche Schritte auf dem Weg zum Ziel zu bewältigen sind und welche Aufgaben diese im Einzelnen beinhalten. Halten Sie die Teilschritte schriftlich fest.
- Überlegen Sie, wie viel Zeit für die einzelnen Aufgaben benötigt wird und planen Sie die finanziellen und personellen Ressourcen.
- Beschreiben Sie so genau wie möglich, wer was bis wann zu erledigen hat, z. B. im Rahmen einer Meilensteinplanung.
- Wenn Sie diese Planung allein vornehmen, machen Sie sie anschließend Ihrem Team vollständig transparent. Häufig benennen dann die

Teammitglieder weitere wichtige Punkte, die Ihnen entgangen sind. Nehmen Sie diese Punkte mit in die Planung auf.

- Verabschieden Sie mit dem Team z. B. im Rahmen eines Meetings gemeinsam getragene Prozesse.

3. Zielführende Normen und Verhaltensregeln

Normen und Verhaltensregeln gibt es in jedem Team. Sie sind das wichtigste Mittel, um eine eigene Identität zu entwickeln – auch zur Abgrenzung von anderen Teams. Häufig entstehen sie eher wildwüchsig und ungesteuert im Verlauf der Zusammenarbeit und sind weder Ihnen als Führungskraft noch Ihren Teammitgliedern bewusst. Nichtsdestotrotz sind sie ausgesprochen kraftvoll und handlungsleitend. Sie regeln den Umgang untereinander und das Auftreten gegenüber Anderen – Kunden, anderen Teams und Abteilungen etc. Diese Normen und Regeln können sich auf grundsätzliche Dinge beziehen, wie z. B. ein gemeinsamer Blick auf „den typischen Kunden" und die „übliche Wochenarbeitszeit", oder aber konkrete Verhaltensweisen betreffen, z. B. die Frage, ob man sich duzt oder ob man private Kontakte pflegt. Der Unterschied zwischen erfolgreichen und weniger erfolgreichen Teams ist, dass die Normen in erfolgreichen Teams normalerweise lösungsorientiert und konstruktiv sind. In weniger erfolgreichen Teams bilden sich hingegen implizite Regeln heraus, die den Erfolg des Gesamtteams eher behindern, z. B. das Nichteinhalten bestimmter Sicherheitsvorschriften oder das Zurückschrauben des Arbeitseinsatzes, sobald die Führungskraft den Raum verlässt.

Kienbaum Expertentipp: Etablieren Sie bewusst Normen und Verhaltensregeln

- Erarbeiten und verabschieden Sie möglichst frühzeitig gemeinsam mit Ihrem Team Regeln, mit denen sich alle identifizieren können und die damit als gemeinsame Handlungsleitlinien genutzt werden können.
- Machen Sie sich die Normen und Verhaltensregeln gemeinsam mit Ihrem Team bewusst. Das ist nicht immer einfach und setzt die Bereitschaft des Teams zur Auseinandersetzung mit impliziten Normen voraus. Es funktioniert aber durchaus, wenn entweder das Vertrauen oder der Leidensdruck innerhalb des Teams ausgeprägt genug sind.

- Prüfen Sie, welche der gewachsenen Normen und Regeln dem Team zuträglich sind und beibehalten werden sollten, und welche das Team in seiner Arbeit und im Umgang miteinander eher behindern.
- Überlegen Sie gemeinsam, wie Sie mit den weniger hilfreichen Normen umgehen und diese mittelfristig durch konstruktivere ersetzen können.

4. Geeignete Teamstruktur und Teamgröße

Teamstruktur und Teamgröße sind eng miteinander verknüpft. Als optimale Teamgröße werden im Allgemeinen 3 bis 10 Teammitglieder betrachtet. Je größer ein Team ist, desto vielfältiger sind häufig die implizit ausgebildeten Strukturen. Zwischen einzelnen Teammitgliedern wird sich beispielsweise eine intensivere Zusammenarbeit etablieren als zwischen anderen. Das kann aufgabenorientierte, durch Ziele vorgegebene Gründe haben, aber auch auf Sympathien und Antipathien beruhen. Diese Bildung von Untergruppen hat wiederum Einfluss auf Status und Rolle einzelner Teammitglieder. Das ist ganz normal und kein Problem, solange nicht zwischen einzelnen „Subteams“ Konkurrenzen entstehen, die das Gesamtziel des Teams gefährden. Für Sie als Führungskraft ist es daher wichtig, diese Strukturen zu verstehen, da sie – ähnlich den oben beschriebenen Normen – einen großen Einfluss auf die Leistungsfähigkeit Ihrer Mannschaft haben. Im Kapitel 4.2 werden wir Ihnen mit dem „Soziogramm“ ein Instrument vorstellen, mit dem Sie informelle Strukturen innerhalb Ihres Teams analysieren können.

Kienbaum Expertentipp: Erkennen Sie die Strukturen Ihres Teams

- Machen Sie sich den großen Einfluss der informellen Strukturen auf die Leistungsfähigkeit Ihres Teams bewusst. Nutzen Sie dafür z. B. das Soziogramm als Reflexions- und Analyseinstrument.
- Begleiten Sie Ihr Team eng und versuchen Sie ein Gefühl dafür zu entwickeln, welche impliziten Strukturen sich innerhalb Ihres Teams herausgebildet haben.

5. Klare Rollen und komplementäre Fähigkeiten

Teamarbeit ist grundsätzlich nur dann sinnvoll, wenn das Ziel nicht von einer Person im Alleingang besser erreicht werden könnte. Daher ist es für ein Team günstig, wenn die einzelnen Mitglieder komplementäre, also sich gegenseitig ergänzende Fähigkeiten besitzen. Denn für das Erreichen des gemeinsamen Ziels sind unterschiedliche Kompetenzen und Fähigkeiten erforderlich, die idealerweise von verschiedenen Teammitgliedern eingebracht werden. Damit entstehen Synergien, bei denen durch die Zusammenarbeit quantitativ und qualitativ Höherwertiges erreicht werden kann. Beispielsweise kann ein Teammitglied besonders gut organisieren und steuern, während ein anderes durch sein Gespür für zwischenmenschliche Vorgänge den Zusammenhalt stärkt. Das dritte Teammitglied leistet wiederum inhaltlich sehr gute Beiträge. Entsprechend der unterschiedlichen Fähigkeiten bilden sich daher in Teams verschiedene Rollen heraus. In erfolgreichen Teams sind diese Rollen klar definiert und transparent, jeder kennt seine Rolle und die damit verbundenen Aufgaben, Verantwortlichkeiten und Befugnisse. Im Kapitel 4.2 stellen wir Ihnen mit Meredith Belbins „Teamrollen" ein Modell vor, mit dem Sie die unterschiedlichen Rollen in Ihrem Team näher beleuchten können.

Kienbaum Expertentipp: Nutzen und stärken Sie komplementäre Fähigkeiten

- Versuchen Sie in Ihrem Team Menschen mit unterschiedlichen Fähigkeiten und Fertigkeiten zusammenzubringen, wenn Sie hier eine Gestaltungsmöglichkeit haben.
- Schaffen Sie frühzeitig Klarheit: Benennen Sie die unterschiedlichen Rollen innerhalb Ihres Teams, belegen Sie jede Rolle mit individuellen Aufgaben, eindeutigen Verantwortlichkeiten und den entsprechenden Befugnissen.
- Bringen Sie der Unterschiedlichkeit Ihrer Teammitglieder Wertschätzung entgegen. Verdeutlichen Sie dies auch Ihrem Team und vermitteln Sie bei entstehenden Reibungen zwischen einzelnen Mitgliedern.
- Qualifizieren Sie Ihre Teammitglieder in unterschiedlichen Bereichen weiter, um die Komplementarität Ihres Teams zu erhöhen.

6. Konstruktive Kommunikation und Kooperation

Wie gesagt: Erfolgreiche Kommunikation und enge Kooperation können Sie schwerlich anordnen. Nichtsdestotrotz haben Sie die Möglichkeit, dafür günstige Bedingungen zu schaffen. Wenn Sie die

oben beschriebenen fünf Voraussetzungen guter Teamarbeit im Griff haben, dann ist die Wahrscheinlichkeit, dass eine enge Kooperation gepflegt wird, bereits recht hoch.
Weiter fördern können Sie dies, indem Sie Ihrem Team Strukturen anbieten, die die regelmäßige Kommunikation fördern. Das kann zum Beispiel räumliche Nähe am Arbeitsplatz bedeuten oder auch eine klar definierte Regelkommunikation wie regelmäßige Teammeetings (im Falle von räumlicher Distanz ersetzt durch regelmäßige Telefonate). Sie können aber auch eine freiwillige Plattform einrichten, die Ihren Mitarbeitern den Austausch außerhalb des normalen Arbeitsrahmens ermöglicht, beispielsweise in Form von gemeinsamen Mittagessen.

Kienbaum Expertentipp: Fördern Sie Kommunikation und Kooperation

- Definieren Sie eine funktionierende Regelkommunikation in Ihrem Team und geben Sie damit Ihren Teammitgliedern die Möglichkeit zu regelmäßigem Austausch und Kontakt.
- Überlegen Sie mit Ihrem Team gemeinsam, wie weitere geeignete Formate und Plattformen für den Austausch geschaffen werden können.

7. Starker Teamgeist und Zusammengehörigkeitsgefühl

Hier geht es um Qualitäten, die Sie ausschließlich als Resultat der vorab beschriebenen Merkmale erreichen können. Ein starkes Zusammengehörigkeitsgefühl innerhalb eines Teams ist immer gepaart mit einer starken emotionalen Bindung. Als Führungskraft erkennen Sie den „Geist" Ihres Teams insbesondere an der hohen Bereitschaft der einzelnen Teammitglieder, sich gegenseitig zu unterstützen und an der gegenseitigen Verantwortungsübernahme für die Ziele und Arbeitsergebnisse des Gesamtteams – auch, wenn Fehler gemacht wurden. Teamgeist belohnt gute Teamführungsarbeit, indem er eine hohe Leistungsorientierung befördert.

Kienbaum Expertentipp: Stärken Sie den Teamgeist

Teamgeist entsteht in erster Linie aus der effektiven Übersetzung der oben beschriebenen Erfolgsmerkmale. Sie können ihn also zum Beispiel durch die Ermöglichung gemeinsamer Erlebnisse stärken. Die Etablierung gemeinsamer Events bietet hierfür eine geeignete Methode. Denken Sie jedoch daran, dass derartige Events immer nur zusätzliche „Bonbons" sind, fehlende Führung im Team aber nie ersetzen können.

8. Ausgeprägte Leistungsorientierung

Auch dieses Ziel – so wichtig es ist – können Sie nur erreichen, wenn die anderen Bedingungen für gute Teamarbeit erfüllt sind. Wenn Rahmenbedingungen und Ziele klar definiert und lösungsorientierte Normen etabliert sind, wenn sich die Mitglieder Ihres Teams in ihren Fähigkeiten gut ergänzen und sie eine regelmäßige Kommunikation pflegen können, dann kann dies Ihr Team regelrecht beflügeln und zu einer kollektiven starken Leistungsorientierung führen. Kurz: Wenn Sie feststellen, dass Ihr Team insgesamt leistungsorientiert ist, dann ist die Wahrscheinlichkeit recht hoch, dass Sie und Ihre Mannschaft bereits vieles richtig gemacht haben. Nun gilt es für Sie als Führungskraft, Ihr Team darin zu bestärken und Sorge zu tragen, dass die günstigen Rahmenbedingungen aufrechterhalten werden – oder sie sogar noch weiter zu verbessern.

Kienbaum Expertentipp: Bestärken und fördern Sie ausgeprägte Leistungsorientierung

- Bestärken Sie Ihr Team, wenn Sie eine ausgeprägte Leitungsorientierung feststellen, lassen Sie Ihre Mitarbeiter wissen, dass Ihnen dies nicht entgeht. Konkretes, ernstgemeintes Lob ist eine einfache und wirkungsvolle – dazu noch kostenlose – Möglichkeit, Anerkennung auszudrücken.
- Sorgen Sie dafür, dass die Rahmenbedingungen aufrechterhalten bleiben oder sogar noch verbessert werden.

Ergebnis: Das erfolgreiche Team

Ein sehr erfolgreiches Team ist durch eine klare Zielorientierung und ein überdurchschnittlich ausgeprägtes Zusammengehörigkeitsgefühl miteinander verbunden. Dies äußert sich durch ein stärkeres Leistungsstreben als eine Gruppe im herkömmlichen Sinne es zeigt, durch ein geteiltes Verantwortungsgefühl für die gemeinsamen Gruppenziele und durch eine höhere Motivation und innovative Agilität.

Definition der Autoren

Damit Ihr Team alle Merkmale guter Teamarbeit zeigen kann, muss es Gelegenheit haben, sich dorthin zu entwickeln. Im nächsten Abschnitt beschreiben wir Ihnen verschiedene Phasen der Teamentwicklung. Höchstleistungen sind häufig erst in der vierten Phase vorzufinden. Diese zu erreichen – Sie ahnen es bereits – erfordert Teamführungsarbeit.

Phasen der Teamentwicklung

Ein neu gebildetes Team ist nicht vom ersten Tag an voll einsatzbereit und leistungsfähig. Es besteht zunächst einmal aus einer Ansammlung von Individuen, die Zeit brauchen, um eine solide Arbeitsbasis miteinander zu entwickeln. Dafür ist zum einen eine vernünftige Beziehungsebene nötig, zum anderen klare Arbeits- und Entscheidungsstrukturen. Die im Team ablaufenden zwischenmenschlichen Prozesse zu erkennen und im Team offen zum Thema zu machen, ist für Sie als Führungskraft nicht immer ganz einfach. Vielleicht kennen Sie die Situation: Sie beobachten bestimmte Vorgänge, Sie wissen, dass etwas falsch läuft, aber Ihnen fehlen die Worte, um das Problem zu erklären und damit bearbeitbar zu machen.
Bruce Tuckman hat 1965 ein hilfreiches Modell entwickelt, das in der Praxis gerne „Teamuhr" genannt wird (vgl. B. Tuckman, 1965). Sie können es einsetzen, um die in Ihrem Team ablaufenden Prozesse besser zu verstehen und gemeinsam zu bearbeiten. Nach diesem Modell durchlaufen Teams verschiedene Entwicklungsstufen, die in fünf Phasen unterteilt sind. Diese Stufen durchläuft grundsätzlich jedes Team, unabhängig von seiner genauen Zusammensetzung und Größe und den konkreten Aufgaben.
Wir stellen Ihnen die einzelnen Phasen zunächst vor und geben Ihnen anschließend konkrete Hinweise zu hilfreichem Führungsverhalten in den einzelnen Phasen.

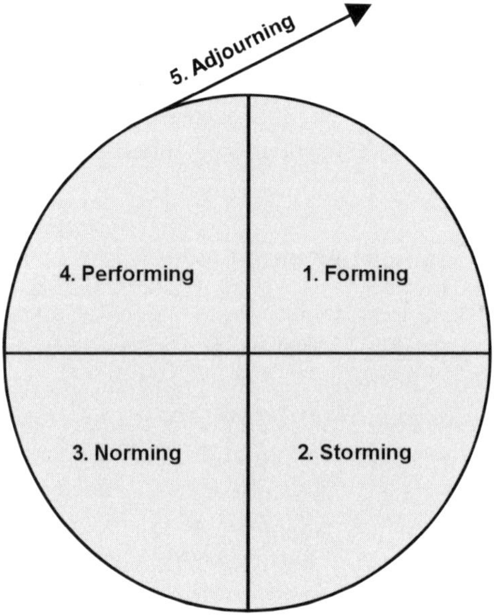

Die Phasen der Teamentwicklung nach Tuckman (1965)

Phase 1: Forming

In der Formingphase kennen sich die Teammitglieder noch nicht und begegnen sich in der Regel entsprechend vorsichtig, vielleicht sogar leicht angespannt. Man ist höflich, bleibt aber unverbindlich. Man tastet sich ab, hält sich mit eigenen Urteilen anfangs zurück und versucht, sich zunächst einen Eindruck von den anderen Teammitgliedern zu verschaffen: Wer ist mir sympathisch, wer nicht? Wer interessiert mich? Mit wem möchte ich gerne mehr zu tun haben? Wie sehe ich mich mit meinen Fähigkeiten und Kompetenzen im Vergleich zu den Anderen? Wer hat ähnliche Kompetenzen? Wer könnte eine mögliche Bedrohung darstellen? Von einer tragfähigen Beziehungsebene kann in dieser Phase natürlich noch nicht die Rede sein. Auch eine klare Vorstellung von den Zielen, Aufgaben und Regeln fehlt noch.

Phase 2: Storming

In der Stormingphase entsteht nicht selten ein möglicherweise in freundliche Worte gekleideter, aber dennoch rigoroser Machtkampf der Teammitglieder um Status, Einfluss und damit um die eigene Position innerhalb des Teams. Es entstehen unterschwellige oder sogar offene Konflikte, Kleingruppen spalten sich ab, die Energien des Teams fließen eher in die sozialen Prozesse als in die Erledigung der anstehenden Aufgaben. Dies ist die herausforderndste Phase für das Team und damit auch für Sie als Führungskraft. Die Dauer und Intensität der Stormingphase ist in jedem Team unterschiedlich. Je sensibler Sie als Führungskraft für auftretende Dynamiken und Konflikte sind und je konsequenter Sie darauf reagieren, desto schneller und reibungsloser wird Ihr Team diese Phase durchlaufen.

Phase 3: Norming

Wenn sich die teils heftige Dynamik der Stormingphase langsam beruhigt, tritt das Team in die Normingphase ein. Dies ist ein Zeichen dafür, dass Sie als Führungskraft das Team in der Zeit davor gut begleitet haben. Das Machtgerangel beruhigt sich, die Teammitglieder haben ihre Positionen und Rollen innerhalb des Teams gefunden. Kommunikationsmuster werden zunehmend konstruktiver, die Umgangsformen gewinnen an Klarheit und Wertschätzung. Ein erstes „Wir-Gefühl" entsteht im Team. Nun besteht auch mehr Raum für die eigentliche Arbeit, beispielsweise für die Optimierung von Prozessen und eine sachliche Diskussion von Verbesserungsmöglichkeiten.

Phase 4: Performing

Wenn Ihr Team in die Performingphase eintritt, haben Sie als Führungskraft Ihr Ziel (zunächst) erreicht: Sie erkennen es daran, dass das Team die eingangs beschriebenen Merkmale sehr erfolgreicher Teams zeigt. Nun existiert ein starkes Zusammengehörigkeitsgefühl, gepaart mit einer ausgeprägten Leistungsorientierung. Normalerweise entwickeln Teams nun ein hohes Maß an Kooperationsbereitschaft, Kreativität und Flexibilität. Die Teammitglieder unterstützen sich gegenseitig, sind solidarisch und hilfsbereit.

Das Team wird also die Performingphase nicht etwa „automatisch“ erreichen, sondern nur durch wohldurchdachte, konstruktive Arbeit an der Teamstruktur. Viele Teams erreichen diese Phase nur für kurze Zeit oder sogar nie. Durch eine gute Teamführung bereiten Sie jedoch den Boden, damit Ihr Team die Performingphase erreicht und auch dauerhaft aufrechterhalten kann.

Phase 5: Adjourning

„Adjourning“ bedeutet „trennen“ oder „vertagen“. Die Adjourningphase spielt nicht für alle Teams eine Rolle: Sie beschreibt das Auseinandergehen eines Teams, nachdem die gemeinsame Aufgabe abgeschlossen ist. Das kann zum Beispiel zum Ende eines Projekts oder im Rahmen eines Veränderungsprozesses geschehen. Dieser „Abschied“ kann bei manchen Teammitgliedern regelrechte Trauergefühle auslösen, insbesondere in Teams, die intensiv und erfolgreich zusammengearbeitet haben. Dieses Problem kann auch schon nach relativ kurzer Zeit, beispielsweise nach einigen Wochen, auftreten. Verstärkt wird es dadurch, dass häufig die Zukunft noch wenig bekannt und damit unsicher ist.

Phasen der Teamentwicklung und typische Reaktionen

	Fragen, die sich das einzelne Teammitglied stellt	Beobachtbares Verhalten zwischen den Teammitgliedern	Häufig auftretende Gefühle einzelner Teammitglieder
Forming	Wie sind die anderen Teammitglieder? Werde ich akzeptiert werden?	Höflichkeit, vorsichtiges Abtasten, unverbindliche Gespräche	Unsicherheit, Gespanntheit, Aufregung
Storming	Werde ich einen attraktiven Platz im Team einnehmen können? Werden die Anderen mich respektieren?	Machtkampf (offen oder verdeckt), Cliquenbildung, „Gerüchteküche anheizen“, „Flurfunk“	Gefühl der Ausweglosigkeit, Aggression, Macht
Norming	Wie können wir effektiver und effizienter arbeiten? Wie kann ich mein Team dabei unterstützen?	Offener Austausch, Entwicklung zielführender Verhaltensweisen, kritische Prüfung von Prozessen	Sicherheit, Routine, Gelassenheit

Performing	Offener Austausch, Entwicklung zielführender Verhaltensweisen, kritische Prüfung von Prozessen	Solidarität, Ideenreichtum, Flexibilität, Offenheit für Neues, Leistungsstreben, hohe Zielorientierung, gegenseitige Unterstützung	Tiefes Vertrauen, 100 %iges Zugehörigkeitsgefühl
Adjourning	Wie geht es jetzt weiter? Was erwartet mich? Was muss ich aufgeben? Werde ich den Kontakt zu meinen ehemaligen Teammitgliedern aufrechterhalten können?	Verdeckte oder offene Trauer, Resignation, Verleugnen der neuen Situation, Beibehalten alter Verhaltensmuster	Trauer, Verlust, Ungewissheit, Neugier

Wenn die Teamuhr rückwärts geht ...

Als ob nicht alles schon kompliziert genug wäre: Die Entwicklung des Teams ist leider keine Einbahnstraße. Veränderungen der Rahmenbedingungen können ein Team leicht aus der Performingphase heraus bis zurück in die Stormingphase katapultieren. Zum Beispiel kann der Eintritt neuer Teammitglieder das etablierte Rollen- und Statusgeflecht durcheinanderwerfen und ganz neu definieren, ebenso wie das Auftreten einer neuen Führungskraft. Auch neuartige Aufgabenstellungen können ein Team in seiner Entwicklung zurückwerfen.

Wie Sie die einzelnen Phasen richtig begleiten

All dies muss Sie als Führungskraft aber nicht aus der Bahn werfen. Schließlich sind die beschriebenen Dynamiken ganz normal für Teams. Wenn Sie sie zunächst einmal wertfrei wahrnehmen, dann sind Sie bereits auf dem richtigen Weg, um als Führungskraft angemessen zu reagieren. Sie können die einzelnen Phasen durchaus konstruktiv begleiten. Zwar werden Sie damit nicht verhindern, dass Ihr Team diese Phasen durchläuft oder sich sogar einmal rückwärts durch die Teamuhr bewegt. Sie können aber dafür sorgen, dass der Weg in die Performingphase immer wieder aufs Neue gelingt und sogar recht reibungslos und fruchtbar für Ihr Team verläuft. Mit etwas Sensibilität für die gruppendynamischen Prozesse in Ihrem

Team werden Sie als Führungskraft kritische Dynamiken, die sich grundsätzlich in allen Phasen entfalten können, frühzeitig erkennen und ihnen professionell begegnen. Wenn Ihnen das gelingt, federn Sie die Dynamik ab und lenken Ihre Mannschaft durch die richtigen Führungsinterventionen immer wieder in eine produktive Richtung.

Kienbaum Expertentipp: Ihre Rolle und Ihr Verhalten in den einzelnen Phasen der Teamentwicklung

Phase 1: Forming

Ihre Rolle: Unterstützer

Ihr Verhalten:

- Ermöglichen Sie Ihrem Team, sich in einem ungezwungenen Rahmen kennenzulernen – geben Sie ihm die Gelegenheit, sich zu „beschnuppern".
- Unterstützen Sie einen wertschätzenden Meinungs- und Erfahrungsaustausch.
- Fragen Sie frühzeitig die Erwartungen der einzelnen Teammitglieder an die Zusammenarbeit und an Sie als Führungskraft ab.
- Kommunizieren Sie ebenso Ihre Erwartungen an das Team. Verdeutlichen Sie die Ziele und Aufgaben des Teams.
- Geben Sie für den Einstieg Richtung und Strukturen vor und legen Sie Prioritäten und Vorgehensweisen fest. (Beides können Sie später gemeinsam mit dem Team adjustieren und verfeinern.)

Phase 2: Storming

Ihre Rolle: Schlichter

Ihr Verhalten:

- Seien Sie wachsam und beobachten Sie die Dynamiken in Ihrem Team.
- Ermutigen Sie die einzelnen Teammitglieder zum offenen Austausch bei Reibereien im Team, bieten Sie sich frühzeitig als neutraler Gesprächspartner an.
- Sprechen Sie erkannte oder vermutete Konflikte frühzeitig offen an und bieten Sie Ihre Unterstützung bei der Lösung an.
- Lenken Sie die Aufmerksamkeit und Energie Ihres Teams immer wieder aufs Neue auf die gemeinsamen Ziele und Aufgaben. Damit schaffen Sie Ausrichtung und Orientierung.

Phase 3: Norming

Ihre Rolle: Moderator

Ihr Verhalten:

- Unterstützen und steuern Sie den Wunsch Ihrer Teammitglieder nach Normen- und Standardentwicklung.
- Kontrollieren Sie die Einhaltung der Spielregeln.
- Überprüfen Sie bestehende Aufgaben, Prozesse, Kompetenzen und Verantwortlichkeiten und unternehmen Sie die nötigen Schritte, um Klarheit zu schaffen.

Phase 4: Performing

Ihre Rolle: Graue Eminenz

Ihr Verhalten:

- Delegieren Sie konsequent auch herausfordernde Aufgaben und geben Sie Ihrem Team Freiraum auf dem Weg zur Zielerreichung.
- Unterstützen Sie Ihre Mitarbeiter bei der persönlichen Weiterentwicklung, z. B. durch die Übertragung von Verantwortung, neue Projekte, Coachings oder Seminare. Stimmen Sie sich eng mit dem jeweils betroffenen Mitarbeiter ab, um den richtigen Level der Herausforderung zu finden und den Einzelnen nicht zu überfordern.
- Gestalten Sie weiterhin günstige Rahmenbedingungen, indem Sie die Bedarfe und Interessen Ihres Teams im Unternehmen vertreten.
- Übernehmen Sie eine Steuerungsfunktion im Hintergrund. Halten Sie den Kontakt zu Ihrem Team und bleiben Sie aufmerksam: Die Performingphase ist kein Automatismus, sie muss stets weiter gefördert und begleitet werden.

4.2 Instrumente zur Entwicklung und Analyse

Wir haben festgestellt, dass die Teamentwicklung komplexen Einflusszusammenhängen unterliegt. Daher stellt auch das Führen von Teams Sie als Führungskraft vor besondere Herausforderungen. Damit Sie diese Aufgabe erfolgreich meistern, stellen wir Ihnen hier einige konkrete Entwicklungs- und Analyseinstrumente und -modelle vor, die Sie dabei unterstützen werden, diese komplexen Zusammenhänge besser zu verstehen, zu strukturieren und somit die Zusammenarbeit und den Erfolg Ihres Teams zu stärken.

Lösungsorientierte Zielentwicklung und -umsetzung

„Keiner ist für das Problem, jeder aber für die Lösung verantwortlich."
(Ben Furman, finnischer Therapeut und Organisationsberater)

Wir haben bereits betont, wie wichtig klare und vom Team gemeinsam getragene Ziele für die einheitliche Ausrichtung und die Leistungsfähigkeit und -bereitschaft Ihres Teams sind. In der Praxis erleben wir allerdings in vielen Teams eine stark problemorientierte und rückwärtsgewandte Sicht. Diese Teams setzen sich mehr mit all dem auseinander, was nicht funktioniert und stellen sich die Frage, warum etwas nicht funktionieren kann, anstatt sich auf das gemeinsame Ziel zu besinnen und Maßnahmen zu ergreifen, die das Team dem Ziel näher bringen. Das Ergebnis sind regelmäßige destruktive Diskussionsprozesse, die bestenfalls keine Veränderung bewirken, schlimmstenfalls aber frustrierte Teammitglieder und neue Probleme produzieren und so das gesamte Team zurückwerfen. Das Team kann seine eigentlichen Aufgaben nicht mehr verfolgen, die Zielerreichung rückt in weite Ferne, die Arbeit und das Klima im Team werden von den Teammitgliedern als psychische Belastung empfunden. Die Gesamtleistungsfähigkeit nimmt ab.
Eine hilfreiche Methode, um diesen problemorientierten Modus zu verlassen und das Team in eine Lösungsorientierung zu führen, wurde von den beiden finnischen Therapeuten und Organisationsberatern Ben Furman und Tapani Ahola (2007) entwickelt, die diese Methode seit vielen Jahren mit großem Erfolg in Organisationen anwenden.
Die Grundidee des Verfahrens ist denkbar einfach: Hinter jedem geäußerten Problem steckt ein mögliches Ziel, das es gemeinsam zu identifizieren und dann umzusetzen gilt. So beinhaltet das Klagen über zu lange Arbeitszeiten vermutlich das Ziel, pünktlich Feierabend zu machen und Zeit mit der Familie verbringen zu können. Hinter der Beschwerde über den sprachlich ruppigen, kurz angebundenen Kollegen steckt sicherlich der Wunsch, im Team einen wertschätzenden, unterstützenden Umgang miteinander zu pflegen, und im Unverständnis gegenüber mancher Ihrer Führungsentscheidungen versteckt sich das Ziel einer zeitnahen, informativen Regel-

kommunikation. Haben Sie diese Idee erst einmal verinnerlicht, dann eröffnet sich Ihnen eine Fülle von Möglichkeiten, gemeinsame, motivierende Ziele zu definieren.

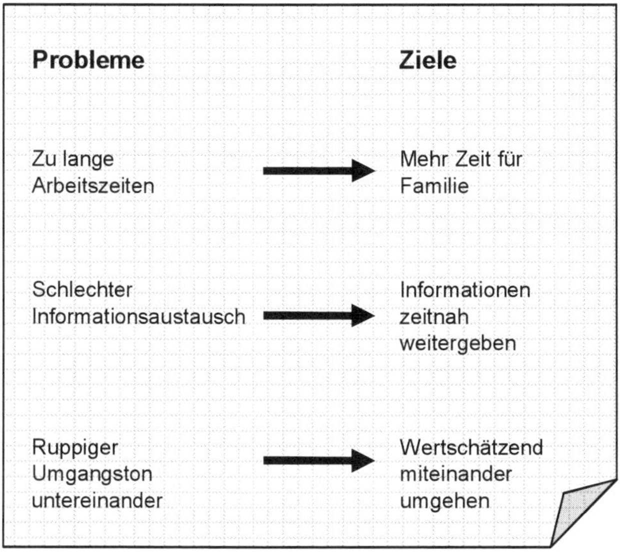

Hinter Problemen verborgene Ziele

Wie gelangen Sie nun aber zu dieser Zielorientierung? Gehen Sie schrittweise vor. Wie Sie Ihr Team dazu anleiten, Lösungen anstatt Problemen zu verfolgen, stellen wir Ihnen nun im Einzelnen vor. Der folgende 12-Punkte-Plan ist an die „Reteaming-Methode“ nach Furman (Geisbauer, 2006) angelehnt.

Der 12-Punkte-Plan zur lösungsorientierten Zielentwicklung und -umsetzung

Schritt 1: Aktuelle Themen sammeln	Sammeln Sie gemeinsam mit Ihrem Team die Themen/Probleme, bei denen derzeit Unklarheiten bestehen, die im Team einen Leidensdruck schaffen oder für Unruhe sorgen. Fixieren Sie diese auf einem Flipchart.
Schritt 2: Korrespondierende Ziele festlegen	Auf einem zweiten Flipchart sammeln Sie nun die „korrespondierenden Ziele", also die jeweilige Zielsetzung, die sich hinter den einzelnen Themen/Problemen verbirgt. Wenn Sie Gefallen an starker Symbolik finden, dann schmeißen Sie das erste Flipchart, das die Probleme enthält, vor den Augen Ihres Teams in den Papierkorb: Von nun an soll es nur noch um die Ziele gehen.
Schritt 3: Fokus wählen	Wählen Sie gemeinsam mit Ihrem Team zwei bis maximal drei der formulierten Ziele aus, die bei Zielerreichung den positivsten Effekt auch auf die anderen Ziele haben. Konzentrieren Sie sich bei den weiteren Schritten ausschließlich auf diese Ziele.
Schritt 4: Kriterien festlegen	Definieren Sie für jedes der ausgewählten Ziele klare Kriterien sowie einen Messzeitpunkt, sodass überprüfbar wird, ob und wann Sie als Team dieses Ziel erreicht haben.
Schritt 5: Sinn der Zielerreichung ermitteln	Sammeln Sie nun mit Ihrem Team Gründe für die Verfolgung jedes Ziels: Welchen Nutzen haben Sie als Team zu erwarten, wenn Sie gemeinsam Energie aufwenden, um auf dieses Ziel hinzuarbeiten und es schließlich zu erreichen?
Schritt 6: Ressourcen auf dem Weg zum Ziel finden	Sammeln Sie gemeinsam für jedes Ziel konkrete mögliche Ressourcen, die Sie bei der Zielerreichung unterstützen können. Diese Ressourcen können innerhalb des Teams liegen, z. B. spezielles Wissen oder Erfahrungen einzelner Teammitglieder (seien Sie hier ruhig hartnäckig und motivieren Sie Ihr Team, sich gegenseitig genau auf mögliche Ressourcen hin zu überprüfen!) Es können aber auch externe Ressourcen sein, wie z. B. Erfolgsmodelle aus anderen Abteilungen oder Firmen, Wissen und Ideen von Kollegen, Bücher, Artikel, externe Berater etc.
Schritt 7: Erfolgschancen abwägen	Prüfen Sie mit Ihrem Team auch selbstkritisch, was der Erreichung der Ziele im Wege steht, aber insbesondere, was *dafür* spricht, dass Sie diese Ziele gemeinsam erreichen werden. An dieser Stelle müssen Sie unbedingt darauf achten, dass das Team nicht (wieder) in eine Problemorientierung zurückfällt. Der Fokus sollte also weiterhin auf den Chancen und Ressourcen liegen, die Ihr Team bei der Erreichung der selbst gewählten Ziele unterstützen. Der „Zeiger" sollte am Ende also auf der positiven Seite ausschlagen. Wenn Sie bei der Prüfung feststellen, dass dies absolut nicht möglich erscheint, stellen Sie das gewählte Ziel infrage und wählen Sie gegebenenfalls ein neues aus.

Schritt 8: Aktuellen Stand klären	Visualisieren Sie mit Klebepunkten auf einer einfachen Skala gemeinsam, wo Sie im Hinblick auf Ihr Ziel aktuell stehen: 1 = Wir sind meilenweit entfernt von unserem Ziel, 10 = Wir haben unser Ziel vollständig erreicht.
Schritt 9: Beitrag der einzelnen Teammitglieder festlegen	Erarbeiten Sie gemeinsam, welchen Beitrag jeder Einzelne im Team leisten wird, um dem Ziel ein Stück näher zu kommen. Die Moderationsfrage dazu könnte etwa lauten: „Wie verhält sich jeder einzelne von uns, wenn wir unserem Ziel auf der Skala einen Punkt näher gerückt sind? Wie, wenn wir 2 Punkte dichter dran sind?" Etc.
Schritt 10: Konkrete Schritte planen	Entwerfen Sie einen konkreten Plan, wie Sie als Team Ihre Ziele erreichen werden. Dabei gilt die Regel: Lieber viele kleine Schritte vereinbaren als wenige große, diese dann aber konsequent verfolgen.
Schritt 11: Positive Entwicklungen erkennen	Der elfte Schritt folgt, wenn Sie und Ihr Team bereits mit der Verfolgung der definierten Ziele begonnen haben. Bitten Sie Ihr Team, kleine Erfolge und Verbesserungen genau zu beobachten. Tun Sie als Führungskraft dasselbe. Schaffen Sie eine Plattform, auf der die Fortschritte regelmäßig kommuniziert und geteilt werden können.
Schritt 12: Zielerreichung feiern	Versäumen Sie nicht, die Erreichung Ihres gesetzten Ziels gemeinsam mit Ihrem Team wertzuschätzen und zu feiern. Dieser Punkt trägt entscheidend zur Motivation Ihres Teams bei, wird leider aber in unserem Kulturkreis nicht ernst genommen und gerne vergessen – entsprechend dem Sprichwort: „Nicht geschimpft ist des Lobes genug!"

Analyse informeller Teamstrukturen: Das Soziogramm

Im Kapitel 4.1 haben wir festgestellt, dass eine gute Teamstruktur ein wesentliches Merkmal erfolgreicher Teams darstellt. Mit dem Soziogramm geben wir Ihnen nun ein Instrument an die Hand, mit dem Sie einen strukturierten Blick auf die informellen Beziehungsstrukturen Ihres Teams entwickeln können.

Die Vorgehensweise ist ganz einfach: Sie benötigen lediglich ein (großes) Blatt Papier und einen Stift, einen Moment Ruhe und einige Symbole, mit denen Sie unterschiedliche Merkmale wie Beziehungsintensitäten und -qualitäten, Kontakthäufigkeiten und vieles andere mehr innerhalb Ihres Teams zeichnerisch darstellen können. Vergessen Sie dabei nicht, sich selbst als Führungskraft des Teams ebenfalls mit in die Darstellung aufzunehmen.

Bestimmte Symbole haben sich in der Vergangenheit als besonders hilfreich für die Entwicklung eines Soziogramms erwiesen:

- Großer Kreis: Das Mitglied hat großen Einfluss im Team
- Kleiner Kreis: Das Mitglied hat geringen Einfluss im Team
- Dicke Linie: Intensiver, regelmäßiger Kontakt zwischen Mitgliedern
- Dünne Linie: Sporadischer Kontakt zwischen Mitgliedern
- Gestrichelte Linie: Beziehung zwischen Mitgliedern ist schwer zu definieren
- Punkte: Keine Beziehung zwischen Mitgliedern
- Einfaches Pluszeichen: Stabile Arbeitsbeziehung
- Mehrere Pluszeichen: Ausgesprochen gute Arbeitsbeziehung/ Freundschaft
- Herz: Liebesbeziehung/Paar
- Roter Blitz: Offener Konflikt zwischen Mitgliedern
- Schwarzer Blitz: Verdeckter/vermuteter Konflikt zwischen Mitgliedern

Die Dauer der Zugehörigkeit der einzelnen Mitglieder zum Team können Sie mithilfe einer Nummerierung darstellen. Das kann Ihnen dabei helfen, gewachsene Strukturen und „alte Kerne“ auszumachen. Die „1“ bekommt dabei die Person mit der längsten Zugehörigkeit.

Diese Symbole sollen für Sie nur eine Hilfestellung sein, grundsätzlich sind Ihnen bei der Wahl der Zeichen keine Grenzen gesetzt. Nutzen Sie also, was immer Ihnen hilfreich erscheint, um spezifische Sachverhalte darzustellen.

Die folgende Abbildung zeigt ein beispielhaftes Soziogramm mit der Ist-Darstellung eines Teams aus dem Coaching einer Führungskraft:

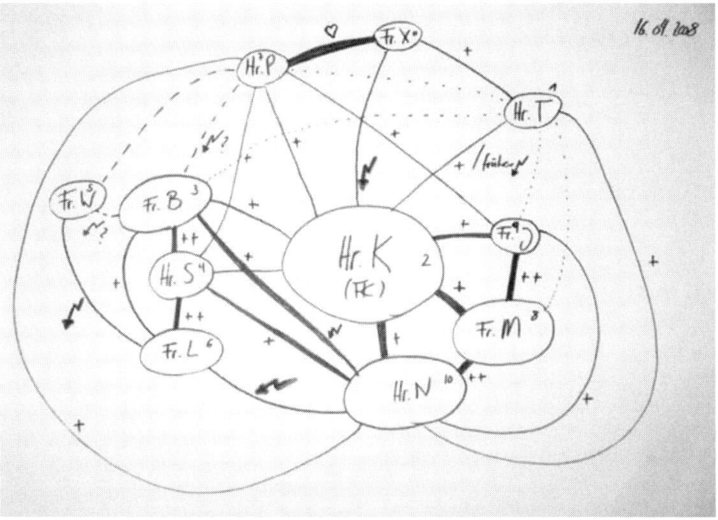

Beispielhaftes Soziogramm

Um Ihnen die Erstellung eines Soziogramms für die Strukturen in Ihrem Team zu erleichtern, haben wir den Vorgang für Sie in sieben Einzelschritten dargestellt. Versuchen Sie es: Sie werden feststellen, dass Sie möglicherweise ganz neue Einsichten in die Beziehungen zwischen Ihren Mitarbeitern gewinnen.

Ist- und Soll-Darstellung der informellen Teamstrukturen mit dem Soziogramm	
Schritt 1: Den Anfang machen	Beginnen Sie mit der Darstellung des Ist-Zustands Ihres Teams, indem Sie ein Symbol für eine beliebige Person Ihres Teams auf dem Papier einzeichnen.
Schritt 2: Symbole nutzen	Tragen Sie nun eine weitere Person Ihres Teams ein, die mit der ersten in einer Beziehung steht. Verbinden Sie beide durch die entsprechenden Symbole (z. B. mit einer dicken Linie, wenn beide einen intensiven und häufigen Kontakt pflegen, zeichnen Sie vielleicht einen Blitz ein, wenn zwischen beiden ein Konflikt vorliegt oder aber ein Pluszeichen, wenn die Beziehung positiv ist etc.). Wenn Sie diese Beziehung Ihres Wissens nach vollständig gekennzeichnet haben, gehen Sie zum nächsten Teammitglied über, dass mit mindestens einer der beiden bereits eingezeichneten Personen in Verbindung steht.

Schritt 3: Erstellen des gesamten Soziogramms	Arbeiten Sie sich nun sukzessive durch alle Teammitglieder und überlegen Sie genau, was Sie über die Beziehungen zwischen den Einzelnen wissen. Vervollständigen Sie die Zeichnung weiter, bis Sie alle Ihnen bekannten Beziehungen eingezeichnet haben.
Schritt 4: Prüfung der Ist-Darstellung	Betrachten Sie nochmals Ihr Soziogramm und überlegen Sie genau, ob Sie tatsächlich alle Beziehungen eingezeichnet haben. Häufig fallen unseren Führungskräften in dieser zweiten Runde noch einige Strukturen auf, die ihnen beim ersten Durchgang nicht bewusst geworden sind: An welchen Stellen haben Sie noch keine Verbindungen eingezeichnet? Ist Ihnen dort wirklich nichts über Beziehungen bekannt?
Schritt 5: Identifikation von Handlungsfeldern	Wenn Sie mit der Ist-Darstellung der informellen Strukturen Ihres Teams fertig sind, überlegen Sie, welche dieser Strukturen aus Ihrer Sicht hilfreich für das Team als Ganzes sind. Freuen Sie sich über diese konstruktiven Strukturen! Prüfen Sie auch, welche Strukturen eher hinderlich sind. Wo gibt es z. B. offene und verdeckte Konflikte zwischen Teammitgliedern, an welchen Stellen möglicherweise gar Konfliktlinien, die zu Subteams führen und dem Erfolg des Teams im Wege stehen? Sind einzelne Teammitglieder komplett isoliert?
Schritt 6: Entwicklung der Soll-Darstellung	Überlegen Sie nun, welche Punkte in Ihrem Soziogramm Sie positiv beeinflussen müssen, um Ihrem Team die bestmögliche Leistung zu ermöglichen. Wie sollte das Soziogramm aussehen, um eine positive Struktur Ihres Teams widerzuspiegeln? Zeichnen Sie es auf, es ist Ihr Soll-Bild der Teamstrukturen!
Schritt 7: Maßnahmenplanung	Schreiben Sie konkrete Schritte auf, die Sie zur Lösung der Knackpunkte unternehmen wollen. Dies könnte z. B. ein Sechs-Augen-Gespräch mit zwei Konkurrenten sein oder aber ein Einzelgespräch mit einem Teammitglied, das nach Ihrer Einschätzung eher am Rande des Teams steht und wenig Verbindungen zu anderen Teammitgliedern hat.

Für den Fall, dass Ihnen die Erstellung des Soziogramms nicht auf Anhieb leicht von der Hand geht, haben wir noch einige Tipps für Sie.

Kienbaum Expertentipp: Erstellung des Soziogramms

- *Was, wenn mir nicht sofort etwas einfällt?*
  Wir haben mit dieser Methode schon sehr oft in Trainings und Coachings für Führungskräfte gearbeitet und erlebt, dass der erste Zugang nicht jedem leicht fällt. Es ist aber immer wieder erstaunlich, wie viel die Führungskräfte bereits im Verlauf der Arbeit über die informellen Beziehungsgeflechte in ihrem Team wissen – sie ha-

ben es sich lediglich nie vorher bewusst gemacht. Nehmen Sie sich also Zeit, überlegen Sie in Ruhe, lassen Sie die Beziehungen zwischen den einzelnen Teammitgliedern vor Ihrem inneren Auge Revue passieren und Sie werden feststellen, dass sich das weiße Stück Papier fast unmerklich füllt und immer neue Linien und Symbole hinzukommen.

- *Ich habe zwei, drei Personen, über deren Verhältnis zueinander ich etwas weiß, aber ansonsten komme ich wirklich nicht weiter!*
  Suchen Sie sich eine Person Ihres Vertrauens (einen Kollegen, Ihren Ehemann, einen Coach), die Ihnen Fragen zu den agierenden Personen stellt, auf fehlende Verbindungen zwischen Teammitgliedern in Ihrer Zeichnung hinweist und Sie so dazu herausfordert, auch Beziehungen zu durchdenken, die Ihnen vorher entgangen sind. Wenn Sie absolut nichts wissen über die Beziehungen innerhalb Ihres Teams – dann kann das ein Zeichen dafür sein, dass es notwendig ist, zukünftig etwas genauer hinsehen ...
- *Was mache ich, wenn ich mit dem Platz nicht hinkomme oder mit der Darstellung unzufrieden bin?*
  Das Soziogramm soll für Sie in erster Linie ein Werkzeug zur Reflexion sein und muss kein Kunstwerk werden. Wenn Sie bei der Darstellung an Grenzen geraten, beginnen Sie einfach noch einmal von vorn: Jeder Durchgang, den Sie erarbeiten, wird Ihnen neue Erkenntnisse bringen.
- *Wie kann ich meine eigenen Wahrnehmungen überprüfen?*
  Suchen Sie sich eine Person Ihres Vertrauens, die idealerweise Ihre Teammitglieder ebenfalls kennt (z. B. eine andere Führungskraft in Ihrem Unternehmen oder Ihren Vorgesetzten) und stellen Sie dieser Ihr Soziogramm vor. Bitten Sie sie darum, Ihnen Fragen zu stellen, wenn ihr etwas unklar ist oder wenn sie an einzelnen Stellen anderer Meinung ist. Durch diesen Prozess können Sie Ihre eigene Wahrnehmung überprüfen und kommen vielleicht nochmals auf neue Ideen und Zusammenhänge.

Die Rollenverteilung im Team: Belbins Teamrollen-Modell

Im Kapitel 4.1 haben Sie gelesen, dass die Komplementarität, also die Unterschiedlichkeit der Teammitglieder bezüglich ihrer Fähigkeiten, ein wichtiges Erfolgsmerkmal von Teams darstellt. An dieser Stelle stellen wir Ihnen ein etabliertes Instrument vor, mit dem Sie analysieren können, wie groß die „Vielfalt“ der Kompetenzen innerhalb Ihres Teams tatsächlich ist.

Meredith Belbin hat 1993 Untersuchungen mit mehreren hundert Teams durchgeführt und dabei herausgefunden, dass Teams dann besonders erfolgreich sind, wenn unterschiedliche Charaktere in ihnen vertreten sind. Belbin beschreibt neun verschiedene Rollen, die nach Möglichkeit alle in einem Team vertreten sein sollten, da jede dieser Rollen wichtige erfolgskritische Eigenschaften ins Team einbringt (vgl. M. Belbin, 1993). Dabei können in kleineren Teams einzelne Teammitglieder durchaus mehrere dieser Rollen ausfüllen. Nicht jedes Teammitglied ist aber in der Lage, jede Rolle ausfüllen, das hängt von den individuellen Fähigkeiten und auch von den Vorlieben der Einzelnen ab. Häufig kann man in Teams beobachten, dass einzelne Teammitglieder intuitiv ein bis zwei Rollen übernehmen, die gut zu ihren eigenen Vorlieben und Kompetenzen passen.

Für Sie als Führungskraft kann das Modell eine Hilfe bei der richtigen Aufgabenverteilung und für das Verständnis von Beziehungsdynamiken innerhalb Ihres Teams bieten. Eine große Vielfalt unter Ihren Teammitgliedern bringt natürlich auch immer ein gewisses Maß an Reibung mit sich. Ihre Aufgabe als Führungskraft ist es, Ihre Teammitglieder für die Notwendigkeit und den Wert dieser Unterschiedlichkeit zu sensibilisieren und die gegenseitige Wertschätzung zu fördern. Mit Belbins Modell können Sie die einzelnen Rollen auch für das Team transparent machen. Der Lohn der erfolgreichen Vermittlungsarbeit besteht in häufig sehr hochwertigen Arbeitsergebnissen.

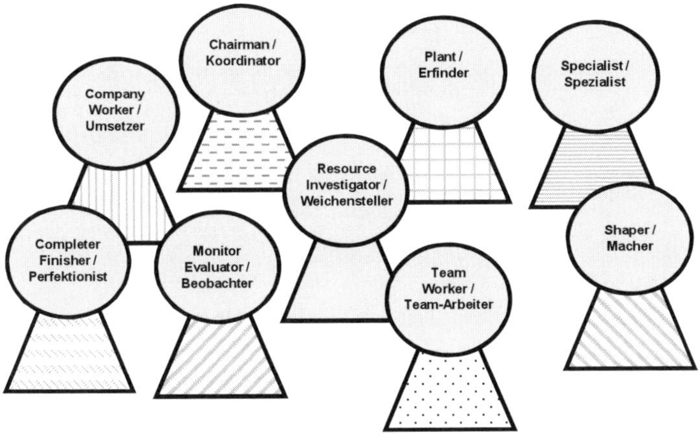

Teamrollen nach Belbin

Die neun Teamrollen im Überblick

	Stärken	Schwächen
Shaper/ Macher	Übernimmt gerne Verantwortung, sorgt für rasche Entscheidungsfindung, überwindet Hindernisse, fordert Teammitglieder, überwindet Trägheit	Bringt Unbehagen ins Team, ist häufig reizbar und ungeduldig, neigt zu Provokation und Irritation, löst Konflikte aus
Chairman/ Koordinator	Vorurteilsfrei, integrierend, entscheidungsstark, starke Delegations- und Koordinationsfähigkeiten, zielorientiert	Durchschnittlich kreativ und intelligent, Tendenz zu übermäßiger Delegation, wird teilweise als manipulativ wahrgenommen
Plant/ Erfinder	Hohe Kreativität und Intelligenz, ist unkonventionell, kann Ideen alleine entwickeln, ausgeprägte Problemlösungskompetenz	Wenig pragmatisch, verfolgt persönliche Interessen, ist wenig kritikfähig, keine Führungsperson, eher unkommunikativ
Resource Investigator/ Weichensteller	Sehr guter Netzwerker, kennt viele Menschen in der Organisation, bringt Leute zusammen, hohe soziale Kompetenz, ist interessiert an Neuem	Geringe Gewissenhaftigkeit, ist wenig fokussiert und detailorientiert, verliert schnell das Interesse an langfristigen Prozessen, wenig eigene Ideen

Monitor Evaluator/ Beobachter	Strategisch, analytisch, scharfsinnig, sachlich, gute Urteilsfähigkeit und praktische Veranlagung, prüft Realitätstauglichkeit von Ideen	Wirkt spröde, nicht motivierend/inspirierend für Andere, ist teilweise überkritisch
Teamworker/ Teamarbeiter	Freundlich, empfindsam, diplomatisch, humorvoll, guter Mediator und Zuhörer, integriert auch schwierige Charaktere, hält das Team zusammen, spürt, was das Team braucht	Treibt nicht voran, ist eher lage- als handlungsorientiert, stellt Beziehungsqualität über Aufgabenerledigung, ist konfliktscheu
Completer/ Perfektionist	Hohes Maß an Selbstdisziplin, ist gewissenhaft, beendet auch anstrengende/langwierige Prozesse, beachtet wichtige Details, findet Fehler	Delegiert nicht gern, ist häufig besorgt, teilweise überkritisch, will immer 100 %, ist unflexibel, wenig Blick für das große Bild
Company Worker/ Umsetzer	Solider und zuverlässiger Umsetzer, packt zu, ist effizient, diszipliniert, schwer aus der Ruhe zu bringen, verantwortungsbewusst	Wenig Kreativität/Flexibilität, verharrt tendenziell in einmal eingeschlagenen Bahnen, wenig Bereitschaft zur Innovation
Specialist/ Spezialist	Sehr hohe fachliche Kompetenz, ist engagiert, bohrt sich in seine Aufgabe, liefert hohe Qualität	Wenig soziale Kompetenz, ist pedantisch, treibt nur eigene Aufgabe voran, wenig Interesse an Bedürfnissen Anderer

Versuchen Sie nun, das Teamrollen-Modell auf Ihr eigenes Team anzuwenden. Die Ergebnisse können Sie auch verwenden, um auf dieser Grundlage gemeinsam mit den Mitgliedern Ihres Teams eine höhere Wertschätzung und damit eine bessere Nutzbarmachung der einzelnen Rollen für die Leistungsfähigkeit Ihres gesamten Teams zu erreichen.

Kienbaum Expertentipp: Teamrollen nach Belbin

Ordnen Sie sich selbst und Ihre Teammitglieder den neun Rollen zu und beantworten Sie sich folgende Fragen:

- Welches sind Ihre eigenen bevorzugten Rollen innerhalb Belbins Modell? Welche Vorteile und welche besonderen Herausforderungen resultieren daraus für Ihre Rolle als Führungskraft?
- Welche Rollen sind aktuell in Ihrem Team besetzt, welche fehlen Ihnen möglicherweise? Gibt es Teammitglieder, die in der Lage wären, die noch offenen Rollen zu besetzen?

- Welche Rollen sind mehrfach besetzt und welche Schwierigkeiten bereitet das im Team?
- Welche Konflikte im Team sind möglicherweise mithilfe des Modells zu erklären? Ist es eventuell sinnvoll, mit den Konfliktpartnern dieses Modell zu besprechen, um ein größeres gegenseitiges Verständnis zu erreichen?
- Stärken und würdigen Sie alle vorhandenen Rollen ausreichend (auch die Ihnen persönlich unähnlicheren Rollen), um ihnen für den Erfolg des Teams notwendigen Raum zur Entfaltung zu geben?

Kommunikationsblockaden lösen

„Oft bleibt jemandem der Part des Bösen, weil sonst niemand bereit ist, ihn mitzutragen."

(Bernd Schmid, systemischer Berater und Coach)

Beispiel: Die typische Teamkommunikation

Erinnern Sie sich an Herrn Rot? Inzwischen hat er sich ein Herz gefasst und sein Team zusammengetrommelt, um über seine Eindrücke zu sprechen. Es ist der Folgetag, er hat sich mittlerweile wieder beruhigt und sitzt gemeinsam mit seinem Team im Besprechungsraum der Abteilung. Aus seiner Fortbildung bei Kienbaum erinnert er sich noch, dass er jedem Teammitglied die Gelegenheit geben soll, die eigene Sichtweise der Dinge darzustellen. Er beginnt mit Herrn Schlegel. Dieser hat scheinbar nur auf den Moment und seine Bühne gewartet. Er ist der festen Überzeugung, dass die Schwierigkeiten und die schlechte Stimmung in erster Linie auf Frau Litwinschuhs unkollegiales Verhalten zurückzuführen seien. Sie habe seit ihrem Einstieg ins Team vor knapp einem Jahr nur Unruhe und schlechte Stimmung gebracht! Herr Vogt, eigentlich ein eher ruhiger Zeitgenosse, nickt heftig und zustimmend. Herr Freckmann hingegen, der Dritte dieser Clique, hält sich zurück und beobachtet stumm, wie es wohl weitergeht. Herr Rot hat bereits eine Vorahnung, und da geht es auch schon los, denn Herr Ehlers springt auf. Alle, inklusive Herrn Rot verdrehen die Augen, denn es ist immer dasselbe: Egal, was besprochen wird – ob das nächste Ausflugsziel für den Teamtag, Verbesserungsvorschläge für Arbeitsabläufe oder die Verteilung von Arbeitspaketen – Herr Ehlers richtet seine Energie darauf zu erklären, warum es *nicht* so funktionieren wird wie vorgeschlagen. Herr Rot lehnt sich in seinem Stuhl zurück, schaltet innerlich ab und fragt sich, was er in der Zeit, die dieses Treffen frisst, nicht alles hätte abarbeiten können, während Herr Ehlers gerade erst richtig aufdreht ...

Meist werden derartige Verhaltensweisen im Team mit unterschiedlichen Persönlichkeitsstrukturen erklärt, für die ein bestimmtes Verhalten ganz einfach „typisch" sei. Unausgesprochen mitgedacht wird dann: „Den ändert man eh nicht! Er ist halt ein ... Mitläufer ... notorischer Nörgler ... Ideentreiber ..." etc. Die Gefahr dieser Betrachtungsweise liegt darin, dass sie Sie als Führungskraft scheinbar handlungsunfähig macht. Die Denklogik ist dann häufig solcherart:
„Das Teammitglied Ehlers ist halt ein alter Quertreiber. Und solange ich den bei mir im Team habe, kann ich machen, was ich will, der wird immer stören und bremsen. Entweder ich stelle ihn also irgendwie ruhig oder ich werde ihn auf irgendeine Art und Weise los – oder ich kann die vereinbarten Ziele eben nicht erreichen. Es ist ausweglos."
Die oben beschriebene Geschichte kann man aber auch anders betrachten, und das bedeutet zunächst einmal personenunabhängig. Dies bringt Sie als Führungskraft wieder in den Fahrersitz und eröffnet Ihnen neue Handlungsoptionen. In unseren Teamentwicklungsseminaren und Führungskräftetrainings öffnet das folgende Modell von David Kantor (nach einem Schema aus einem unveröffentlichten Manuskript, abgedruckt in W. Isaacs, 2002) den Teilnehmern regelmäßig Münder und Augen.

Positionen in der Teamkommunikation

Im Gegensatz zum vorher vorgestellten, eher persönlichkeitsorientierten Ansatz von M. Belbin geht Kantor in seinem Modell von vier grundlegenden Positionen in Kommunikationssituationen aus, die er losgelöst von Rollen und Personen betrachtet:

- Die Treiberposition
- Die Anhängersituation
- Die Beobachtersituation
- Die Widersacherposition

Jede dieser Positionen kann in einem Gespräch mehrfach vertreten sein, es müssen aber nicht alle Positionen besetzt sein.

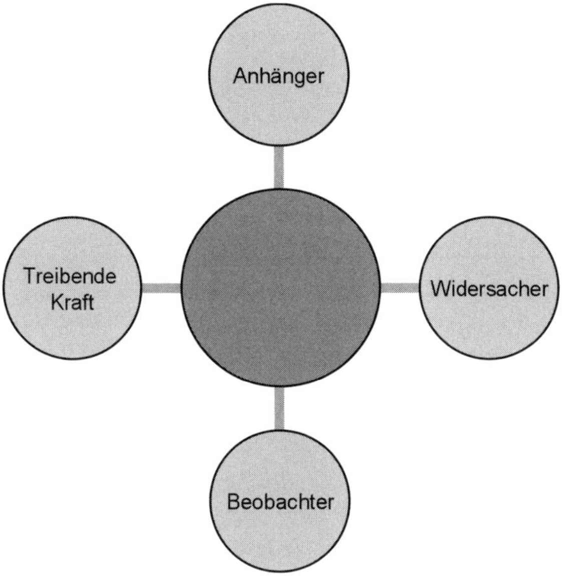

Positionen in der Teamkommunikation nach Kantor

Teammitglieder, die im Gespräch die *Treiberposition* einnehmen, vertreten aktiv eine Idee oder eine Überzeugung im Gespräch und verteidigen diese auch gegen Widerstände. Häufig eröffnen sie mit einem Plädoyer und einer Reihe von Argumenten, in der Hoffnung, schnell Anhänger für ihre Überzeugung zu mobilisieren. Die *Anhängerposition* nehmen im Gespräch diejenigen ein, die sich der Meinung des Treibers anschließen. Wer die *Beobachterposition* innehat, hält sich häufig im Diskussionsverlauf lange zurück, um dann eher aus einer Außenperspektive den Verlauf des Gesprächs neutral zu beschreiben, zusammenzufassen und eventuell Optionen aufzuzeigen. Vertreter der *Widersacherposition* werden sich diametral zum Treiber und seinen Anhängern positionieren und sich nicht scheuen, die Nachteile der Idee zu verdeutlichen und neu eingebrachte Argumente immer wieder zu entkräften.
„Wie nervig, den kenn ich", denken Sie jetzt vielleicht, wenn Sie vom Widersacher lesen. „Und diese schrecklichen Anhänger und Jasager habe ich auch schon zur Genüge erlebt! Dann die, die sich

immer aus allem raushalten! Mit denen kann man schon gar nichts anfangen! Warum kann ich eigentlich nicht nur Treiber in meinem Team haben, dann ginge es zumindest mal ordentlich voran!"

Stellen Sie sich aber eine Situation vor, in der Sie in einem Teamgespräch ausschließlich Treiber haben. Jeder treibt seine eigene Idee und will von denen seiner Kollegen nichts wissen – das Team würde voraussichtlich zu keinem Ergebnis kommen. Welchen Beitrag also leisten die Teammitglieder, die die anderen drei Positionen in Kantors Modell besetzen?

Zum Beispiel der *Widersacher*: Vielleicht fällt es Ihnen leichter, ihn und seine Zweifel wertzuschätzen und einzubeziehen, wenn Sie sich als Führungskraft bewusst machen, dass er das intensiv beforschte und gefährliche Phänomen des „Gruppendenkens" verhindert (mehr dazu finden Sie im Kapitel 4.3): Ein Treiber, viele Anhänger, eine Idee, die begeistert – aber niemand stellt die Frage der Machbarkeit, der Kosten oder der möglichen Gefahren des Projekts. Gemeinsam startet man, ohne einen kritischen Blick auf mögliche Stolpersteine geworfen zu haben. Der Widersacher geht freiwillig in die unpopuläre Position des „Spielverderbers". Dafür verdient er Respekt. Wäre er nicht da, dann müssten Sie selbst vielleicht diese Position übernehmen. Der Widersacher unterstützt durch seine ergänzende Perspektive andere, zurückhaltendere Teammitglieder beim Prozess der Meinungsbildung, Anhänger für einzelne Ideen können sich herauskristallisieren. Testen Sie doch in Ihrer nächsten Teamsitzung einmal, wie Ihr Teammitglied in der Widersacherposition sich verhält, wenn seine Einwände Gehör finden und in die Diskussion einbezogen werden. Ebenso gilt es, den *Anhänger* in einem Gespräch zu schätzen, denn ohne ihn wird keine gute Idee das nötige „Gewicht" bekommen, um sich schließlich durchzusetzen.

Der *Beobachter* wiederum liefert den Blick von außen. Er kann von seiner Position aus beschreiben, was sich im Gespräch gerade tut: Dreht sich die Diskussion im Kreis? Wird ein immer härterer Ton angeschlagen? Die reflektierende Position des Beobachters hilft dabei, destruktive Gesprächsverläufe offenzulegen, zu durchbrechen und wieder in konstruktive Bahnen zu lenken.

Die *Treiberposition* schließlich muss natürlich vertreten sein, um ein Gespräch überhaupt erst in Gang zu bringen und zündende Ideen zu liefern.

Kienbaum Expertentipp: Positionen in der Teamkommunikation

Ermutigen Sie Ihre Teammitglieder, zwischen den einzelnen Positionen zu wechseln. Fragen Sie z. B. den Treiber: „Was könnte gegen deine Idee sprechen? Wo siehst du Stolpersteine?" oder den Widersacher: „Was müsste passieren, damit es funktionieren kann? Unter welchen Umständen könntest du diese Idee unterstützen?"

Eine ideale Gesprächskultur haben Sie in Ihrem Team dann, wenn jedes Teammitglied unabhängig von seiner Teamrolle in Diskussionen grundsätzlich alle vier Positionen einnehmen und auch wieder verlassen kann, darf und soll. Die Positionen der verschiedenen Gesprächsteilnehmer sollten ausschließlich vom gerade aktuellen Thema, vom Gesprächsverlauf und von den ausgetauschten Argumenten abhängig sein. Häufig stabilisieren sich jedoch innerhalb des Teams Muster. Bestimmte Personen bleiben dann z. B. auf der Widersacherposition förmlich „hängen", weil sie meinen, diese wahrnehmen zu müssen – aus Sorge, dass ansonsten das Korrektiv fehle. Eine Sensibilisierung mithilfe des Modells kann hier ein erster Schritt hin zu mehr Offenheit sein.

Beispiel: Vom Widersacher zur treibenden Kraft

Ein junges Paar spielt mit der Idee, sich ein Haus zu kaufen, da es bald Nachwuchs erwartet und schon länger aus der Stadt hinaus ziehen will – an den Stadtrand, mit Garten und Naturnähe. Der Mann ist Feuer und Flamme, sammelt Angebote wie Hunde Stöckchen und bearbeitet seine Frau mit der Idee von Tag zu Tag intensiver. Am liebsten möchte er gleich morgen umziehen. Die Frau ist unsicher, und je überzeugter er auftritt, desto mehr verstärken sich ihr Widerstand und ihre Zweifel.

Irgendwann schwenkt sie jedoch über Nacht um ... zu 100 % ... und sagt zu ihm, dass das zuletzt besichtigte Haus perfekt sei und sie am besten gleich morgen zur Bank und zum Notar gehen und die Sache dingfest machen sollten. Was tut ihr Mann? Er macht erstmal drei Schritte zurück, bremst seine Frau und bittet um Zeit zur sorgfältigen Abwägung.

Was ist hier passiert? Die junge Frau ist plötzlich aus der Widersacherposition herausgetreten und zu einem zweiten Treiber der Idee geworden. Das Tempo hat sich damit von einem auf den anderen Moment so stark erhöht, dass der Mann wiederum im Ausgleich die Widersacherposition besetzt hat. Solange seine Frau dort sichergestellt hatte, dass er keine überstürzten Entscheidungen trifft, konnte er gefahrlos „treiben“, aber instinktiv weiß er durchaus, dass für eine überlegte Entscheidungsfindung beide Positionen notwendig sind.

Positionen in der Teamkommunikation und ihre Merkmale			
	Kennzeichen	**Absicht**	**Missinterpretation**
Treiberposition	Ist initiativ, proaktiv, treibt seine Idee, argumentiert: „Das sollen wir tun!“	Orientierung Ordnung Einsatz/Dynamik Entschlossenheit	Wichtigtuerei Machtgehabe Unentspanntheit Ruhelosigkeit
Anhänger-position	Lässt sich durch Ideen Anderer leicht begeistern Unterstützt Positionen Anderer Bringt weniger eigene Vorschläge ein	Wertschätzung Integrität Zustimmung Unterstützung	Opportunismus Unentschlossenheit Beeinflussbarkeit
Beobachter-position	Schlägt Perspektiven vor, die dem Gespräch neue Wendungen geben: „Was ist vom Kontext her noch wichtig?“	Reflexion Entspanntheit/ Geduld Außenperspektive/ Großes Bild Entschleunigung	Unverbindlichkeit Teilnahmslosigkeit Inhaltliche Distanz Egal-Haltung
Widersacher-position	Zeigt mögliche Stolpersteine auf Betont, warum es nicht funktioniert	Integrität Klarheit Mut/Entschlossenheit Berichtigung/ Verbesserung	Quertreiberei/ Nörgelei Besserwisserei Engstirnigkeit Problemorientierung

Das Team als Teil des Unternehmens

Sie verfügen nun über verschiedene nützliche Instrumente, mit denen Sie positiv auf die Binnenstruktur Ihres Teams einwirken können. Aber natürlich arbeiten Sie und Ihr Team ja nicht im luftleeren Raum: Sie sind eingebettet in die Gesamtstrukturen, -prozesse und Beziehungsgeflechte Ihres Unternehmens. Diese Rahmenbedingungen haben ebenfalls massiven Einfluss auf die Leistungsfähigkeit Ihres Teams. Deshalb wäre es kurzsichtig, sich ausschließlich mit den internen Einflussgrößen Ihres Teams zu beschäftigen. Zum Schluss dieses Abschnitts richten wir daher nun unseren Blick auf die Schnittstellen zwischen Team und Organisation.

Schnittstellenthemen zwischen Team und Organisation

Es gibt verschiedene typische Schnittstellenthemen zwischen Team und Organisation:

- Zielvorgaben, Erwartungen der Umwelt an das Team
- Verantwortlichkeiten an den Schnittstellen
- Versorgung mit Ressourcen
- Grad der Vernetzung, Informationsfluss, Austausch
- Attraktivität des Teams für das Umfeld

Wir haben für Sie einen Fragenkatalog zusammengestellt, der Sie dabei unterstützen kann, sich mit dem Umfeld Ihres Teams zu beschäftigen. So können Sie mögliche Handlungsfelder identifizieren und die Rahmenbedingungen für eine erfolgreiche Teamarbeit günstig beeinflussen.

Kienbaum Expertentipp: Das Umfeld Ihres Teams

Stellen Sie sich einmal diese Fragen in Bezug auf das Umfeld Ihres Teams:

- Welche *Erwartungen* hat das Umfeld an uns als Team? Sind diese Erwartungen durch *klare Zielvorgaben* eindeutig formuliert? Wie passen die Erwartungen mit dem derzeitigen *Selbstverständnis* meiner Mannschaft zusammen? Wie kann ich beides in Einklang bringen?

- Wo liegen unsere *Schnittstellen* zu anderen Teams/Abteilungen? Sind die *Verantwortlichkeiten* an diesen Schnittstellen ausreichend klar definiert?
- Wie gestaltet mein Team *Beziehungen* zu anderen Bereichen? Mit welchen Teams/Abteilungen sollten wir den *Austausch* intensivieren, um bessere Ergebnisse zu erzielen? Was ist notwendig, damit wir dies auch tun?
- Wie ist mein Team mit notwendigen *Ressourcen* ausgestattet (Budgets, relevante Informationen, Qualifikationsmöglichkeiten, Räumlichkeiten, Anerkennung)? Was kann ich tun, um ggf. fehlende Ressourcen zu organisieren?
- Wie sehen *andere Abteilungen* mein Team? Was sagt der *„Flurfunk"*? Wofür steht unser Team in der Organisation? Spielt dieses Bild eine Rolle für uns? Wenn ja, betreiben wir aktives Marketing, um uns in der Organisation so zu platzieren, wie es für uns hilfreich ist?

4.3 Ein Team für alle Fälle?

Schon seit vielen Jahren wird die Arbeit in etlichen Bereichen in Teams geleistet, mit wachsendem Bewusstsein dafür, wie wertvoll und befruchtend Teamarbeit sein kann. Aber natürlich gibt es auch bei der Teamarbeit Risiken, die Sie als Führungskraft eines Teams kennen müssen, um einen vernünftigen Umgang damit zu entwickeln. Wir zeigen Ihnen, wie Sie das machen.

Trittbrettfahren

Das Phänomen „Trittbrettfahren" tritt besonders oft in Teams auf, die noch wenig Verantwortungsgefühl oder Teamgeist miteinander teilen. Einzelne verstecken sich dann gerne hinter der Leistung ihrer Teamkollegen und reduzieren ihren eigenen Arbeitseinsatz, in der Hoffnung, dass dies niemandem auffallen wird. Dagegen können Sie gezielt angehen.

Kienbaum Expertentipp: Verantwortung für jeden Einzelnen

- Definieren Sie als Führungskraft neben den Teamzielen auch Ziele für jedes einzelne Teammitglied, an denen es individuell messbar ist.
- Entwickeln Sie attraktive Ziele und unterstützen Sie eine zügige Entwicklung auf der Teamuhr (die Sie im Kapitel 4.1 kennengelernt haben). Studien haben gezeigt, dass das Trittbrettfahren abnimmt, je besser sich die Teammitglieder kennen und je wichtiger es für sie ist, die gemeinsamen Ziele zu erreichen.

Welche Führungskraft möchte nicht gern von sich sagen können, ein eingeschworenes Hochleistungsteam zu führen, in dem die Teammitglieder eine starke eigene Identität entwickeln, einen „Heimathafen" in der Gesamtorganisation haben. Die Ziele und Aufgaben des Teams vermitteln hier den einzelnen Mitgliedern Sinn und motivieren sie zu immer höherer Leistung.
Also alles gut? Oder kann das irgendwann auch ins Negative umschlagen? Die Antwort lautet: Ja, diese Gefahr besteht durchaus. Auch sehr leistungsstarke Teams können kritische Verhaltensweisen entwickeln. Das mag nun auf den ersten Blick paradox auf Sie wirken, haben wir Ihnen doch auf den vorherigen Seiten noch Ratschläge gegeben, wie Sie Ihr Team genau dorthin entwickeln können!
Eine sehr stark ausgeprägte Teamkultur kann aber tatsächlich auch negative Konsequenzen für das Team selbst und für die Gesamtorganisation haben. Wir möchten unseren Scheinwerfer daher nun auf zwei wesentliche Gefahren starker Teams richten und Ihnen einige Tipps zum Umgang damit mit auf den Weg geben.

Gruppendenken

Eingeschworene Teams haben in der Regel stark ausgeprägte Normen und Verhaltensregeln und eine hohe Übereinstimmung bezüglich der zu erreichenden Ziele. Wir haben im letzten Kapitel beschrieben, welche positiven Auswirkungen dies auf die Leistungsfähigkeit des Teams hat. Die andere Seite der Medaille kann aber sein, dass abweichende Meinungen innerhalb des Teams immer weniger toleriert, kritische Stimmen und Meinungen Einzelner zunehmend als „Störungen" erlebt werden. Der Zusammenhalt und das Zusammengehörigkeitsgefühl werden hier höher bewertet als eine

konstruktiv-kritische Auseinandersetzung mit unbequemen Fragestellungen. Neue Teammitglieder werden nur dann akzeptiert, wenn sie bereit sind, sich den bestehenden Zielen und Normen anzupassen. Im Extremfall wird nonkonformes Verhalten neuer, aber auch langjähriger Mitglieder mit Ausschluss aus dem Team bestraft.
Dies birgt ein hohes Risiko für erfolgreiche Teams: Signale, die darauf hindeuten, dass in der Vergangenheit erfolgreiche Handlungsmuster, Normen und Ziele für die gegenwärtigen Aufgaben nicht tauglich sein könnten, werden ignoriert und abgetan. Die alten Handlungsweisen führen das Team in eine Sackgasse. Dem müssen Sie als Führungskraft aber nicht tatenlos zusehen. Wenn Ihr Team Anzeichen dafür zeigt, dass es *zu* eingeschworen ist, dann wird es Zeit, gegenzusteuern.

Kienbaum Expertentipp: Gruppendenken entschärfen

- Bleiben Sie selbst wachsam und beobachten Sie die Verhaltensweisen im Team. Wie offen können abweichende Meinungen geäußert werden? Inwieweit werden diese angenommen bzw. konstruktiv diskutiert?
- Halten Sie selbst sich mit Ihrer eigenen Meinung zunächst zurück, um nicht frühzeitig eine Richtung vorzugeben.
- Befördern Sie als Führungskraft abweichende Meinungen, ermutigen Sie „Widersacher" (die „unbequeme" Position in der Teamkommunikation, die wir im Kapitel 4.2 vorgestellt haben), ihre Meinung zu vertreten, belohnen Sie „Querdenken".
- Installieren Sie frühzeitig die Rolle eines oder mehrerer „Widersacher", „Narren" oder „Advocati Diaboli" im Team, deren ausdrückliche Aufgabe es ist, die andere Seite einer Fragestellung zu vertreten. Lassen Sie diese Rolle im Team rotieren, sodass jedes Teammitglied regelmäßig damit an der Reihe ist.
- Teilen Sie Ihr Team bei wichtigen Diskussionen in mehrere Subteams, die unabhängig voneinander Handlungsalternativen vorbereiten und diskutieren. Tragen Sie die Vorschläge anschließend zusammen.
- Reagieren Sie auf Tendenzen zur Gruppenzensur und Stereotypisierung zeitnah und konsequent.

Abschottung von Anderen

Eingeschworene Teams können unter Umständen auch Abschottungstendenzen innerhalb der Organisation entwickeln, nach dem Motto: „Das sind wir, und das sind die Anderen!" Die Folgen können problematisch sein: Erfolgskritische Schnittstellen werden vernachlässigt, möglicherweise auch andere Teams und Organisationseinheiten mit einer gewissen „Hochnäsigkeit" von oben herab behandelt. Notwendige Informationen werden nicht mehr weitergegeben, pragmatische Unterstützung verwehrt. Die Gefahr für das Team selbst besteht darin, dass es sich langfristig selbst isoliert und so von wichtigen (insbesondere auch informellen!) Ressourcen abgeschnitten wird, wie zum Beispiel Informationen oder Einladungen zur Mitarbeit an neuen teamübergreifenden Projekten oder Task Forces. Versuchen Sie also, die Neigung zur Abschottung frühzeitig zu erkennen und etwas dagegen zu unternehmen.

Kienbaum Expertentipp: Abschottung vermeiden

- Nutzen Sie Ihre Führungsfunktion und betonen Sie immer wieder die Wichtigkeit einer guten Vernetzung innerhalb der Gesamtorganisation.
- Seien Sie Vorbild und leben Sie selbst diese Vernetzung und den Austausch.
- Nutzen oder schaffen Sie Plattformen, die es Ihrem Team ermöglichen, regelmäßigen Austausch mit anderen Teams zu pflegen, um der Tendenz der Abschottung von vornherein ein Miteinander entgegenzusetzen.

Nörgeleien im Team: Das Kreismodell

Beispiel: Führungskräfte-Workshop der SWODO GmbH

Die Spannung liegt beim Führungskräfte-Workshop der Abteilungsleiter der SWODO GmbH förmlich in der Luft. Die ersten Stunden haben die Teilnehmer den Ausführungen des externen Trainers und Moderators noch einigermaßen geduldig und wohlwollend gelauscht. Inzwischen brodelte es aber unter der Oberfläche bereits, und den einen oder anderen zynischen Kommentar zu Sinn und Zweck eines Workshops für diese Ebene musste sich der Moderator schon anhören.

> Beim „lockeren Zusammensein" am ersten Abend gelangt der allgemeine Unmut dann ans Tageslicht. Was die ganze Veranstaltung eigentlich solle, beginnt ein Gruppenleiter aus dem Bereich Finanzen und Controlling den Reigen. Im Grunde genommen müssten doch hier die Bereichsleiter und die Geschäftsführung sitzen, denn eigentlich fehle es doch gerade diesen an jeglicher Strategie- und Führungskompetenz.
>
> Je länger der Abend und die Diskussion andauern, desto lauter werden die Stimmen. Auf Abteilungsleiterebene habe man im Grunde genommen doch ohnehin gar nichts zu sagen. Veränderungen, neue Zielsysteme und Steuerungsinstrumente prasselten geradezu auf einen ein. Die Ressourcen genügten hinten und vorne nicht, und es werde auch immer schwerer, die Mitarbeiter überhaupt noch zur Arbeit zu motivieren. Finanziell habe man nichts in der Hand, die Aufgabenfülle werde immer größer, und „da oben" kümmere sich doch keiner darum.
>
> Im Grunde genommen sei man völlig machtlos, und ein Führungskräfte-Workshop sei in diesem Zusammenhang nur Augenwischerei und blinder Aktionismus.

Bestimmt haben Sie eine solche Situation auch schon einmal erlebt – als externer Begleiter oder Moderator, als Betroffener/Teilnehmer oder aber auch als Führungskraft in einer Besprechung mit dem eigenen Team, das plötzlich in den oben beschriebenen Tonfall verfällt.

Interessant daran ist: Egal, auf welcher Führungsebene man sich bewegt, das Muster bleibt dabei immer dasselbe. Schuld und Verantwortung werden nach oben delegiert, die eigene Position als macht- und hilflos dargestellt. Dies geschieht ebenso auf Bereichsleiter- und auf Geschäftsführerebene, sogar in Vorstandscoachings erleben wir das gleiche Verhaltensmuster: „Wenn mich der Aufsichtsrat doch nur machen lassen würde … Aber mir sind doch da die Hände gebunden."

Wo liegen die Gründe dafür, dass wir in Besprechungen, Trainings und Workshops so häufig nörgeln und uns über das „böse Umfeld" beschweren?

Zum einen lädt das Setting einer Besprechung oder eines Workshops natürlich förmlich dazu ein, gewisse Probleme zur Sprache zu bringen, die jeden Einzelnen – ob Mitarbeiter oder Führungskraft – schon seit geraumer Zeit beschäftigen. Legt dann einer los, ist der Bann schnell gebrochen. Dies ist aus psychologischer Sicht auch

verständlich, hat doch eine „ordentliche Nörgelrunde“ durchaus eine reinigende, kathartische Wirkung und kann daher der Psychohygiene dienen. Doch was tun, wenn das Genörgel überhaupt kein Ende mehr findet?
Zum anderen neigen aber viele Menschen dazu, nicht zwischen Dingen, die sie beeinflussen können und Gegebenheiten, die außerhalb ihres Einflussbereichs liegen, zu unterscheiden. Für die eigene Zufriedenheit ist es natürlich günstig, wenn man Fakten, an denen man nichts ändern kann, akzeptiert und nicht mit ihnen hadert. Diese Grundidee wurde schon im berühmten „Gelassenheitsgebet“ thematisiert (es entstammt der Feder des württembergischen Prälaten und Theosophen Friedrich Christoph Oetinger, 1702–1782). Später hat Stephen Covey in seinem Bestseller „The 7 habits of highly effective people“ diesen Gedanken mit seinem Kreismodell weiter elaboriert. Das Gebet lautet:

> *„Gott, gib mir die Gelassenheit, Dinge hinzunehmen, die ich nicht ändern kann, den Mut, Dinge zu ändern, die ich ändern kann, und die Weisheit, das eine vom anderen zu unterscheiden.“*

Das Kreismodell von Steven Covey bietet ein gutes Mittel, um die Möglichkeiten eigener Einflussnahme auf Themen, die uns in irgendeiner Weise betreffen, einzuschätzen und unser Handeln darauf auszurichten.

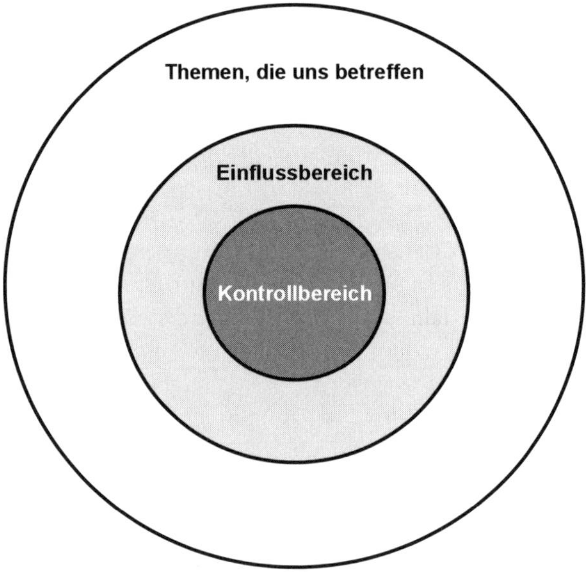

Kreismodell (nach Steven Covey)

Die innerhalb der drei konzentrischen Kreise aufgelisteten Punkte können nun mit Themen befüllt werden, die uns betreffen (hier zum Beispiel: insbesondere Führungskräfte und Mitarbeiter im organisationalen Kontext). Das kann das Essen in der Kantine sein, aber auch eine Restrukturierung, eine allgemeine Gehaltsverzichtsrunde oder der Umzug in ein neues Firmengebäude.

Im Kreis stehen dabei Themen, die einen Bezug zu unserem Arbeits- oder sonstigen Lebenskontext haben und uns betreffen. Der Reissack, der in China umfällt, stünde also *außerhalb des Kreises.* Ein Sturmtief in Deutschland wäre innerhalb des Kreises.

Doch nicht alle Themen, die uns betreffen, sind auch in irgendeiner Weise durch uns selbst beeinflussbar oder kontrollierbar. Für den Leiter eines Notfallmedizin-Teams ist niemals voraussagbar, wann der nächste Notfall eintreffen wird. Dennoch wird ein Notfall die Arbeit des Teams natürlich betreffen. Dasselbe gilt für das Wetter. Im Grundsatz ist es ein ideales Beispiel für die *äußere Schale im Kreis.* Das Wetter betrifft uns, wir können es aber nicht beeinflussen oder kontrollieren.

Die mittlere Schale ist bedeutend kleiner. In ihr werden Themen gesammelt, die wir zumindest beeinflussen können, das heißt, kraft eigener Handlungen versuchen können, den Ausgang oder die Konsequenzen davon mitzubestimmen. Ob dies gelingt, bleibt offen – zumindest ist es aber nicht ausgeschlossen. Als Führungskraft können Sie beispielsweise durch die Teilnahme an Projektsitzungen versuchen, den Ausgang eines für Ihr Team wichtigen Themas zu beeinflussen. Ein Mitarbeiter könnte eine Unterschriftenaktion für „mehr Currywurst mit Pommes Frites“ (übrigens in Deutschlands Kantinen Jahr für Jahr das meistgegessene Essen) starten und die Liste dem Kantinenkoch einreichen. Ob es dann das Gericht wirklich öfter gibt, ist nicht gewiss, aber er hat etwas unternommen. Und sogar mit dem Wetterproblem kann man unter bestimmten Umständen doch umgehen: Ein Hamburger, der das Wetter seiner Heimat nicht gut erträgt, kann zum Beispiel ins Breisgau ziehen und somit die Chance auf mehr Sonne positiv beeinflussen – auch wenn er damit nicht dafür sorgen kann, dass für ihn immer die Sonne scheint.

Am effizientesten ist die Arbeit an den Themen im *Innenkreis*. Denn hier platzieren wir Problemstellungen, deren Ausgang wir tatsächlich kontrollieren können. Bei diesen Themen können wir mit entsprechendem Einsatz und gezieltem Vorgehen mit Sicherheit zu einem Ergebnis kommen und sind nicht – oder kaum – von anderen Kräften abhängig. Ob ich als Führungskraft mittels informeller Mitarbeitergespräche Einfluss auf die Strukturen in meinem Team nehme, liegt voll und ganz in meiner eigenen Hand und wird höchstens dadurch beeinflusst, ob ein Mitarbeiter gerade im Hause ist. Wenn ich mit anstehenden Gehaltskürzungen unzufrieden bin, habe ich die Möglichkeit zu kündigen – dann wird das Thema Gehaltskürzung mich nicht mehr betreffen: Ich habe mich ganz aus dem Kreis hinausbewegt. Bringe ich mein eigenes Essen in die Firma mit, kann ich über meine Ernährung selbst bestimmen. Und bleibe ich im Keller, hat sogar das Wetter keinen Einfluss mehr auf mich.

Die Praxis und die oben genannten Beispiele zeigen: Nur wenige von uns sind in der Lage, sauber und trennscharf zwischen den einzelnen Kreisen zu unterscheiden. Wir nörgeln, schimpfen und beschweren uns über Themen, die uns zwar betreffen, die wir aber weder beeinflussen noch kontrollieren können. Drastischer ausgedrückt: Die Beschäftigung mit diesen Themen ist reine Zeitverschwendung und ein Musterbeispiel für Ineffizienz! Wir können uns als einfache Mitarbeiter einer Behörde noch so lange über neue Gesetzgebungen beschweren oder als Führungskräfte eines amerikanischen Großkonzerns tagelang über den Verkauf eines Geschäftsbereichs nörgeln – effizient ist es nicht, und wir täten gut daran, uns lieber auf die Themen des Innenkreises zu konzentrieren.

Auf der anderen Seite zeigen uns die Beispiele aber auch, dass wir bei den meisten Themen, über die gerne als unveränderbar genörgelt wird, durchaus Einfluss gewinnen können!

Bei der Arbeit mit Führungskräften und Mitarbeitern erleben wir es immer wieder: Sie sind peinlich berührt, wenn sie dabei ertappt werden, wie sie sich in Besprechungen, Trainings oder auch nur in den eigenen Gedanken stundenlang im Außenkreis bewegen – und sich daraufhin selbst Ineffizienz, sinnloses Genörgel und Gejammer vorwerfen müssen. In der Folge nehmen gerade Führungskräfte das Kreismodell gerne an und verwenden es in Teambesprechungen und Einzelgesprächen: Es lässt sich bei exzessiven Jammerorgien exzellent dafür einsetzen, das Gegenüber zu befragen, „in welchem Kreis" man sich gerade befindet.

Wir haben aber auch die Erfahrung gemacht, dass das intensive Nachdenken darüber, welche Themen sich im eigenen Einflussbereich oder sogar im Kontrollbereich befinden, in fast jedem Fall einen positiven emotionalen Effekt auf Mitarbeiter hat und sehr motivierend wirken kann. Meist ist man eben den externen Kräften doch nicht so komplett ausgeliefert, wie man gerne annimmt.

Der Einflussbereich ist dabei besonders interessant. Anhand des Kreismodells kann und sollte man hier ausführlich darüber diskutieren, wie auf Probleme und Wünsche auf sinnvolle und zielgerichtete Weise Einfluss genommen werden kann. Jammern und Einzelbeschwerden sind dabei selten effizient – konstruktive Kritik, Gegenvorschläge oder die Bündelung von Interessen werden sicherlich wesentlich bessere Ergebnisse erbringen.

Kienbaum Expertentipp: Das Kreismodell mit Themen füllen

Welche Art von Themen sollten Sie als Führungskraft und Ihre Mitarbeiter nun in welchen Feldern des Kreismodells einordnen? Hier finden Sie einige Beispiele.

Typische Themen der äußeren Schale

- Rechtliche Rahmenbedingungen
- Politische Entscheidungen
- Wetter, Witterungseinflüsse, Naturkatastrophen
- Entscheidungen der Muttergesellschaft, sowohl bezüglich des Personals als auch bezüglich der Prozesse
- Demografische Entwicklungen
- Marktentwicklungen (für den Einzelnen)

Typische Themen der mittleren Schale

- Entscheidungen des direkten Vorgesetzten
- Ergebnisse von Projekten (bei eigener Teilnahme)
- Kundenzufriedenheit im unmittelbaren Kontakt
- Qualifikations-/Schulungsniveau der eigenen Mitarbeiter

Typische Themen des Kontrollkreises

- Motivationslage und Stimmung im eigenen Team
- Aufgabenverteilung, z. B. bei kleinen Projekten
- Kommunikations- und Besprechungsstrukturen
- Zeitliche Abläufe bei der Implementierung übergeordneter Projekte im eigenen Bereich

Als gute Führungskräfte sollten Sie also in der Lage sein zu unterscheiden, bei welchen Themen sich ein Energieaufwand lohnt. Dann können Sie die Chancen bzgl. Themen in Ihrem eigenen *Kontrollbereich* erkennen und nutzen. Die Ergiebigkeit von Themen in Ihrem *Einflussbereich* beurteilen Sie am besten danach, ob es wahrscheinlich ist, dass Sie die Ergebnisse tatsächlich beeinflussen können. Gleichzeitig können Sie das Kreismodell gemeinsam mit Ihrem Team nutzen. Machen Sie Ihren Mitarbeitern dazu die Systematik des Modells klar und sorgen Sie auch innerhalb Ihres Teams für einen zielgerichteten Einsatz der Energien. Die verstärkte Motivation und Leistungsfähigkeit Ihres Teams werden Sie belohnen.

Ausblick

Beispiel: Entspannung für Herrn Rot

Schauen wir noch einmal zu Herrn Rot: Jetzt, 6 Monate später, atmet er auf. So ganz falsch war diese Sache mit dem „2 + 2 = 5" also doch nicht. Inzwischen klappt zwar nicht immer alles reibungslos, aber durch die aktive Wahrnehmung seiner eigenen Teamführungsrolle und das Ausschöpfen der Gestaltungsmöglichkeiten gemeinsam mit seinem Team ist das Erreichen der Jahresziele doch in greifbare Nähe gerückt. Außerdem sieht es für ihn tatsächlich manchmal so aus, als hätten die Teammitglieder gemeinsam Spaß bei der Arbeit. Unfassbar.

Unser Herr Rot blickt also nun hoffnungsvoller in die Zukunft. Ihnen wünschen wir dasselbe: In diesem Kapitel haben wir zahlreiche Aspekte der erfolgreichen Teamarbeit beleuchtet. Wie stellt sich auf dieser Grundlage die aktuelle Situation in Ihrem eigenen Team dar? Damit Sie dies einschätzen und Ihre Maßnahmen darauf aufbauen können, geben wir Ihnen nun noch ein weiteres Instrument an die Hand.

Kienbaum Expertentipp: Analysieren Sie Ihr Team

Einen guten Ansatz zur Überprüfung von acht wichtigen Aspekten der effektiven Zusammenarbeit in Teams bietet der Kienbaum-Fragebogen zur Analyse des eigenen Teams, den Sie im Anhang finden.

Ihre eigene Einschätzung des Teams ist sicherlich interessant und kann Ihnen wertvolle Hinweise für die Entwicklung Ihres Teams geben. Noch ergiebiger dürfte aber der Abgleich Ihrer Sichtweise mit der Ansicht Ihrer Teammitglieder sein. Der Fragebogen ist daher bewusst so gestaltet, dass er aus Perspektive der Teamleitung und der Teammitglieder ausfüllbar ist. Wenn alle Mitarbeiter ihre Beurteilung der Teamsituation festgehalten haben, können Sie gemeinsam die Ergebnisse auswerten.

Sie haben es gesehen: Die Führung von Teams ist facettenreich und immer wieder herausfordernd. Gleichzeitig stellt die bewusste Teamführung aber einen wirksamen Hebel dar, um ein Team zu fördern und gemeinsam Beeindruckendes zu leisten. Wir hoffen, dass Ihnen die vorgestellten Instrumente dabei eine Hilfe sein werden und wünschen Ihnen viel Spaß bei der Anwendung! Damit die Maßnahmen, auf die Sie sich dabei mit Ihrem Team einigen, auch nachhaltig Wirkung zeigen können, halten Sie sie am besten gemeinsam mit Ihrem Team fest.

Kienbaum Expertentipp: Einen Teamvertrag aufsetzen

Über die Bedeutung von Zielen für Teams haben wir bereits gesprochen. In der Praxis zeigt sich jedoch, dass die Erwartungen der Führungskräfte an ihre Teams und deren Mitglieder in Bezug auf Ziele, Normen und Verhaltensregeln häufig unklar sind. Dies stellt nicht nur ein Problem für viele Mitarbeiter dar, auch die Führungskraft hat es so schwerer, das eigene Team zu steuern und mit Befindlichkeiten, Kritik und sonstigen Reaktionen aus dem Team umzugehen.

In der Praxis hat es sich vor allem in neu zusammengestellten Teams bewährt, gemeinsam einen Teamvertrag zu verabschieden (Sie können den Teamvertrag aber ebenso gut auch mit einem Team aufstellen, mit dem Sie schon länger zusammenarbeiten). Die Formulierungen in diesem Teamvertrag sollten sich stets auf alle Beteiligten, also auch auf die Führungskraft selbst, beziehen. Der Vertrag sollte möglichst aktiv formuliert werden – hier einige Beispiele:

- Wir lassen uns gegenseitig ausreden.
- Wir unterstützen uns, wenn wir feststellen, dass „Not am Mann" ist.
- Wir dürfen in Besprechungen alle Punkte äußern, die uns wirklich wichtig sind, halten diese aber kurz und knapp.

Diese Beispiele mögen Ihnen zunächst seltsam erscheinen: Sind das nicht Selbstverständlichkeiten? Sie werden staunen: Gerade in Teams, die noch nicht zusammengefunden haben, spielen solche grundlegenden Regeln häufig eine große Rolle und bilden eine solide Basis für das weitere Zusammenwachsen (wir haben solche Teamverträge aber auch schon mit Vorständen und Geschäftsführern erarbeitet, um bestehenden Missständen abzuhelfen).

Die Inhalte eines Teamvertrags können sehr unterschiedlich aussehen. Wichtig ist letztlich nur, dass sie von allen Mitgliedern des Teams in einem gemeinsamen Prozess erarbeitet werden und daher auch bei allen Akzeptanz finden können. Um die Anerkennung durch die einzelnen Mitarbeiter sicherzustellen, können Sie den Vertrag auch zusätzlich von jedem Teammitglied unterschreiben lassen.

4.4 Literatur

- Belbin, M. (1993): Team Roles at Work. Elsevier Butterworth-Heinemann.
- Covey, S. R. (2004): The 7 habits of highly effective people: Powerful lessons in personal change. Free Press.
- Furman, B. & Ahola, T. (2007). Twin Star – Lösungen vom anderen Stern. Teamentwicklungen für mehr Erfolg und Zufriedenheit am Arbeitsplatz. Carl-Auer-Systeme.
- Geisbauer, W. (2006): Reteaming: Methodenbuch zur lösungsorientierten Beratung. Carl-Auer-Systeme.
- Isaacs, W. (2002): Dialog als Kunst gemeinsam zu denken. Edition humanistische Psychologie – Ehp.
- Tuckman, B. (1965): Developmental sequences in small groups. Psychological Bulletin, Vol. 63.

ORGANISATIONEN FÜHREN
SICH SELBST FÜHREN
MITARBEITER FÜHREN
TEAMS FÜHREN

5 Organisationen führen

In diesem Kapitel widmen wir uns der Führung von Organisationen. Damit bezeichnen wir hier die Leitung von größeren Einheiten wie Abteilungen, Bereichen oder ganzen Betrieben, die aus mehreren Teams bestehen. Warum behandeln wir dieses Thema erst an dieser Stelle? Die Logik ist schlicht: Erst, wenn Sie als Führungskraft in der Lage sind, sich selbst, Ihre Mitarbeiter Ihr Team zu führen, lohnt es, nach den nächsten Herausforderungen zu greifen, nach der Steuerung einer Organisation.
Wie herausfordernd ist diese Aufgabe tatsächlich? Gelten nicht die in den vorangegangenen Abschnitten erörterten Konzepte analog? Hören wir dazu in den Dialog zweier Führungskräfte in einer Volksbank hinein:

Beispiel: Dialog zweier Führungskräfte

A: Hallo Thomas, schön, dich zu sehen.

B: Hallo Petra, grüß' dich. Alles klar bei dir?

A: Ach hör auf. Ich sag dir, manchmal habe ich echt den Kanal voll.

B: Erzähl, was ist los?

A: Du kennst doch unser Projekt „Sun Rise". Vor gut einem dreiviertel Jahr haben wir die Zuständigkeiten meiner Mitarbeiter geändert. Wir haben für jeden unserer besonders wichtigen Kunden einen zentralen Ansprechpartner definiert. So wollten wir sicherstellen, dass anspruchsvolle Kunden wirklich jemanden haben, der über alles Bescheid weiß und die besten Problemlösungen platzieren kann. Fanden alle damals ganz Klasse ...

B: Ja, das macht doch Sinn, oder? Ich habe dich für deinen Mut damals wirklich bewundert, mal Klartext zu sprechen und tatsächlich zu handeln ...

A: Danke für die Blumen. Das dicke Ende kommt aber noch. Nun haben wir das Ganze umgesetzt. Einzelne haben gemurrt, dass sie den Kunden X oder Y schon seit Jahren kennen. Wir haben also entschieden, dass es eine Übergangszeit geben soll, in der der alte Kundenbetreuer den neuen in die Kundenbeziehungen einführt. Diese Übergangszeit ist seit Langem abgelaufen.

B: ... und klappt alles?

A: Nein, ganz im Gegenteil. Ich habe laufend Beschwerden auf dem Tisch, in denen sich Mitarbeiter gegenseitig beschuldigen, sie hätten die Kunden nicht richtig übergeleitet. Fragt man dann nach, werden lange Geschichten erzählt, dass sie doch nur zum Wohle der Bank handeln. Die sollen sich mal an die Regeln halten und sich nicht ihre eigenen ausdenken. Das kostet echt Nerven ...

So oder so ähnlich hören sich die Klagen von Führungskräften an, die Organisationen zu leiten haben. Sie sehen sich mit Verhaltensweisen und Reaktionen konfrontiert, die sie so nicht erwartet haben. Eigentlich gehen sie davon aus, dass Organisationen in ähnlicher Weise zu führen sind, wie große Marionetten. Es gilt, die richtigen Fäden zu identifizieren, dosiert daran zu ziehen – und schon wird der Organismus in gewünschter Weise zum Leben erweckt. Das würde also bedeuten, dass „richtiges" Führungshandeln auch in jedem Fall die „richtigen" Resultate hervorbringt. Der obige Dialog zeigt jedoch, dass die Dinge im Alltag komplizierter liegen als im Marionettentheater.

5.1 Einflussbereiche und Handlungsspielräume

Was sind die Ursachen dafür, dass sich Führungskräfte so wenig darauf verlassen können, dass die erwarteten Reaktionen auch eintreffen? Warum ist im Führungsalltag nicht immer 2 + 3 gleich 5?
Um diese Frage zu beleuchten, blicken wir etwas genauer auf das, was wir gemeinhin als Organisation bezeichnen. Eine Organisation ist ein System, das auf mehreren Ebenen betrachtet werden kann. Sie kann, ob Unternehmen, Fabrik oder Amt, im Grunde als eine Gruppe von Menschen definiert werden, die an einem bestimmten Ort mit den passenden Werkzeugen eine Aufgabe erledigen. Da sie aus Menschen besteht, die koordiniert miteinander arbeiten sollen, ist jede Organisation notwendigerweise auch ein dynamisches System. Ihre einzelnen Mitglieder stehen in einer speziellen Art und Weise miteinander in Beziehung. Ein dichtes Netz aus gegenseitigen Erwartungen, Absichten und Kommunikation zwischen den Mitglie-

dern prägt die Organisation. Die Herausforderung besteht also darin zu versuchen, dieses Netz zu verstehen.

Dabei ist es für die Führungsarbeit sehr hilfreich, Organisationen aus verschiedenen Blickwinkeln zu betrachten. Je nach Betrachtungsweise empfehlen sich höchst unterschiedliche Steuerungs- und Führungskonzepte.

Der Amerikaner Gareth Morgan beschreibt insgesamt acht unterschiedliche Metaphern und ihre Implikationen für den Aufbau, die Veränderung und die Steuerung von Organisationen (vgl. G. Morgan, 2000).

- Organisation als Maschine
- Organisation als Organismus
- Organisation als Gehirn
- Organisation als Kultur
- Organisation als politisches System
- Organisation als psychisches Gefängnis
- Organisation als Fluss und Wandel
- Organisation als Machtinstrument

Warum sind die Bilder, die Gareth Morgan zeichnet, so zentral? Jede Perspektive für sich genommen, erscheint nur sehr bedingt aussagekräftig. Im Gegenteil: Eine Organisation nur als „Maschine" oder als „psychisches Gefängnis" zu betrachten, mutet zunächst seltsam an: Diese Sichtweise wäre einseitig und stark überzogen.

Die Stärke von Morgans Ansatz liegt eben darin, dass er Organisationen aus *unterschiedlichen* Perspektiven betrachtet. Wer nur von einer einzelnen Perspektive ausgeht, wird die Organisation, in der er sich befindet, auf immer dieselbe Art und Weise deuten. Wer aber in der Lage ist, verschiedene Perspektiven einzunehmen, der wird mit großer Wahrscheinlichkeit durch die Änderung seiner Blickrichtung neue Lösungen für Probleme der Organisation finden. Die Art und Weise, wie wir ein System – oder eben eine Organisation – betrachten, hat also einen Einfluss darauf, wie wir sie beeinflussen und im günstigsten Fall positiv verändern werden.

Im Folgenden greifen wir exemplarisch die ersten beiden dieser Metaphern heraus (alle weiteren Metaphern finden Sie detailliert beschrieben unter der Internetadresse: http://www.leaders-circle.at/organisationsbilder.html, Stand: 06.04.2010).

Organisation als Maschine

Diese Einschätzung von Organisationen ist eng mit dem Begriff des Taylorismus verbunden. Im Kern steht hier die Annahme, dass Organisationen ebenso voraussagbar funktionieren wie Maschinen. Entsprechend sind die Adjektive „routinemäßig", „effizient", „verlässlich" und „vorhersehbar" Ausdruck dieser Sichtweise. Das Management wiegt sich dabei in der trügerischen Sicherheit, die Organisation zu beherrschen. Daher wird diese Betrachtungsweise auch gerne als „triviale Sicht von Organisationen" bezeichnet. Im Alltag ist sie häufiger anzutreffen, als man denken könnte.

Organisation als Organismus

Einen Kontrapunkt zu der obigen Auffassung bildet die Betrachtung von Organisationen als Organismen: Die Organisation wird hier als lebendes System konzeptualisiert. Sie „lebt" in ihrer Markt- und Systemumwelt. Dadurch kommt diesen Aspekten besondere Bedeutung zu:

- Anpassung an veränderte Umgebungen
- Lebenszyklus von Organisationen
- Verschiedene Arten von Organisationen

Das Management sieht sich in diesem Verständnis mit komplexen Herausforderungen konfrontiert – die Folgen seiner Entscheidungen und Handlungen sind nicht linear vorhersagbar. Vielmehr sind immer Interaktionseffekte und „Überraschungen" zu erwarten.

Was können wir aus diesen beiden Bildern folgern? Es geht nicht darum, die „richtige" Denkweise zu finden, sondern darum, eine Denkweise zu entwickeln, die vor Mehrdeutigkeiten und Paradoxien nicht zu kapitulieren braucht. Neue Bilder und Ideen können neue Handlungen hervorbringen, die zu neuen Resultaten führen: Unsere Art, Organisationen zu deuten, beeinflusst unsere Art, sie zu formen.

5.2 Veränderungen gestalten

Beispiel: Veränderungen – das neue Allheilmittel?

Nicht erst seit Barack Obamas triumphalem Auftritt ist das Wort „Change" in aller Munde. Große Unternehmen stellen „Change Manager" ein und bilden „Change Agents" aus, Universitäten bieten ganze Postgraduierten-Studiengänge zum Thema „Veränderungsmanagement" an, und in Fachartikeln kursiert der Begriff „Change 2.0" – was auch immer dies bedeuten soll. In Coachings, Teamworkshops und Flurgesprächen hört man hingegen fast einhellig eine ganz andere Meinung zum Thema Change: „Ich wünschte, man würde uns endlich mal in Ruhe unsere Arbeit machen lassen."

Menschen unterscheiden sich in ihrer Veränderungsbereitschaft und -fähigkeit. Diese Unterschiede basieren auf Faktoren wie Alter, Sozialisation, bisherige Erfahrungen mit Veränderungen, aber auch auf Persönlichkeitseigenschaften, die nur mittel- bis langfristig veränderbar sind.

Große Unterschiede in der Akzeptanz gibt es auch bezüglich der Art der Veränderungen. Selbst initiierte Veränderungen und solche, die mit Vorteilen verbunden sind, erfreuen sich verständlicherweise größerer Beliebtheit als extern auferlegte Veränderungen, die zunächst Nachteile oder Entbehrungen mit sich zu bringen scheinen.

Forschungsergebnisse zeigen jedoch, dass es durchaus möglich ist, Veränderungskompetenz aufzubauen. Gerade für Führungskräfte, deren Aufgabe es häufig ist, Veränderungen zu initiieren und voranzutreiben, ist dies eine Schlüsselkompetenz.

Eine wichtige Voraussetzung für die Entwicklung von Veränderungskompetenz bildet die Beschäftigung mit gängigen Modellen, Typologien und Theorien zum Thema „Umgang mit Veränderungen". Die Kenntnis dieser Grundlagen hilft Ihnen dabei, die Reaktionen von Mitarbeitern (und Ihre eigenen Reaktionen) in Phasen der Veränderung besser zu verstehen.

Eine pragmatische Veränderungstypologie unterscheidet verschiedene Arten von Mitarbeitern: Jene, die einer spezifischen Veränderung positiv aufgeschlossen gegenüberstehen, solche, die eher neutral dazu eingestellt sind, und andere, die die Veränderung negativ bewerten. Diese drei Typen sind jeweils wieder zu unterscheiden in Mitarbeiter, die sich eher aktiv verhalten und solche, die eher passiv sind.

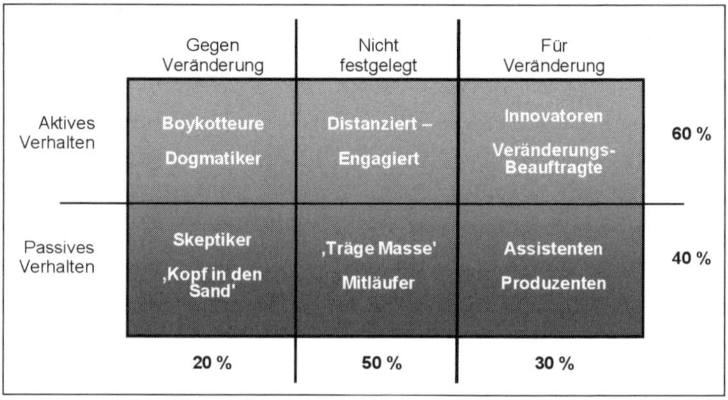

Veränderungstypen

Somit ergeben sich sechs Veränderungstypen. Es ist wichtig, sich über die Zugehörigkeit der einzelnen Mitarbeiter zu den verschiedenen Typen klar zu werden, denn der Umgang mit ihnen erfordert jeweils andere Führungsverhaltensweisen. So sollten „Innovatoren/Veränderungsbeauftragte" (aktiv, positiv) optimalerweise gefördert und selbst dazu in die Lage versetzt werden, andere Mitarbeiter zu überzeugen. „Boykotteure/Dogmatiker" (aktiv, negativ) sollten möglichst sanktioniert werden, um größere Schäden zu vermeiden, während für die „träge Masse" (neutral, passiv) zunächst am wenigsten Energie aufgewendet werden muss.

Kienbaum Expertentipp: Veränderungstypen identifizieren

Versuchen Sie einmal, das oben dargestellte Raster auf Ihre Mitarbeiter in einem laufenden Veränderungsprozess zu beziehen. Beantworten Sie dazu die folgenden Fragen:

- Welche Mitarbeiter sehen Sie in welchem der sechs Felder?
- Wie viel Energie (Arbeitszeit und Nerven) verwenden Sie für welche Mitarbeiter bzw. in welches der sechs Felder fließt aktuell der größte Teil Ihrer Energie?
- In welches Feld/welche Mitarbeiter sollte Ihre Energie effizienterweise fließen?
- Wie können Sie diesen Erkenntnissen entsprechend Ihre Mitarbeiter gut/besser einbinden?

Veränderungsprozesse unterstützen

An dieser Stelle möchten wir Ihnen die „Veränderungskurve" vorstellen. Sie beschreibt die emotionale Reaktion und die selbst wahrgenommene Kompetenz von Menschen im Verlauf von Veränderungsprozessen.
Die Veränderungskurve stammt ursprünglich aus dem klinisch-medizinischen Kontext. Beobachtet wurde dort die von dem Betroffenen wahrgenommene eigene Kompetenz, mit einer Veränderung umgehen zu können. Im Mittelpunkt standen dabei Patienten, die eine schwere Krankheitsdiagnose mitgeteilt bekommen hatten.
Die in diesem Kontext entwickelte Veränderungskurve ist auf viele andere Situationen übertragbar. Wer gravierende Veränderungen erlebt hat (z. B. die abrupte Beendigung einer partnerschaftlichen Beziehung oder den Verlust des Arbeitsplatzes), der wird den in der Kurve dargestellten Verlauf gut nachvollziehen können. Vielleicht reicht es aber zur Verdeutlichung auch schon, das Verhalten von Spitzenpolitikern von Parteien nach „erdrutschartigen Verlusten" zu beobachten.

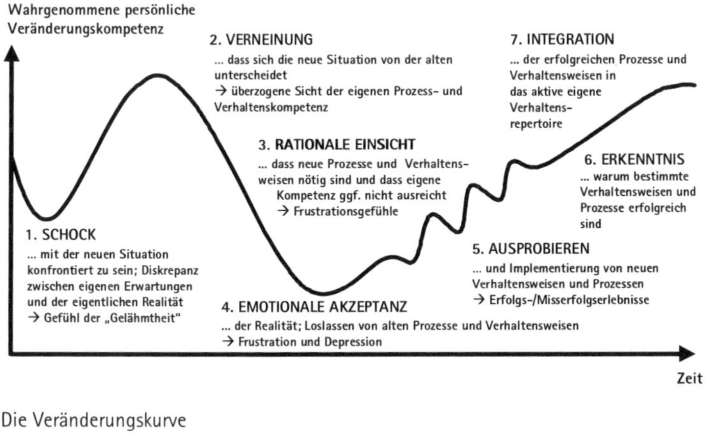

Die Veränderungskurve

Phase 1: Schock

Die Notwendigkeit einer Veränderung beginnt mit der Konfrontation mit unerwarteten Bedingungen. Die Gegensätzlichkeit der eigenen Erwartungen zur Wirklichkeit führt zu einer Phase der Verwirrung und Starre. Es kommt zu einem kurzen Absinken der wahrgenommenen eigenen Kompetenz, da die gewohnten Handlungsableitungen nicht zur eingetretenen Situation passen.

Beispiel: Phase des Schocks

Nach der Nachricht von der Übernahme des Unternehmens durch eine andere Firma sind die Mitarbeiter des gekauften Unternehmens „wie gelähmt". Einen ganzen Tag lang liegt das Firmenleben völlig brach.

Phase 2: Verneinung

Die betroffene Person versucht sich zu ihrer Beruhigung einzureden, dass sich die Situation nicht wesentlich von der alten unterscheide oder dass der alte Zustand schon nach kurzer Zeit wieder herzustellen sein wird. Da der schwierige Veränderungsprozess im eigenen Erleben so einfach und schnell bewältigt wurde, steigt die wahrgenommene eigene Kompetenz erheblich an.

Beispiel: Phase der Verneinung

- Trotz massiver Verluste von Wählerstimmen erklärt ein Politiker in einer Pressekonferenz, „auch in Zukunft eine stabile Regierung bilden zu wollen".
- Ein Mitarbeiter, der einen Kündigungsbrief erhält, wirft diesen weg, da er sicher ist, dass es „ein fehlgeleiteter Brief war".

Phase 3: Rationale Einsicht

Die Einsicht in die Notwendigkeit der Veränderung ist bereits vorhanden, allerdings wird vorrangig auf Sachaspekte fokussiert, da die Konsequenzen für die eigene Person noch ausgeblendet werden.
Die eigenen Aktivitäten werden unverändert fortgeführt. Dies zeigt aber nicht den notwendigen Erfolg, da sich die Rahmenbedingungen/das System um die handelnde Person herum verändert haben. Das führt notwendigerweise zu Frustrationen.

Beispiel: Phase der rationalen Einsicht

- Ein gekündigter Mitarbeiter schreibt in den Wochen nach seinem Ausscheiden zunächst eine Bewerbung nach der anderen – ohne innezuhalten und zu reflektieren, was ihm gerade geschehen ist.

- Eine Person, deren Familie bei einem Unglück ums Leben gekommen ist, organisiert zunächst die Trauerfeier und regelt alle administrativen Aspekte, bevor sie die eigene Trauer zulässt. Dieses Verhalten korrespondiert mit der Aussage: „Ich funktioniere nur noch."

Phase 4: Emotionale Akzeptanz

Während dieser Phase wird die neue Realität schließlich emotional angenommen. Die Einschätzung der eigenen Kompetenz sinkt auf den Tiefpunkt (man glaubt nicht daran, aus dieser Situation „heil" wieder herauszukommen).
Der Betroffene befindet sich „im Tal der Tränen".

Beispiel: Phase der emotionalen Akzeptanz

Auf einem Workshop nach einer Firmenübernahme herrscht am Abend des ersten Tages allgemeiner Katzenjammer. Alle sind sich einig: Irgendwie ist das alles hier sinnlos, wir werden als Firma nie mehr so sein wie früher, und wir haben auch keine Ahnung, wie es wieder aufwärts gehen soll.

Phase 5: Ausprobieren

In dieser Phase geht es vorrangig um das Ausprobieren neuer Fähigkeiten und Verhaltensweisen. Das kann zu Erfolgen oder zu Misserfolgen führen – und entsprechend ändert sich die wahrgenommene Kompetenz, mit der Veränderung umgehen zu können.
Zu diesem Schritt kommt es nicht in allen Fällen. Bei dramatischen Veränderungen kann als nächster Schritt auch Resignation eintreten. Ist die Änderung der eigenen Einstellung jedoch gelungen, dann funktioniert der Zugriff auf die eigenen Ressourcen wieder wesentlich besser.

Beispiel: Phase des Ausprobierens

Nach lang andauernden Protesten nutzen einige Mitarbeiter der übernommenen Firma nun erstmals die neuen IT-Systeme, die das akquirierende Unternehmen ihnen „übergestülpt" hatte. Noch gibt es Unstimmigkeiten und manche Prozesse laufen nicht so gut wie zuvor, aber es zeigen sich erste Erfolgserlebnisse.

Phase 6: Erkenntnis

Durch erhaltenes Feedback und positive Rückmeldungen auf die neuen Verhaltensweisen werden immer mehr Informationen gesammelt, die das eigene Verhalten immer genauer und zufriedenstellender an die neue Situation anpassen.
Es kommt zu einer Erweiterung des Wahrnehmungs-, Denk- und Handlungsspektrums. Die wahrgenommene eigene Kompetenz und Selbstwirksamkeit steigen mit dem Fortschreiten der Veränderung laufend an.

Beispiel: Phase der Erkenntnis

Bei dem gekündigten Mitarbeiter setzt sich immer stärker die Erkenntnis durch, dass er durch die Interviews für neue Stellen die Möglichkeit erhält, verschiedene Firmenkulturen zu vergleichen und sich dann für ein Unternehmen zu entscheiden, welches gut zu ihm passt.

Phase 7: Integration

Optimalerweise gelingt es nun, positive Aspekte der „alten Welt“ und Gutes aus der „neuen Welt“ in die aktuelle Situation zu integrieren. Die wahrgenommene Kompetenz ist höher als vor Eintritt der Veränderung, denn der Betroffene hat festgestellt, dass er mit ernsten Problem umgehen kann und fühlt sich für zukünftige Herausforderungen gewappnet.

Beispiel: Phase der Integration

Der von seiner Lebensgefährtin Verlassene ist in einer neuen Beziehung glücklich. Er hat sich die Dinge, die seine frühere Partnerin zur Trennung veranlasst haben, zu Herzen genommen und versucht, diese Verhaltensweisen in der neuen Beziehung nicht mehr an den Tag zu legen.

Der Nutzen der Veränderungskurve

Die Kenntnis der verschiedenen Veränderungsphasen ist ein wichtiger Bestandteil der Veränderungskompetenz. Genauso wichtig ist es, dass Sie sich dessen bewusst sind, als Führungskraft gegenüber Ihren Mitarbeitern häufig einen zeitlichen Vorsprung zu haben. Als Führungskraft ist eine Veränderung im Unternehmen für Sie möglicherweise schon abgeschlossen, während sich Ihre Mitarbeiter noch

im „Tal der Tränen" befinden. Dieser Umstand erfordert viel Verständnis und Fingerspitzengefühl von Ihnen.
Genauso gut kann es sein, dass Sie sich als Führungskraft noch inmitten eines Veränderungsprozesses befinden, während die Geschäftsleitung diese Veränderung längst abgeschlossen hat und bereits neue Veränderungen initiiert.
Daher müssen Sie vor allem eines beachten: In Phasen der Veränderung und entsprechenden emotionalen Verunsicherung ist der Rückhalt des eigenen Teams und der direkten Führungskraft besonders wichtig, genauso wie in Phasen emotionaler Verunsicherung auch im Privatleben die Kernfamilie und das eigene Heim („Cocooning") an Bedeutung gewinnen.

Kienbaum Expertentipp: Konstruktives Verhalten in den verschiedenen Phasen der Veränderungskurve

Als Führungskraft haben Sie viele Möglichkeiten, in den einzelnen Phasen zu intervenieren:

Phase 1: Schock

- Geben Sie Ihren Mitarbeitern direkte, einfache und vollständige Informationen
- Wiederholen Sie Informationen bei Bedarf mehrmals
- Geben Sie die notwendige Zeit zur Verarbeitung
- Sparen Sie sich „gute Ratschläge"
- Schaffen Sie eine Atmosphäre, in der Ihre Mitarbeiter mit der eigenen Angst umgehen können (vermeiden Sie Sarkasmus)

Phase 2: Verneinung

- Geben Sie weiterhin direkte, einfache und vollständige Informationen
- Erkennen Sie ungewöhnliches Verhalten als Abwehrmechanismus und lassen Sie es zu
- Regen Sie Ihre Mitarbeiter zur Reflexion an. Entwickeln Sie eventuell Zukunftsszenarien: „Was wird passieren, wenn wir nichts tun und die Tatsachen ignorieren?"

Phase 3: Rationale Einsicht

- Regen Sie Ihre Mitarbeiter zum Perspektivwechsel an, damit sie sich auch von anderen Standpunkten aus der Veränderung nähern können

- Vermeiden Sie vorschnelle, gut gemeinte Lösungsangebote
- Helfen Sie Ihren Mitarbeitern, emotionalen Zugang zu dem Problem zu gewinnen
- Gehen Sie nicht zu früh davon aus, dass die Veränderung „überstanden" ist

Phase 4: Emotionale Akzeptanz

- Geben Sie Ihren Mitarbeitern Raum für die Verarbeitung
- Bieten Sie Hilfe an, ohne zu drängen („Wenn Sie mich brauchen, bin ich da")
- Hören Sie zu, zeigen Sie Interesse und Verständnis
- Lassen Sie auch Raum für Gespräche mit vertrauten Kollegen
- Richten Sie Fragerunden zum Veränderungsprozess ein

Phase 5: Ausprobieren

- Geben Sie Ihren Mitarbeitern ausreichend Zeit
- Erhalten Sie Kommunikationsangebote aufrecht
- Leisten Sie konkrete Hilfestellungen
- Identifizieren Sie Verbesserungspotenziale
- Sanktionieren Sie Fehler nicht, wenn der Wille zum Ausprobieren besteht

Phase 6: Erkenntnis

- Geben Sie Ihren Mitarbeitern Feedback, was besonders gut lief und welche Vorgehensweise an welcher Stelle sinnvoll war
- Würdigen Sie geleistete Arbeit und Erfolge
- Stärken Sie die Kooperation in der Gruppe
- Achten Sie darauf, dass kein Mitarbeiter zurückbleibt

Phase 7: Integration

- Vermeiden Sie es, im Nachhinein Gewinner und Verlierer zu kreieren
- Geben Sie unerwartetes Lob, spornen Sie Ihre Mitarbeiter an
- Betreiben Sie Wissensmanagement: Nutzen Sie Erfolgsfaktoren und Erfahrungen aus Fehlern für andere Projekte

Veränderungsprozesse initiieren

Die Kenntnis der Veränderungskurve kann Ihnen primär dabei helfen, Ihr Team oder auch einzelne Mitarbeiter im Verlauf größerer

Veränderungsprozesse zu unterstützen. Wie gehen Sie aber vor, wenn Sie selbst Veränderungsprozesse initiieren wollen? Wie bekommen Sie die „kritische Masse“ an Mitarbeitern auf Ihre Seite?

Der amerikanische Organisationswissenschaftler und Professor der Harvard University John P. Kotter hat sich sehr intensiv mit diesem Thema beschäftigt.

Kotter ist der Autor weltweit bedeutender Werke zum Management. Die 8 Schritte eines erfolgreichen Veränderungsprozesses aus seinem Bestseller „Leading Change“ (J. P. Kotter, 1996) gehören zu den Grundlagen moderner Change-Managementtheorie. In einer besonders leserfreundlichen Version hat Kotter diese Schritte in dem Buch „Das Pinguin-Prinzip“ (J. P. Kotter, 2009) dargestellt. In dem Kurzroman entdeckt ein Pinguin, dass der Eisberg, auf dem er und seine Pinguinkolonie sich befinden, zu schmelzen droht. Er versucht daher, eine Veränderung zu initiieren und die Kolonie davon zu überzeugen, auf einen anderen Eisberg umzuziehen.

Mit Sicherheit werden Sie selten die Aufgabe haben, Pinguine zum Umzug auf einen anderen Eisberg zu bewegen. Die hier erläuterten Schritte eignen sich aber auch für die Initiierung von Veränderungen im beruflichen Kontext, wie z. B. den Umzug in ein neues Bürogebäude, die Einführung neuer, verbesserter Systeme oder die Arbeit in neu zusammengestellten Teams.

Die 8 Schritte nach Kotter

Schritt 1: Tragen Sie dazu bei, dass Andere die Notwendigkeit der Veränderung und die Wichtigkeit sofortigen Handelns erkennen!

Schritt 2: Sorgen Sie dafür, dass ein kompetentes Team durch die Veränderung führt!

Schritt 3: Klären Sie, in welcher Weise sich die Zukunft von der Vergangenheit unterscheiden wird!

Schritt 4: Sorgen Sie dafür, dass möglichst viele Andere die Zielvorstellungen und die Strategie verstehen und akzeptieren!

Schritt 5: Beseitigen Sie so viele Hindernisse wie möglich!

Schritt 6: Erzielen Sie so schnell wie möglich einige sichtbare, eindeutige Erfolge!

Schritt 7: Drängen Sie nach den ersten Erfolgen noch eiliger und dynamischer voran!

Schritt 8: Halten Sie an den neuen Verhaltensweisen fest und sichern Sie ihren Erfolg, bis die Innovationen genügend gefestigt sind, um alte Traditionen abzulösen!

Soweit J. P. Kotters Handlungsanweisungen in Kurzform. Wir geben Ihnen natürlich noch weitere Anregungen zu den einzelnen Schritten sowie einige wichtige Dos und Don'ts mit auf den Weg.

Schritt 1: Tragen Sie dazu bei, dass Andere die Notwendigkeit der Veränderung und die Wichtigkeit sofortigen Handelns erkennen!

Denkansatz

Wurde den Mitarbeitern das Problem deutlich vor Augen geführt?

Das funktioniert	Das funktioniert nicht
• Notwendigkeit und Vorteile von Veränderungen darlegen, die die einzelnen Mitarbeiter sehen und fühlen können • Den Mitarbeitern dabei das Gefühl vermitteln, dass Veränderungen eine Chance sind und dass sie am anstehenden Wandel tatkräftig mitwirken können	• Sich nur auf einen rationalen Geschäftsplan konzentrieren, ohne die Gefühle der Personen, die eine Veränderung blockieren können, zu beachten

Schritt 2: Sorgen Sie dafür, dass ein kompetentes Team durch die Veränderungen führt!

Denkansatz

Besitzt das Team Führungsqualitäten, Glaubwürdigkeit, analytische und kommunikative Fähigkeiten sowie Durchsetzungskraft und Engagement?

Das funktioniert	Das funktioniert nicht
• Sitzungen im Leitungsteam gut strukturieren, um Enttäuschungen vorzubeugen und Vertrauen zu stärken	• Die Veränderung mit einem schwachen Leitungsteam steuern (Individualisten, komplexe Verwaltungsstrukturen, zersplitterte Subteams)

• Teammitglieder wählen, die sich durch große Glaubwürdigkeit, fachliche Expertise und Führungsqualitäten auszeichnen	• Ohne Unterstützung des Topmanagements arbeiten (weniger als 75 % der Entscheidungsträger sind vom Veränderungsprozess überzeugt)

Schritt 3: Klären Sie, in welcher Weise sich die Zukunft von der Vergangenheit unterscheiden wird!

Denkansatz

Ist die Botschaft einfach genug, damit die Zielvorstellung auch verstanden und erinnert werden kann?

Das funktioniert	Das funktioniert nicht
• Klare, zukunftsweisende Visionen entwickeln, die schnell und in einfacher, bildhafter Weise kommunizierbar sind • Realistische und erreichbare Unterziele einführen	• Die Annahme, geradlinige, logische Konzepte und Budgets führten bei allen Mitarbeitern automatisch zu angemessenem Verhalten • Schwammige und unerreichbare (oder gar keine) Unterziele

Schritt 4: Sorgen Sie dafür, dass möglichst viele Andere die Zielvorstellungen und die Strategie verstehen und akzeptieren!

Denkansatz

Wie werden die Mitarbeiter über die Veränderungen informiert?

Das funktioniert	Das funktioniert nicht
• Einfache und emotionale Botschaften senden, anstatt kompliziert und technokratisch zu kommunizieren • Die Vision visualisieren (z. B. mithilfe von Metaphern, Beispielen und Analogien) • Ängste, Verwirrungen, Ärger und Misstrauen offen ansprechen	• „Wasser predigen und Wein trinken" (dies fördert den Zynismus) • Sich auf schriftliche Kommunikationswege (z. B. E-Mail) beschränken

Schritt 5: Beseitigen Sie so viele Hindernisse wie möglich!

Denkansatz

Welche alten Regeln, die der Umsetzung der Zielvorstellung im Weg sind, müssen verändert oder aufgegeben werden?

Das funktioniert

- Große Hindernisse beseitigen, um die Glaubwürdigkeit des gesamten Prozesses zu sichern
- Qualifizierungsmaßnahmen für die Mitarbeiter durchführen

Das funktioniert nicht

- Alle Barrieren auf einmal abbauen wollen
- Von Mitarbeitern verändertes Verhalten fordern, wenn Qualifikationen und Systeme noch nicht angepasst sind

Schritt 6: Erzielen Sie so schnell wie möglich einige sichtbare, eindeutige Erfolge!

Denkansatz

Wurde den Mitarbeitern ein Ziel gesetzt, das diese einfach erreichen können? Welche Möglichkeiten gibt es, den Beitrag der Mitarbeiter öffentlich anzuerkennen?

Das funktioniert

- Erste, bedeutungsvolle Erfolge sichtbar machen und systematisch darstellen
- Leistungen der wichtigsten Change-Agenten würdigen

Das funktioniert nicht

- Die Wahrheit künstlich aufbauschen und Erfolge erfinden
- „Den Krieg vorzeitig für gewonnen erklären"

Schritt 7: Drängen Sie nach den ersten Erfolgen noch eiliger und dynamischer voran!

Denkansatz

Welche Abläufe sind unnötig und können abgeschafft werden, um zu verhindern, dass die Veränderungsbereitschaft wieder abnimmt?

Das funktioniert

- Nachhaltigkeit von Veränderungen sichern

Das funktioniert nicht

- Mit falschen Personalentscheidungen (z. B. Beförderungen von Veränderungsgegnern) die Arbeit zunichte machen

Das funktioniert	Das funktioniert nicht
• Gewonnene Glaubwürdigkeit nutzen („Veränderungen können funktionieren")	• Zu früh davon überzeugt sein, der Prozess sei abgeschlossen und das Interesse verlieren

Schritt 8
Halten Sie an den neuen Verhaltensweisen fest und sichern Sie ihren Erfolg, bis die Innovationen genügend gefestigt sind, um alte Traditionen abzulösen!

Denkansatz
Wie kann sichergestellt werden, dass sich die Mitarbeiter entsprechend der neuen Voraussetzungen verhalten?

Das funktioniert	Das funktioniert nicht
• Leistungsniveaus weiterhin hoch halten • Wiederholt kommunizieren, wie und warum die neue Organisation funktionieren wird und funktioniert	• Den Kulturwandel in wenigen Wochen oder Monaten beenden wollen

Wahrscheinlich wird es Ihnen nicht möglich sein, alle Schritte der Reihe nach „lehrbuchmäßig" durchzuführen. Einige Schritte überschneiden sich, manche sind aufgrund äußerer Rahmenbedingungen schwerer zu realisieren als andere. Dennoch ist es günstig, wenn Sie bei der Initiierung und Durchführung von Veränderungsprozessen stets alle acht Schritte zumindest vor Augen haben. Machen Sie sich dazu die Konsequenzen des Fehlens einzelner Schritte bewusst:

- Wenn die Mitarbeiter nicht erkennen, warum Sie etwas verändern wollen, wird es schwer sein, sie zu ungewohnten Verhaltensweisen zu bewegen.
- Wenn kein kompetentes Team durch die Veränderungen führt, verausgaben Sie sich schnell als Einzelkämpfer. Ist das Team nicht repräsentativ ausgewählt, so fühlen sich einige Betroffene übergangen und könnten zu Boykotteuren des Prozesses werden.
- Wenn Sie keine klare Zielvorstellung entwickeln, wissen Ihre Mitarbeiter nicht, in welche Richtung sie streben sollen.
- ...

Die Durchführung größerer Veränderungen gehört zu den schwierigsten Aufgaben einer Führungskraft. Am Anfang jedes Veränderungsprozesses steht die eigene Einstellung zu den beabsichtigten Veränderungen. Hinterfragen Sie Ihre eigene Haltung kritisch: Wenn Sie dabei feststellen, dass Ihnen die angestrebten Veränderung tatsächlich lästig ist, werden Sie Schwierigkeiten haben, diese glaubwürdig zu initiieren und vorzuleben!

5.3 Literatur

- Kotter, J. P. (1996): Leading Change. McGraw-Hill Professional.
- Kotter, J. P. (2009): Das Pinguin-Prinzip: Wie Veränderung zum Erfolg führt. Droemer/Knaur.
- Morgan, G. (2000): Bilder der Organisation. Klett-Cotta.

6 Besondere Herausforderungen in der Führung

Herausforderungen stehen im Führungsalltag an oberster Stelle der Tagesordnung. Die Situationen sind ganz unterschiedlich und auch erfahrene Führungskräfte sehen sich immer wieder mit neuen Problemen konfrontiert, für die sie keine zufriedenstellende Lösung parat haben. Dies kann zwei Gründe haben:

- Es existiert keine in jeder Hinsicht befriedigende Lösung (mehr zu diesem Thema finden Sie im Kapitel 1.4).
- Die optimale – oder bestmögliche – Lösung konnte bislang noch nicht gefunden werden, weil die Führungskraft selbst zu sehr in die Situation involviert ist.

Wie gesagt: Herausfordernde Situationen können sehr unterschiedlich aussehen. Daher können wir an dieser Stelle auch nicht alle möglicherweise auftretenden Schwierigkeiten diskutieren. Wir wollen uns also hier auf drei wesentliche Probleme beschränken:

- Das Führen ohne Vorgesetztenfunktion: Welche Möglichkeiten haben Sie, wenn Sie als Projektleiter keine disziplinarische Führungsverantwortung für Ihre Projektmitarbeiter haben? Welche Gelegenheiten haben Sie, den Auftraggeber des Projekts bzw. Ihren eigenen Vorgesetzten zu „führen"?
- Die Führung von Führungskräften: Sie haben nun schon Etliches über die Führung von Mitarbeitern, die selbst keine Führungsverantwortung haben, erfahren. Welche Besonderheiten der Führung ergeben sich aber, wenn Ihre Mitarbeiter wiederum eigene Mitarbeiter haben, die sie führen müssen?
- Der Umgang mit sozialen Konflikten: Konflikte entstehen überall dort, wo Menschen aufeinandertreffen. Das Konfliktmanagement ist daher eine zentrale Aufgabe jeder Führungskraft. Was sind in Konfliktfällen die wichtigsten Anforderungen an die Führungskraft? Wie können Konflikte so gelöst werden, dass alle Beteiligten ihr Gesicht dabei wahren?

Da Ihnen in Ihrem Berufsalltag natürlich auch noch ganz anders geartete Herausforderungen begegnen werden, legen wir Ihnen zuerst noch eine allgemein bewährte Methode zur Problembehandlung ans Herz: die „Kollegiale Fallberatung". Mit dieser Technik kann sich ein „Falleinbringer" von seinen Kollegen zu einem bestimmten Problem beraten lassen.

Kienbaum Expertentipp: Die Kollegiale Fallberatung

Hintergrund

Die Herkunft der Kollegialen Fallberatung ist nicht genau zu ermitteln. Man geht davon aus, dass es sich um eine Methode der Pädagogik handelt, die seit den 1970er-Jahren durch Einflüsse verschiedener psychologischer und systemischer Schulen weiterentwickelt wurde.

Dementsprechend gibt es heute viele verschiedene Verfahren der Kollegialen Fallberatung. Hier wollen wir Ihnen eine Möglichkeit vorstellen, die aus unserer Praxiserfahrung heraus leicht zu erlernen sowie ökonomisch durchführbar ist und gleichzeitig gute Ergebnisse erbringt.

Verfahrensgrundlagen

Bei allen Varianten der Kollegialen Fallberatung handelt es sich um strukturierte Verfahren, in denen ein „Falleinbringer" sein Problem schildert und eine Gruppe von „Beratern" (in der Regel drei bis maximal acht Personen) in mehreren Phasen Lösungsvorschläge erarbeitet.

Die Kollegiale Fallberatung ist für alle Probleme und Situationen geeignet, auf die der Falleinbringer in irgendeiner Weise Einfluss nehmen kann. Probleme aufgrund unveränderbarer organisationaler Rahmenbedingungen, bereits abgeschlossene Situationen oder Themen außerhalb des eigenen Einflussbereichs (wie sie im Kapitel 4.3 vorgestellt wurden) eignen sich also nicht für eine Kollegiale Fallberatung.

In der Kollegialen Fallberatung werden in der Regel sehr vertrauliche Themen diskutiert. Häufig stellt der Falleinbringer dabei fest, dass er sich in der Vergangenheit besser hätte verhalten können. Voraussetzungen sind daher ein großes Vertrauen unter den beteiligten Personen und die absolute Verschwiegenheit jedes Einzelnen. Es liegt auf der Hand, dass hier keine Konfliktfälle bearbeitet werden sollten, die zwischen Gruppenmitglieder bestehen.

Neben dem Falleinbringer sind zwei weitere Rollen zu besetzen, die sich aus dem Kreis der Berater rekrutieren. Der *Moderator* führt die Gruppe durch die einzelnen Phasen der Beratung und schreibt wichtige Gedanken des Prozesses für alle gut sichtbar mit. Er kann wahlweise selbst auf die Zeit achten oder einen *Zeitnehmer* bestimmen, der ihm ein Zeichen gibt, wenn die vordefinierten Zeitfenster der einzelnen Beratungsphasen abgelaufen sind. Sowohl Zeitnehmer als auch Moderator können sich an der Beratung des Falleinbringers beteiligen. Gerade ungeübte Moderatoren sind in der Regel aber durch die Moderation stark beansprucht. Wenn das der Fall ist, sollten sie sich auf diese Rolle konzentrieren und die Beratung den anderen Gruppenmitgliedern überlassen.

Durchführung

Die hier vorgestellte Variante der Kollegialen Fallberatung umfasst sechs Prozessschritte, deren Einhaltung durch Moderator und Zeitnehmer genau kontrolliert werden.

1. Phase (10 Minuten)

Der Falleinbringer schildert seinen Fall und alle dazugehörigen sowie aus seiner Sicht relevanten Fakten. Bei der Schilderung wird er nicht durch die Berater unterbrochen. Die Darstellung sollte möglichst sachlich und emotionsfrei erfolgen. Zum Abschluss seiner Ausführungen legt der Falleinbringer die Fragestellung dar, zu der er Lösungsvorschläge erarbeiten lassen möchte.

2. Phase (maximal 10 Minuten)

Die Berater stellen Verständnisfragen, die der Falleinbringer direkt beantwortet. Der Moderator achtet darauf, dass es sich um reine Verständnisfragen handelt – in dieser Phase sollten noch keine Hypothesen oder Lösungsvorschläge (z. B.: „könnte es sein, dass Du mal ein Gespräch mit Deinem Mitarbeiter führen müsstest") ausgesprochen werden. Ziel ist es, dass die Berater ein umfassendes Situationsverständnis erlangen. Tipp: Meist beginnen die Berater, hypothesengeleitete Fragen zu stellen, sobald sie ein ausreichendes Verständnis der Situation erlangt haben. Dies ist der richtige Moment, um Phase 3 einzuleiten.

3. Phase (10 Minuten)

Die Berater formulieren Hypothesen, wie es zu der aktuellen Situation gekommen sein könnte. Diese Annahmen enthalten noch keinerlei Lösungsvorschläge (schlechte Formulierung: „Ich glaube, er sollte ein Gespräch mit seinem Mitarbeiter führen"; gute Formulierung: „Mir scheint, dass es zu diesem Thema noch keine ausreichende Aussprache zwischen ihm und seinem Mitarbeiter gab"). Die Berater sprechen in dieser Phase so miteinander, als wäre der Falleinbringer nicht im Raum. Der Falleinbringer hört schweigend zu, lässt die Hypothesen auf sich wirken, äußert aber weder verbal noch nonverbal Zustimmung oder Ablehnung zu den Äußerungen der Berater. Der Moderator sollte in dieser Phase sofort intervenieren, wenn der Falleinbringer durch einen Berater direkt angesprochen wird oder wenn es zu einer Vermischung von Hypothesen und Lösungen kommt. Der Moderator achtet außerdem darauf, dass alle genannten Hypothesen die gleiche Wertigkeit erhalten. Dies bedeutet, dass die einzelnen Annahmen nicht durch die anderen Berater kommentiert werden (schlecht wäre eine Äußerung wie: „Ich glaube, dass deine Hypothese nicht richtig ist, weil ..."). Eine Weiterentwicklung einer Hypothese ist jedoch gestattet (z. B.: „Diese Hypothese finde ich interessant. Ich glaube außerdem, dass ..."). Der Moderator schreibt alle Hypothesen für alle Beteiligten gut sichtbar auf. Derjenige Berater, der eine bestimmte Hypothese eingebracht hat, darf den Moderator korrigieren, wenn die Niederschrift nicht seiner Hypothese entspricht.

4. Phase (5 Minuten)

Der Falleinbringer entscheidet sich für eine der Hypothesen, die ihm besonders interessant erscheint und mit der er gerne weiterarbeiten möchte. Es hat sich bewährt, dass der Falleinbringer dazu mit einem roten und einem grünen Stift an die Mitschrift der Hypothesen herantritt und die Annahmen danach markiert, ob sie ihm mehr oder weniger zusagen. Dabei sollte er „laut denken", um den Beratern einen weiteren Einblick in seine Gedankenwelt zu ermöglichen. Am Ende dieses Prozesses sollte eine Hypothese übrig bleiben. Häufig kommt es vor, dass aus der Sicht des Falleinbringers mehrere Hypothesen zusammenhängen. In diesem Fall ist es seine Aufgabe, die grundlegendste Annahme herauszuarbeiten. In der folgenden Phase kann dann unter Umständen auch mit zwei zusammenhängenden Hypothesen weitergearbeitet werden – nicht jedoch mit zwei Hypothesen, die nichts miteinander zu tun haben, sondern völlig unterschiedliche Ansätze darstellen.

5. Phase (10 Minuten)

Diese Phase verläuft formal ebenso wie die 3. Phase: Der Falleinbringer hört schweigend zu, die Berater generieren diesmal Lösungsvorschläge für die in der 4. Phase gewählte Hypothese, sprechen aber erneut nur miteinander und nicht direkt mit dem Falleinbringer. Auch eine Bewertung der Lösungsvorschläge anderer Berater ist nicht gestattet, wohl aber die Weiterentwicklung von Lösungen. Der Moderator achtet darauf, dass sich die Lösungsvorschläge auf die vom Falleinbringer ausgewählte(n) Hypothese(n) beziehen – und nicht etwa auf andere, die der Falleinbringer verworfen hatte – und schreibt alle Lösungsvorschläge für alle Beteiligten gut sichtbar mit.

6. Phase (5 Minuten)

Die letzte Phase verläuft analog zur 4. Phase in der Weise, dass der Falleinbringer den Beratern Einblick in seine Gedankenwelt gibt. Laut „denkend" tritt er erneut mit rotem und grünem Stift an die Lösungsvorschläge heran und markiert Lösungen, die aus seiner Sicht seinem Problem adäquat sind. In dieser Phase ist es jedoch möglich, mehrere Lösungsvorschläge stehen zu lassen. Abschließend formuliert der Falleinbringer, welche konkreten Schritte er anschließend in der Praxis einleiten wird, um sein Problem zu bearbeiten.

Hinweise zum Ablauf

Die sechste Phase schließt die Kollegiale Fallberatung ab. Häufig haben die Berater nun den Impuls, weiter mit dem Falleinbringer zu diskutieren und ihm noch einmal darzulegen, warum sie der Meinung sind, dass die verworfene Hypothese, die sie selbst eingebracht haben, doch die richtige ist. Dieser Impuls ist Ausdruck dafür, dass die Beratung für die Berater nicht zufriedenstellend war. Das spielt in der Methode der Kollegialen Fallberatung jedoch keine Rolle. Wichtig ist letztlich nur, dass der Falleinbringer selbst am Ende der Beratung zufrieden ist. Das hat gute Gründe:

Laut dem konstruktivistischen Ansatz (den Sie im Kapitel 3.2 kennengelernt haben) konstruiert sich jeder seine Wirklichkeit selbst. Das bedeutet, dass sich die Ursachen und Lösungsmöglichkeiten eines Problems für jede einzelne Person anders darstellen. Die Kollegiale Fallberatung trägt diesem Gedanken Rechnung, indem sie den Falleinbringer über Hypothese und Lösungsansätze allein entscheiden lässt. Die Berater haben hier lediglich die Funktion, verschiedene Perspektiven auf das Problem zu eröffnen. Die *richtige* Lösung können sie entsprechend dem Konstruktivismus nicht benennen, denn schließlich ist es nicht ihr eigenes Problem, das diskutiert wird. Alle weiteren Gespräche mit dem Falleinbringer zu dessen Problem sind daher unnötig und wirken möglicherweise sogar destruktiv. Der Moderator sollte solche Versuche also unterbinden und nötigenfalls dazu den konstruktivistischen Ansatz erläutern.

Dieser Gedanke vermittelt außerdem, dass es keine mangelnde Wertschätzung bedeutet, wenn der Falleinbringer Hypothesen oder Lösungen streicht oder plakativ rot markiert. Die Negativselektion ist für den Erkenntnisprozess des Falleinbringers häufig genauso wichtig wie die Positivselektion. Auch diesen Umstand sollte der Moderator darlegen, wenn er spürt, dass sich ein Berater „ungerecht behandelt" fühlt.

In der dritten und in der fünften Phase reden die Berater nur miteinander und nicht mit dem Falleinbringer. Die Einhaltung dieser Vorgabe ist wichtig, um den Falleinbringer nicht unabsichtlich zu einer zustimmenden oder ablehnenden Geste zu bewegen. Sobald sich der Falleinbringer verbal oder nonverbal in die Diskussion von Hypothesen oder Lösungen einschaltet, begrenzt er den Möglichkeitsraum, da die Berater unwillkürlich in die Richtung weiterdenken werden, die laut Bemerkung des Falleinbringers den „richtigen" Ansatz bietet. Unter Umständen beraubt sich der Falleinbringer damit einer ganz anderen Perspektive, die nun im Brainstorming der Berater nicht mehr auftauchen wird.

6.1 Führen ohne Vorgesetztenfunktion

Normalerweise führen Projektleiter ihre Mitarbeiter nicht im disziplinarischen Sinne, sondern nur fachlich. Damit besitzen sie keine disziplinarische Macht. Sie sind keine „echten“ Führungskräfte und das Thema Führung „geht sie eigentlich nichts an“.
Dennoch wird auch von Projektleitern erwartet, dass sie Aufgabenpakete zuweisen, Projektmitarbeiter steuern, Budgets überwachen und vor allem ihre Projektziele erreichen. Somit übernehmen sie definitiv Führungsverantwortung.
Dies bedeutet, dass auch die Führungsarbeit des Projektleiters als eigenständige Aufgabe interpretiert werden sollte, zumal sich die Verantwortlichkeiten einer Führungskraft in der Linie (also mit disziplinarischer Führungsverantwortung) und eines Projektleiters nur in Nuancen unterscheiden. Im Folgenden wollen wir daher Wege aufzeigen, wie in der Situation eines Projektleiters, der die oben beschriebenen Verantwortlichkeiten wahrnehmen muss, trotz fehlender hierarchischer Macht Führung gestaltet werden kann.
Sie erahnen schon, dass sich viele Aspekte dieses Kapitels mit denen anderer Kapitel überschneiden. Die wichtigsten Konzepte werden wir an dieser Stelle dennoch erneut aufgreifen, um die relevanten Punkte zusammengefasst darzustellen. Damit Sie sich umfassend informieren können, finden Sie an vielen Stellen wiederum Verweise auf die ausführlichen Darstellungen in anderen Kapiteln.
Aber zurück zum Thema: Dieses Kapitel wird auch die Frage beantworten, welche Relevanz typische Führungskonzepte für den Projektalltag besitzen. Dabei unterscheiden wir zwischen dem Innen- und dem Außenverhältnis des Projekts. Das Innenverhältnis bezieht

sich auf die Führung der Mitarbeiter des Projekts, das Außenverhältnis hingegen auf die Oberleitung durch den Auftraggeber.
Entsprechend werden wir zunächst untersuchen, warum es für den Projektleiter bedeutsam ist, sich als Führungskraft zu positionieren. Anschließend besprechen wir in geraffter Form die Grundlagen der Mitarbeiterführung, bezogen auf ihre Bedeutung für den Projektalltag. Abschließend beschäftigen wir uns mit dem Außenverhältnis: Wie kann der Projektleiter Einfluss auf seinen Auftraggeber ausüben?

Was ist Führung im Projektkontext?

In der wissenschaftlichen Literatur besteht kein Mangel an Ansätzen, die versuchen, den Begriff der Mitarbeiterführung zu definieren. Bereits Ende der 1970er-Jahre existierten über 130 Definitionen des Begriffs „Führung“ (vgl. O. Neuberger, 2002). Trotz dieser ganz unterschiedlichen Definitionen und der dahinterliegenden Ansätze bleibt ihr jeweiliger Erklärungsgehalt umstritten: “Despite many years of leadership research and thousands of studies, we still do not have a clear understanding of what leadership is and how it can be achieved.” (G. B. Graen & M. Uhl-Bien, 1995).
Trotz dieser Unklarheit kann man aber die konkreten Aufgaben eines Projektleiters recht deutlich herausarbeiten. Das folgende Schaubild zeigt die wichtigsten Aspekte.

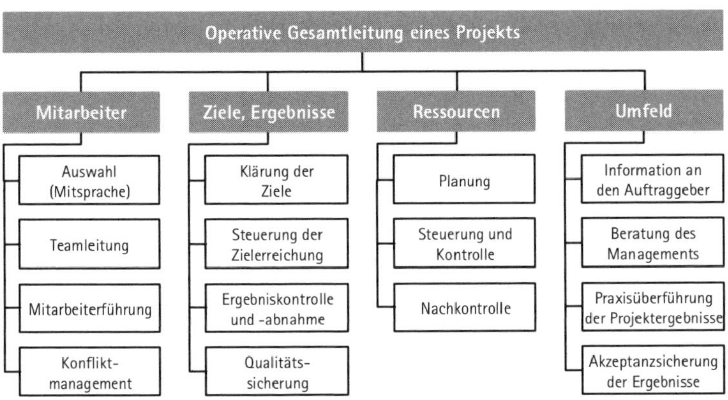

Aufgaben bei der Gesamtleitung eines Projekts

Wir können damit die grundsätzlichen Aufgabenfelder des Projektleiters festhalten:

1. Mitwirken bei der Auswahl der Mitarbeiter, Leiten des zusammengestellten Teams mit allen auftretenden Führungsaufgaben – einschließlich Konfliktmanagement
2. Festlegung der Ziele, Sicherung der Zielerreichung, Qualitätssicherung
3. Verantwortungsvoller Umgang mit Ressourcen
4. Umsetzung der Rahmenbedingungen, Implementierung der Projektergebnisse

Diese Aufgaben scheinen zunächst den generellen Anforderungen an eine Führungskraft sehr ähnlich zu sein. Worin unterscheidet sich also die Führungsarbeit in Projekten von der in der Linie?
Auf den ersten Blick fällt auf, dass Projektmitarbeiter dem Team lediglich temporär zugeordnet sind und der Projektleiter nur eine fachliche Führungsverantwortung besitzt. Die disziplinarische Verantwortung verbleibt gewöhnlich beim eigentlichen Linienvorgesetzten. Richten wir nun den Blick auf die typischen Führungsaufgaben und -werkzeuge. In Anlehnung an den Wirtschaftswissenschaftler Fredmund Malik ergeben sich folgende Führungsaufgaben eines Linienvorgesetzten (vgl. F. Malik, 2006):

- Für Ziele sorgen
- Delegieren
- Entscheiden
- Kontrollieren
- Feedback geben
- Fördern

Hierfür stehen der Führungskraft verschiedene Werkzeuge zur Verfügung:

- Sitzungen
- Mitarbeitergespräche
- Job-Design (Stellenbeschreibung)
- Arbeitsmethodik
- Leistungsbeurteilungen

Wir können feststellen, dass ein Projektleiter nahezu sämtliche Führungsaufgaben wahrnehmen muss, ebenso wie ein Linienvorgesetzter. Er sorgt für Projektziele, delegiert Aufgaben, trifft Entscheidungen, kontrolliert die einzelnen Aufgabenpakete, gibt Feedback und fördert die Projektmitarbeiter, wenn ihm Defizite auffallen.
Lediglich in Bezug auf den letzten Punkt sind hier Einschränkungen zu machen: Generell liegt die Verantwortung für die Personalentwicklung primär beim eigentlichen Linienvorgesetzten. Im Kontext des Projektmanagements ist die Förderaufgabe eher als Coachingfunktion zu verstehen. Der Projektleiter begleitet, leitet an, berät und fördert, um gemeinsam mit den Mitarbeitern das Projektziel zu erreichen.
Hinsichtlich der Führungswerkzeuge ergibt sich ein ähnliches Bild. Der Projektleiter setzt dieselben Instrumente ein wie der Linienvorgesetzte. So leitet er Projektsitzungen, führt Einzelgespräche mit Projektmitarbeitern, entwickelt eine angemessene eigene Arbeitsmethodik und budgetiert projektrelevante Vorgänge.
Für die Aspekte Job-Design und Leistungsbeurteilung gelten hier analog die Aussagen zur Förderung: Zwar nimmt der Projektleiter diese Aufgaben in Teilen war, die Hauptverantwortung verbleibt jedoch beim disziplinarischen Vorgesetzten des jeweiligen Mitarbeiters.
Trotz aller Ähnlichkeiten der Aufgaben und Werkzeuge sollte ein Projektleiter jedoch Besonderheiten beachten. Dabei geht es nicht darum, was der Projektleiter tatsächlich im Alltag tut, sondern darum, was er tun sollte, um gemeinsam mit seinem Team Ergebnisse zu erreichen. Betrachten wir zunächst die *Führungsaufgaben* des Projektleiters im Einzelnen.

Führungsaufgabe: Für Ziele sorgen

Beispiel: Der unklare Projektauftrag

Viele Projektleiter berichten in Coachings und Trainings davon, dass sie keinen klaren Projektauftrag, geschweige denn überprüfbare Ziele mit ihrem (internen) Auftraggeber absprechen können.

Ein Hauptprojektleiter eines großen Automobilzulieferers bringt dieses Problem auf den Punkt: „Mein Geschäftsführer ist mit neuen Projekten schnell dabei. Dann heißt es: Legen Sie schon mal los! Wenn ich danach frage, was genau der Auftrag ist und welche Projektziele für ihn besonders wichtig sind, sagt er nur, dass das Projekt sauber abgewickelt werden soll."

Dem Projektleiter kommt also die Aufgabe zu, sich von seinem Auftraggeber mit Aussagen wie in obigem Beispiel nicht abspeisen zu lassen, sondern einen klaren Auftrag und eindeutige Ziele zu Beginn des Projekts abzuklären. Schließlich darf der Seefahrer, der den Zielhafen seiner Reise nicht kennt, sich nicht wundern, wenn er woanders ankommt.
Da viele Auftraggeber im betrieblichen Alltag zwar eine grobe Idee von dem angestrebten Projektergebnis haben, sich aber mit weiteren Details nicht aufhalten wollen, muss der Projektleiter selbst für Projektziele sorgen. Genauer: Er formuliert einen schriftlichen Projektauftrag und stimmt diesen mit dem Auftraggeber ab. Dieses Schriftstück muss neben dem erwünschten Projektergebnis auch die zentralen Projektziele enthalten.
Diese Ziele kann man nach den Dimensionen Qualität, Zeit, Ressourcen und Budget unterscheiden. Es ist wichtig, die Ziele sorgfältig und überprüfbar zu formulieren. Das populäre SMART-Schema (das wir Ihnen im Kapitel 2.1 vorgestellt haben) bildet einen guten Ansatz für diese Aufgabe. Zur Erinnerung: Ziele sollten

- S pezifisch,
- M essbar,
- A nspruchsvoll,
- R ealistisch und
- T erminiert sein.

Der Projektleiter sollte ein starkes Interesse daran haben, die Ziele handwerklich „sauber" zu formulieren. Denn schließlich wird er an ihnen gemessen werden. Unklare Ziele schaffen Interpretationsspielräume, die zu gefährlichen Missverständnissen führen können. Besonders wichtig ist es bei der Formulierung von Zielen, dass diese dem Einfluss des Betroffenen unterliegen müssen, damit sie auch aus eigener Anstrengung heraus erreichbar sind. Nur so kann der einzelne Bearbeiter ein Gefühl von eigener Kompetenz, Stolz und Tüchtigkeit erlangen und weiter ausbilden, und diese Gefühle sind elementare Voraussetzungen für die Motivation und die gefühlte Verantwortung für ein Gesamtergebnis.

Für Ziele zu sorgen heißt aber auch, diese den Projektmitgliedern zu vermitteln und entsprechend herunterzubrechen. Das führt zu einer weiteren Führungsaufgabe: zur Delegation.

Führungsaufgabe: Delegieren

Die Delegation als Aufgabe der Führungskraft haben wir im Kapitel 3.2 diskutiert. Genau wie in der Linie erfüllt die Delegation auch im Projekt drei Funktionen:

- Sie entlastet den Projektleiter, da er nicht alle Aufgaben selbst erledigen muss.
- Sie schafft Commitment, da sich die Projektmitglieder über ihre Teilaufgaben mit dem Gesamtergebnis identifizieren können.
- Sie kann motivierend und kompetenzsteigernd wirken, wenn die delegierten Aufgaben in ihrem Anspruch dem Reifegrad der einzelnen Mitarbeiter entsprechen.

Wir können also feststellen, dass die Delegation in der Linien- wie auch in der Projektleiterfunktion eine gewichtige Rolle einnimmt. Der Projektleiter sollte dabei jedoch sorgfältig prüfen, welche Aufgaben er selbst übernehmen muss und welche delegierbar sind. Der Managementvordenker Peter F. Drucker gibt dazu den Hinweis: „Führungskräfte zeichnen sich vor allem dadurch aus, dass sie die richtigen Dinge tun, anstatt die Dinge richtig zu tun.“ (P. F. Drucker, 2000). Sie sollten Druckers Aussage aber nicht als Plädoyer für Schlendrian und Nachlässigkeit interpretieren. Vielmehr geht es ihm darum, sorgfältig abzuwägen, welche Aufgaben für das Projekt besonders erfolgskritisch und dringlich sind und welche weniger ausschlaggebend sind.

Grundsätzlich sind beispielsweise die Präsentation des Projektfortschritts im Lenkungsausschuss, das Führen von Einzelgesprächen mit Projektmitarbeitern, die Budgetplanung etc. vom Projektleiter selbst zu erledigen.

Wenn klargestellt ist, welche Aufgaben überhaupt delegierbar sind, gilt es zu entscheiden, welchem Mitarbeiter welche Aufgabe übertragen werden kann. Neben der fachlichen Kompetenz der einzelnen Projektmitarbeiter (natürlich werden in interdisziplinären Projekten Juristen die Vertragsprüfung übernehmen, Verfahrensingenieure den Produktionsprozess gestalten und Biochemiker die notwendigen

chemischen Grundlagen liefern) ist hier der Reifegrad der Projektmitarbeiter das entscheidende Kriterium (Einzelheiten dazu finden Sie im Kapitel 3.1). Der eigene Führungsstil muss also je nach der Zusammensetzung des Projektteams situativ ausgerichtet werden.
Bedingt durch die Projektarbeit, kommen Experten aus unterschiedlichen Bereichen in einem Team zusammen, die natürlich auch als Fachkräfte anerkannt werden wollen und sollten. Umso wichtiger ist es für den Projektleiter, den Reifegrad jedes Einzelnen richtig einzuschätzen, um die Autorität der jeweiligen Fachleute auf ihrem Gebiet nicht anzugreifen.
Freiräume zugestehen und Ergebnisse akzeptieren: Der Projektleiter überzeugt im Idealfall hauptsächlich durch Methodenkompetenz im Hinblick auf Planung, Steuerung und Kommunikation.
Auch in der Projektführung stellen Tendenzen zur Rückdelegation eine mögliche Tücke der Delegationsaufgabe dar. Die Gefahren, aber auch die Lösungsmöglichkeiten dieses Themas haben wir im Kapitel 3.2 aufgezeigt.

Führungsaufgabe: Entscheiden

Einige Projektleiter berichten, dass sie eigentlich keine Entscheidungskompetenz besitzen. Sie würden lediglich Arbeitspakete verteilen. Diese Personen übersehen, dass auch das Verteilen von Arbeit Entscheidungen voraussetzt. Außerdem gilt es, aus einer Vielzahl an konkurrierenden Verfahrensweisen die erfolgswahrscheinlichste auszuwählen, im Notfall Eskalationen einzuleiten etc. Es handelt sich also hier durchaus um Aufgaben, die als Entscheidungen einzustufen sind.
Zunächst stellt sich die grundsätzliche Frage, *wie* eine Entscheidung im Projektalltag zu treffen ist. Eine bewährte, praxistaugliche Entscheidungsmethodik stammt aus der Luftfahrt. Sie teilt den prototypischen Entscheidungsprozess in fünf Phasen ein:

1. Präzise Bestimmung des Problems
2. Spezifizierung der Anforderungen, die die Entscheidung erfüllen muss
3. Identifikation aller existierenden Alternativen
4. Analyse der Konsequenzen jeder einzelnen Alternative
5. Treffen der Entscheidung

Nach der Umsetzung einer Entscheidung sollte unbedingt ein sechster Schritt erfolgen: Die Evaluierung. Sie bietet dem Projektleiter die Möglichkeit, sich in seiner Fähigkeit zum Entscheiden weiterzuentwickeln.

Vor jeder Entscheidung ist der Projektleiter mit einem Dilemma konfrontiert: Auf der einen Seite kann er die Entscheidung alleine treffen und sie anschließend den Mitarbeitern verkünden. Damit spart er wahrscheinlich Zeit, geht aber das Risiko ein, dass die Entscheidung nicht akzeptiert werden wird. Auf der anderen Seite kann er die Entscheidung im Projektteam zur Diskussion stellen. Damit wird er wahrscheinlich eine hohe Akzeptanz erreichen, muss aber in Kauf nehmen, dass der Entscheidungsprozess wesentlich mehr Zeit in Anspruch nehmen wird.

Es gilt daher, bei jeder Entscheidung diese Aspekte gegeneinander abzuwägen und daraufhin den geeigneten Stil zu wählen. Ein Hilfsmittel dafür kann ein Instrument der situativen Führung sein, die wir im Kapitel 3.1 näher erläutert haben. Es zeigt auf, wie viele Möglichkeiten für unterschiedliches Entscheidungsverhalten existieren.

Entscheidung liegt beim Mitarbeiter

Entscheidung liegt beim Vorgesetzten

Autoritär	Patriarchalisch	Beratend	Kooperativ	Partizipativ	Demokratisch
Vorgesetzter entscheidet und ordnet an	Vorgesetzter entscheidet, ist aber bestrebt, die Mitarbeiter von seinen Entscheidungen zu überzeugen, bevor er anordnet	Vorgesetzter entscheidet, gestattet jedoch kritische Fragen zu seinen Entscheidungen, um dadurch Akzeptanz zu erreichen	Vorgesetzter informiert über Entscheidungen, Mitarbeiter haben Gelegenheit, ihre Meinung zu äußern, bevor der Vorgesetzte die Entscheidung trifft	Gruppe erarbeitet Vorschläge; aus der Zahl der gefundenen und akzeptierten Lösungen entscheidet sich der Vorgesetzte für seine Favoriten	Gruppe entscheidet, nachdem der Vorgesetzte das Problem aufgezeigt und Entscheidungsspielräume festgelegt hat; Vorgesetzter fungiert als Moderator

Kontinuum der Führungsstile (R. Tannenbaum & W. H. Schmidt, 1958)

Wir wollen, im Gegensatz zu häufig vertretenen Ansichten, an dieser Stelle nicht zu einem bestimmten Führungsstil raten. Im Sinne der dyadischen Führung ist es hingegen wichtig, sich im Rahmen des gezeigten Kontinuums flexibel zu verhalten und – bezogen auf die konkrete Situation und die individuellen Mitarbeiter – die jeweils richtige Entscheidungsform zu wählen.

Führungsaufgabe: Kontrollieren

Das Wort Kontrolle ist im deutschen Sprachgebrauch oft negativ besetzt. Assoziationen wie Nachspionieren, Überwachen, auf Fehler warten oder Misstrauen drängen sich auf. Wir schlagen Ihnen vor, Kontrolle anders zu begreifen. Und zwar als Wertschätzung! Natürlich verlangt das nach einer Erklärung: Grundsätzlich ist für den Projektleiter die Kontrolle eine wichtige Aufgabe, denn wer führt, ohne zu kontrollieren, der führt nicht. Insbesondere das Nachhalten von Arbeitspaketen und Meilensteinen sind schließlich originäre Aufgaben des Projektleiters. So verstanden, ist die Kontrolle das notwendige Pendant zu Delegation und Zielvereinbarung. Denn jeder Projektleiter, der delegierte Aufgaben nicht überprüft, agiert „laissez-faire“ und überlässt es dem Zufall, ob die Projektziele erreicht werden.

Soweit dürfte die Argumentation einsichtig sein. Worin aber liegt die wertschätzende Komponente der Kontrolle? Stellen Sie sich vor, Ihr Vorgesetzter überträgt Ihnen eine Aufgabe und Sie erledigen diese gewissenhaft. Die Zeit verstreicht und Ihr Vorgesetzter lässt zu dieser Angelegenheit nichts weiter von sich hören. Eines Tages stellt sich heraus, dass die Aufgabe nicht wirklich wichtig gewesen ist ... Wie fühlen Sie sich? Sie sehen also, Kontrolle bedeutet auch: „Ich interessiere mich für Ihre Arbeitsleistung, sie ist mir wichtig!“

Auf welche Weise kann man nun Kontrolle ausüben, ohne eine Negativhaltung zu generieren? Die Grundlage von Kontrolle stellt das Vertrauen in die Leistungsfähigkeit und -bereitschaft des einzelnen Mitarbeiters dar. Daher sollten Kontrollen nie in Form einer Vollerhebung realisiert werden – vielmehr bieten sich stichprobenhafte Überprüfungen an. Eine ideale Gelegenheit zur Kontrolle bietet das Projektmeeting. Der erste Tagesordnungspunkt sollte stets lauten: „Überprüfung des Protokolls der letzten Besprechung und der Arbeitsaufträge“. So kann der Projektleiter elegant kontrollieren, ohne nachzuspionieren.

Es ist günstig, gleich zu Beginn eines Projekts verbindliche Teamregeln zu vereinbaren, in denen Dinge wie der gemeinsame Umgang miteinander, das Verhalten in Problemfällen, die Weitergabe von Informationen, Rechte und Pflichten jedes Beteiligten und eben auch Checks und Zwischenberichte zum Projektstatus fest verein-

bart werden. Wird eine derartige Vereinbarung direkt zu Beginn getroffen – am besten schon in der Kick-off-Veranstaltung – so hat man sich als Projektleiter sein „Mandat" gesichert. Die notwendigen Kontrollen stellen dann lediglich einen Bestandteil der gemeinsamen Normen dar.
Hier werden also erneut die Bedeutung verbindlicher Absprachen und die Wichtigkeit von Regeln für die Zusammenarbeit deutlich, die wir schon in den Kapiteln 1.3 und 4.2 angesprochen haben.

Führungsaufgabe: Feedback geben

Die einfachste und gleichzeitig eine der effektivsten Formen der Personalentwicklung besteht im Feedback an jeden Mitarbeiter. Ohne Feedback arbeitet der Mitarbeiter quasi blind. Mit etwas Glück hat er ein gutes Gespür dafür, ob er seine Arbeit gut macht, sicher sein kann er sich jedoch nicht. Regelmäßiges Feedback führt hingegen dazu, dass der Mitarbeiter seine Energie in die Perfektionierung seiner Aufgaben stecken kann, anstatt sie bei der Suche nach dem richtigen Verhalten zu verpulvern.

Führungsaufgabe: Fördern

Wie bereits oben angesprochen, fällt die eigentliche Förderung oder Personalentwicklungsaufgabe dem disziplinarischen Verantwortlichen zu. Dies ist im Regelfall nicht der Projektleiter. Trotzdem kann er sich in zweifacher Weise der Förderung seiner Mitarbeiter widmen. Zum einen ist es sinnvoll, in Zusammenarbeit mit dem Linienvorgesetzten des betroffenen Projektmitarbeiters notwendige Entwicklungsschritte zu verabreden. Zum anderen hat der Projektleiter ja ein starkes eigenes Interesse daran, dass die einzelnen Mitarbeiter die für das Projekt benötigten Kompetenzen besitzen. Aus diesem Verständnis heraus wird der Projektleiter eigenständig Entwicklungsmaßnahmen ergreifen, wenn die fachlichen oder kompetenzbezogenen Defizite ihm zu groß erscheinen. Das müssen nicht ausschließlich Seminare oder Schulungen sein. Häufig sind die Lektüre von Fachbüchern, Jobrotationen, Hospitationen oder der Besuch von Fachkongressen besser geeignet, um Wissenslücken zu schließen.

So viel zu den Führungsaufgaben des Projektleiters. Schauen wir uns nun die *Werkzeuge* näher an, die ihm dafür zur Verfügung stehen.

Führungswerkzeug: Sitzungen

Projektarbeit manifestiert sich in Projektgruppensitzungen. Dass diese nicht immer einfach zu steuern sind, hat wohl jeder Projektleiter bereits erfahren.

Regelmäßig steht er vor der Herausforderung, die Projektinhalte, die Interessen der Teilnehmer und die Gruppendynamik unter einen Hut zu bringen. An dieser Stelle können wir nur einige zusammenfassende Hinweise dazu geben, wie Meetings effektiv geleitet werden können. Hilfreich ist es ...

- eindeutig zwischen Sitzungen zur Information und zur Themenbearbeitung zu trennen,
- eine Agenda zur Strukturierung der Sitzung zu benutzen,
- penibel den Start- und den Endzeitpunkt einzuhalten,
- den Sitzungsverlauf mit Medien und Hilfsmitteln zu unterstützen,
- potenzielle Störquellen im Vorfeld zu berücksichtigen,
- eine breite Beteiligung aller Teilnehmer sicherzustellen und „Vielredner" zu bremsen sowie
- mit der Frage: „Wer macht was bis wann mit welchem Ergebnis?" für Verbindlichkeit zu sorgen.

Eine ausführliche Darstellung zur effektiven Gestaltung von Besprechungen finden Sie im Kapitel 3.4.

Führungswerkzeug: Mitarbeitergespräch

Viele Aspekte des Mitarbeitergesprächs wurden schon im Kapitel 3.2 diskutiert. Einige der Anlässe für ein Mitarbeitergespräch (wie z. B. Gehaltsverhandlungen) fallen im Projektkontext weg – trotzdem ist das Mitarbeitergespräch auch ohne disziplinarische Vorgesetztenfunktion eines der wichtigsten Werkzeuge: Es dient der planvollen und zielorientierten Kommunikation des Projektleiters mit einem Projektmitarbeiter unter vier Augen. Das Gespräch kann Qualitätsmängel, Nichteinhalten von Meilensteinen etc. zum Thema haben, aber auch die Anerkennung besonderer Leistungen sollte Anlass für ein solches Gespräch sein.

Zögert ein Projektleiter hier und meint, derartige Gespräche seien ausschließlich Aufgabe der Linienführungskräfte, wird er damit einen Teil der notwendigen Positionierung aufgeben. Wie man sich positioniert, wird man auch wahrgenommen.
Der primäre Zweck eines solchen Mitarbeitergesprächs ist es natürlich, die Zielerreichung sicherzustellen. Doch sollte man dabei nie vergessen, dass auch die Motivation der Mitarbeiter letztendlich diesem Zweck dienlich ist. Mit viel Glück werden die Mitarbeiter schon aus selbst sich heraus ihre Aufgabe gerne erfüllen und gar keiner expliziten Motivation bedürfen. Aber davon kann man nicht von vornherein ausgehen. Zur „richtigen" Motivation sind daher zunächst Kenntnisse über die unterschiedlichen Motivationsstrukturen verschiedener Menschen nötig – die einzelnen Mitarbeiter sind möglicherweise durch ganz unterschiedliche Dinge zu motivieren.
Von daher gilt es für den Projektleiter, diese individuellen „Motivationshebel" eines jeden Mitarbeiters im Rahmen von Gesprächen herauszufiltern, um bei dem einzelnen Mitarbeiter an der richtigen Stelle ansetzen zu können. Detaillierte Hinweise zu dieser Aufgabe finden Sie im Kapitel 3.1.

Führungswerkzeug: Job-Design

Auch wenn Projektleiter im Alltag selten schriftliche Stellenbeschreibungen für ihre Projektmitarbeiter abfassen, lohnt sich der Einsatz dieses Werkzeugs. Schließlich ist der Projektleiter für die Projektergebnisse verantwortlich und sollte daher die notwendigen personellen Ressourcen für sein Projekt möglichst präzise beschreiben. Wir sprechen hier allerdings nicht von umfassenden Stellenbeschreibungen, sondern von kurzen Schriftstücken, die Antworten auf die folgenden Fragen liefern:

- Welche fachlichen und überfachlichen Kompetenzen werden für die verschiedenen Funktionen im Projekt benötigt?
- Welche Verantwortung trägt der jeweilige Projektmitarbeiter?
- Welcher zeitliche Aufwand ist mit dem Projekt für den jeweiligen Mitarbeiter verbunden?

Die Klärung und Dokumentation dieser Fragen macht die Auswahl von geeignetem Personal für das Projekt wesentlich leichter. Die Realität sieht häufig jedoch anders aus: „Ich kann mir mein Projektpersonal nicht selbst aussuchen. Ich bin schon froh, wenn ich überhaupt Ressourcen aus der Linie zugewiesen bekomme." Dieser berechtigte Einwand aus der Praxis zeigt deutlich die Problematik der Lage auf. Wenn sich ein Projektleiter an den Ergebnissen seines Projekts messen lassen muss (und das müssen alle!), dann darf er es nicht zulassen, keinen Einfluss auf die Personalauswahl zu haben. Peter F. Drucker drückt diesen Umstand pointiert aus: „Führungskräfte, die keinerlei Anstrengungen unternehmen, ihre Personalentscheidungen angemessen zu treffen, setzen mehr als ihre Leistungsfähigkeit aufs Spiel. Sie riskieren, den Respekt innerhalb ihrer Organisation zu verspielen." (P. F. Drucker, 2000). Das heißt, es ist auch für den Projektleiter von zentraler Bedeutung, das Job-Design für jede Funktion in seinem Projekt schriftlich niederzulegen und diese Unterlagen als Grundlage für die Personalauswahl zu nutzen.

Einflussnahme auf Vorgesetzte und Auftraggeber

Neben der projektinternen Führungsarbeit hat der Projektleiter auch „Außenaufgaben" wahrzunehmen. Ein sehr wichtiger Bereich ist hier die Einflussnahme auf den Projektauftraggeber.

Dieser Aspekt wird in der gängigen Management- und Führungsliteratur selten diskutiert. Wahrscheinlich liegt dem die Annahme zugrunde, dass der Auftraggeber per se nicht zu beeinflussen sei. Schließlich vergibt er den Projektauftrag, bewilligt die Budgets und stellt die Ressourcen zur Verfügung. Somit steht der Projektleiter hier in einem Abhängigkeitsverhältnis. Daraus zu schließen, dass er keinen Einfluss auf den Auftraggeber nehmen könne, greift zu kurz. Schließlich ist der Projektauftraggeber auch nur ein Mensch – und damit in gewissem Rahmen auch beeinflussbar.

Wenn der Projektleiter die Beziehung zu seinem Auftraggeber aktiv managen möchte, so sollte ganz am Anfang die Einsicht stehen: Das Verhalten der Mitarbeiter kann er in gewissen Grenzen beeinflussen, das seines Chefs aber nicht. Nun mag es auch Projektauftraggeber geben, die gegenüber Feedback und Beratung aufgeschlossen sind. Doch die Praxis zeigt: Man sollte eher vom Gegenteil ausgehen. Schließlich handelt es sich bei diesen Personen meist um lebens- und berufserfahrene Mitglieder der Geschäftleitung. Daraus folgt, dass die einzige Möglichkeit zum Management des Auftraggebers in

der Variation des Verhaltens des Projektleiters selbst liegt. Er sollte sich also die Fragen stellen: Welche spezifischen Eigenarten hat mein Auftraggeber? Und wie kann ich mich darauf einstellen? Die Leitfragen zur Einschätzung des Auftraggebers gleichen denen der Führung von Vorgesetzten, die wir Ihnen im Kapitel 6.3 vorstellen werden.
Das Wissen darum, welche menschlichen Eigenschaften der Auftraggeber besitzt und wie er arbeitet, macht es in der Regel relativ einfach, sich darauf einzustellen und in der täglichen Arbeit darauf zu achten. Dies soll kein Plädoyer für opportunistisches Verhalten sein: Vielmehr geht es darum, sich im eigenen Interesse eine gewisse Verhaltensvarianz anzueignen.
So überschaubar sich die Einflussnahme auf den einzelnen Auftraggeber gestaltet, so schwierig ist sie bei Auftraggebergruppen bzw. Lenkungsausschüssen. Erfahrene Projektleiter wenden die oben dargestellten Regeln aber auch hier an. Sie ermitteln z. B. mit einer Stakeholderanalyse (wie sie im Kapitel 2.4 vorgestellt wurde), wer der wichtigste Entscheider in der Runde ist und analysieren diesen dann nach obigem Schema. Außerdem beachten sie penibel die formalen „Spielregeln“ derartiger Gremien. Über diese Regeln kann man sich hervorragend in einem informellen Gespräch mit Mitarbeitern des Vorstandssekretariats informieren.

6.2 Führungskräfte führen

Beispiel: Führungsherausforderungen der Chefs

Nach der umfangreichen Führungskräfteentwicklungsreihe für Teamleiter der Krug Elektro AG geht es nun in die nächste Runde. Sämtliche Teamleiter, knapp einhundert an der Zahl, haben Trainings und Einzelcoachings zu Führungsthemen genossen und gehen seitdem mit einem gestärkten Selbstverständnis und verbesserten Führungskompetenzen ihren Führungsaufgaben nach. Wegen des großen Erfolgs, aber auch wegen der immer lauter werdenden Beschwerden der Trainingsteilnehmer („Das sollte mein Chef auch mal bekommen!" „Warum kehren wir die Treppe eigentlich von unten?") hat der Vorstand beschlossen, den zwölf Bereichsleitern ein vergleichbares Führungskräfteentwicklungsprogramm zukommen zu lassen.

Aus finanziellen Gründen sollen dabei die Inhalte der Teamleiterreihe zugrunde gelegt werden. Führung sei ja gleich Führung, es müssten nur in den Trainingsunterlagen einige Begrifflichkeiten ersetzt werden, und dann könne man mit der Bereichsleiterqualifizierung starten, so der Vorstand.

Auf eigene Faust beschließt Frau Haas, Projektleiterin aus der Personalentwicklung, in einer Anforderungsanalyse zu validieren, ob es denn stimmt, dass die Bereichsleiter an denselben Führungsthemen zu knabbern haben. Sie fragt am Ende jedes Teamleiterworkshops bei den Teilnehmern in einer kurzen Auswertungsrunde nach: „Sind die Führungsherausforderungen der Chefs eigentlich die gleichen wie Ihre oder unterscheiden sie sich?"

Die Antwort von Herrn Sacher, Teamleiter Logistik, fasst die vorherrschende Meinung dazu gut zusammen: „Ich denke, auf höherer Ebene wird Führung eher leichter. Die ganzen operativen Themen fallen weg, der Betriebsrat muss nicht mehr ständig angehört werden und man hat wahrscheinlich seltener mit Schlechtleistung und Arbeitsverweigerung zu tun. Die Teamleiter als direkt Unterstellte bringen doch eine andere Arbeitsmotivation mit."

Frau Haas beschließt daraufhin, die Trainingsreihe auf der Basis dieser Informationen anzupassen, indem sie das Modul „Umgang mit Schlechtleistungen" streicht und stattdessen einen zusätzlichen Vortrag zum Thema „Fit im Business: Gesundheitsmanagement für Topführungskräfte" ins Programm einbaut – und wird unangenehm überrascht: Das Entwicklungskonzept geht für Bereichsleiter nicht auf und wird nach dem zweiten Modul wegen mangelnder Praxisrelevanz abgebrochen.

Häufig sind die Vorstellungen von Fachkräften und von Führungskräften der untersten Führungsebene bezüglich der Führungsanforderungen und -aufgaben höherer Ebenen diffus. Zwar wird hier durchaus wahrgenommen, dass die Intensität des Kontakts mit anderen Interessengruppen (Kunden, Öffentlichkeit, Politik, Vorstand, Tochtergesellschaften etc.) zunimmt und mehr „strategisches Denken" gefragt ist. Da sie jedoch nur einen kleinen Ausschnitt des täglichen Arbeitsspektrums der höheren Führungskräfte wahrnehmen können, wird die Herausforderung in Führungsfragen häufig unterschätzt. „Auf höheren Führungsebenen sitzt man noch mehr in Besprechungen und muss strategisch agieren – für Führung bleibt da einfach weniger Zeit", ist ein häufiger Irrglaube.

Tatsächlich werden die Führungsherausforderungen auf höheren Führungsebenen größer. Außerdem tauchen neuartige Führungsthemen auf, die in dieser Form für Führungskräfte der unteren Ebene gar nicht existieren:

- Aus zeitlichen und häufig auch aus geografischen Gründen können übergeordnete Führungskräfte oft nicht mehr mit allen Führungskräften ihres Bereichs eine tragfähige Führungsdyade aufbauen und ihre Untergebenen direkt führen.
- Zur Kontrolle und Einflussnahme auf schlechte Arbeitsleistung gesellt sich jene auf schlechte Führungsleistung dazu. Die tatsächliche Führungsleistung unterstellter Führungskräfte ist dabei oft äußerst schwer einzuschätzen.
- Eine Leistungskontrolle und -nachhaltung über zwei Ebenen ist stets mit der Gefahr des „Durchregierens“ verbunden. Höhere Führungskräfte müssen zunächst valide Datenpunkte gewinnen, um die Führungsleistung der ihnen unterstellten Führungskräfte messen und beurteilen zu können. Am einfachsten wären diese durch Gespräche mit den Mitarbeitern zu gewinnen. Dieses Vorgehen wird jedoch von den betroffenen Teamleitern häufig als Eingriff in die eigene Autorität und daher als „Todsünde“ empfunden. Darüber hinaus verleiten auch direkte Beschwerden von Mitarbeitern bezüglich ihrer Führungskraft bei einer höheren Führungskraft diese leicht zum „Durchregieren“.
- Für Führungskräfte der untersten Führungsebene liegt bei Veränderungsprozessen die Aufgabe meist in der „Übersetzung“ der Änderungen für ihre Mitarbeiter und in der Implementierung in die operative Arbeit. Für höhere Führungskräfte ist es ungleich schwerer, die eigene Rolle zwischen Geschäftsführung und Mitarbeiterschaft zu definieren – insbesondere in großen Organisationen mit vielen Hierarchiestufen steht die höhere Führungskraft häufig „zwischen Baum und Borke“.
- Dem Anspruch auf Vollständigkeit (z. B. bei Beurteilungen, in der Fürsorglichkeit bei Mitarbeiterproblemen, aber auch in Bezug auf fachliche Inhalte) kann die höhere Führungskraft kaum mehr nachgehen – Priorisierung und Schwerpunktbildung und eine sorgfältige Balance zwischen Fremd- und Selbstorientierung

werden (auch aufgrund der begrenzten eigenen Ressourcen) immer wichtiger.

- Die Etablierung von Führungssystemen und -prozessen gewinnt an Bedeutung. Höhere Führungskräfte können nicht mehr an jedem Mitarbeitergespräch, Coaching oder Training beteiligt sein. Dennoch müssen sie dafür sorgen, dass alle relevanten Vorgänge in der Organisation „funktionieren".
- Höhere Führungskräfte müssen als zusätzliche Aufgaben die Abwägung der Partikularinteressen einzelner Unterabteilungen und die Anleitung der eigenen Führungskräfte/Teamleiter zum vernetzten, abteilungsübergreifenden Denken bewältigen.
- Das eigene Führungsverhalten hat nicht nur Auswirkungen auf Motivation, Qualifikation und Arbeitsergebnisse der Untergebenen, sondern besitzt zusätzlich Vorbildcharakter. Führungskräfte der untersten Führungsebene orientieren sich in ihrem Führungsverhalten an dem eigenen Vorgesetzten. Dieser Umstand macht die Führung für höhere Führungskräfte noch anspruchsvoller und Führungsfehler noch gefährlicher.

Indirekte Führung

Je größer die Organisationseinheit ist, desto schwieriger wird es für die Führungskraft, alles selbst in der Hand zu halten.
Daher liegt eine der größten Herausforderungen für höhere Führungskräfte in dem bewussten Verzicht, alles nach den persönlichen Vorstellungen regeln zu wollen Die Gründe für diese Notwendigkeit sind eindeutig – wollte eine Führungskraft alle Mitarbeitergespräche in einer Organisation selbst führen und alle Fäden in der Hand halten, dann wäre der Bereich notwendigerweise begrenzt durch die Kapazität und Reichweite dieser zentralen Person.
Die indirekte Führung nimmt der Führungskraft die absolute Kontrolle, die Möglichkeit, den eigenen Bereich in allen Einzelheiten zu steuern. (Eigentlich handelt es sich hier eher um den Kontrollglauben: Denn dies wird auch bei direkter Führung nie gelingen.) Stattdessen muss sie dafür sorgen, dass in bestimmten, abstrakten Zügen die eigenen Vorstellungen von Führung und Arbeit etabliert werden – ohne dabei in Detailoperationen einzugreifen.

Das Schaffen von Strukturen, die Einführung von Systemen und die Vorgabe einer klaren Strategie sind somit ebenso Führungsaufgaben wie die Prägung der bereichsinternen Kultur. Viele Führungskräfte unterschätzen die eigene kulturprägende Wirkung. Vergisst ein Bereichsleiter beispielsweise öfters Zusicherungen, die er Mitarbeitern gemacht hat oder kommt eine Führungskraft zu Besprechungen regelmäßig zu spät, dann kann dieses Führungsverhalten den Nährboden für eine Kultur der Unverbindlichkeit in diesem Bereich legen. (Auf den Kulturaspekt werden wir später im Rahmen der Vorbildwirkung näher eingehen.) Vier konkrete Elemente der indirekten Führung sind von besonderer Bedeutung:

1. Eine der wichtigsten Aufgaben höherer Führungskräfte ist es, allen Mitarbeitern und untergeordneten Führungskräften klarzumachen, worin die Leistungen des eigenen Bereichs oder der Organisationseinheit bestehen, was eine gute/sehr gute Leistung und was eine nicht ausreichende Leistung ist.
2. Die übergeordnete Führungskraft muss dafür Sorge tragen, dass ein Feedbackmechanismus in der Organisation etabliert ist. Sie selbst muss die Rückkopplung mit den ihr direkt untergeordneten Führungskräften und Mitarbeitern steuern. Außerdem muss sie sicherstellen, dass auch im restlichen Bereich, also auf allen untergeordneten Ebenen, entsprechende Rückkopplungen zustande kommen.
3. In vielen Fällen kann selbst die höhere Führungskraft keinen direkten Einfluss auf Gehaltserhöhungen, Beförderungen etc. ausüben. Trotzdem ist die Etablierung von Mechanismen zur Belohung und Anerkennung guter Leistungen und zur Sanktionierung schlechter Leistungen (und von Methoden zur Differenzierung unterschiedlich guter Leistungen) ein wichtiges Element der indirekten Führung.
4. Zur indirekten Führung gehört auch das Treffen von Personalentscheidungen. Diese Entscheidungen besitzen zum einen Vorbildcharakter und sind schon deshalb ein Element indirekter Führung – sie sind aber auch das Mittel, um in weiteren verantwortungsvollen Positionen kompetentes Personal zu etablieren, das dazu beiträgt, die Selbstregulation der Organisation funktionsfähig zu halten.

Umgang mit mangelhaften Führungsleistungen

Wer kennt sie nicht – die Beschwerden von Sachbearbeitern, Assistenten oder Fachkräften bezüglich der Führung durch ihren unmittelbaren Vorgesetzten, der wiederum der Zielperson untersteht? Solche Gespräche sind vielen höheren Führungskräften wohlbekannt, sie stellen eine der schwierigsten Herausforderungen der Führungsarbeit dar.

Nur in den seltensten Fällen wird es der oberen Führungskraft sofort möglich sein, sich ein abschließendes Urteil über die Angemessenheit der Beschwerde zu bilden. Intuition und Bauchgefühl deuten mit Sicherheit in die eine oder andere Richtung und sind nicht zu vernachlässigende Quellen. Dennoch müssen auch andere, objektivere Informationen berücksichtigt werden. Für eine rechtlich belastbare Aussage ausreichende „Daten" stehen dabei jedoch fast nie zur Verfügung und können auch nicht gesammelt werden. Die Beurteilung von Führungsleistungen ist also stets von Unsicherheit begleitet – nicht nur nach Beschwerden von Mitarbeitern. Dies ist schon wegen des instrumentellen Charakters, den Führung immer beinhaltet, notwendigerweise so. Kaum ein Teamleiter würde gegenüber einem Bereichsleiter jemals zugeben, dass er schlecht führt, denn der Eindruck, den man von sich selbst vermittelt (das „Impression Management") ist immer Teil des „sich führen lassens".

Die folgende Grafik zeigt einen prototypischen Vorschlag für den Umgang einer höheren Führungskraft mit einer Mitarbeiterbeschwerde. Sie enthält die wichtigsten Fragen, die die Führungskraft zu klären hat, und die Konsequenzen, die sie einleiten sollte.

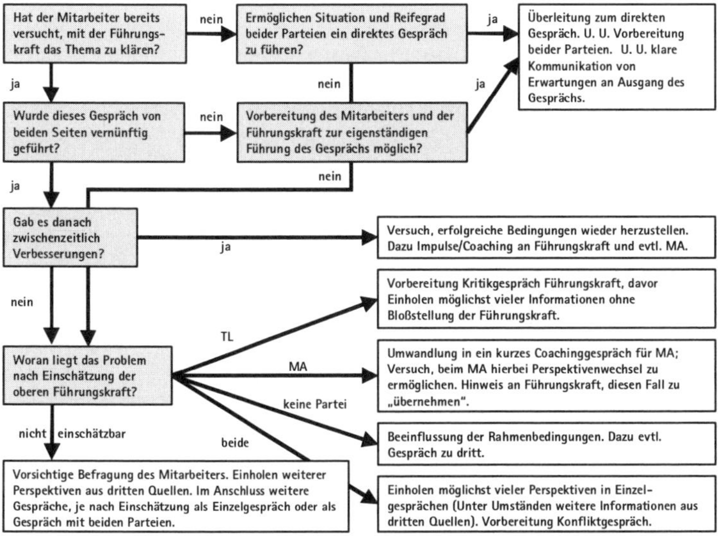

Umgang mit einer Mitarbeiterbeschwerde

Hier wird deutlich erkennbar, wie wichtig es für höhere Führungskräfte ist, sich durch gezielte Fragen und durch das Einholen relevanter Daten ein möglichst umfassendes Bild der Situation zu verschaffen. Dabei sind jedoch Vorsicht und Diplomatie geboten: Es besteht immer die Gefahr, dass auch andere Mitarbeiter erfahren, dass der „Chef-Chef" gerade dabei ist, Informationen über den „Chef" einzuholen.

Die Konsequenz des oben beschriebenen Prozesses der Informationssammlung muss dabei nicht automatisch ein Kritikgespräch unter vier Augen mit der betroffenen Führungskraft sein – ganz im Gegenteil! Ein solches Kritikgespräch ist nur dann das Mittel der Wahl, wenn erwiesen scheint, dass Führungskraft und Mitarbeiter das Problem nicht direkt werden lösen können, und wenn gleichzeitig zumindest ein Teilverschulden aufseiten der Führungskraft liegt.

Da in diesem Fall die Führungskraft ihrer Führungsaufgabe nicht gerecht wird, ist ein Kritikgespräch unumgänglich. Nähere Erläuterungen zur Führung von Kritikgesprächen finden Sie im Kapitel 3.2.

Zusammenfassend wollen wir hier nur erwähnen, dass es auf fünf Punkte besonders ankommt:

- Gute Vorbereitung
- Konsequente Fragenorientierung
- Balance von Wertschätzung und Kritik
- Einladung zum Perspektivwechsel
- Strukturierte Gesprächszusammenfassung mit Vereinbarung der nächsten Schritte

Im Gespräch mit Führungskräften sollte jedoch der Fokus auf und die Verpflichtung für gemeinsame Bereichsziele stärker in den Vordergrund rücken. Auch auf bereits besprochene Erwartungen und Standards der Führung („Leitplanken") sollte unbedingt erneut hingewiesen werden.
Auch in diesem Szenario zeigt sich: Je klarer und expliziter Erwartungen bezüglich der zu erbringenden Leistung an die unterstellten Führungskräfte gerichtet werden, desto leichter wird es für diese, selbst adäquat auf Beschwerden zu reagieren und Gespräche mit den betroffenen Akteuren zu führen bzw. Entscheidungen zu treffen.

Führungshebel

Jede höhere Führungskraft sollte sich selbst folgende einfache Fragen beantwortet haben:
- Welche Verhaltensweisen meiner Führungskraft zeigen mir, dass sie gute Führungsarbeit leistet?
- Welche Führungshebel kann ich betätigen, damit meine Führungskraft dazu in der Lage ist, sich dementsprechend zu verhalten?

Die Antworten auf diese Fragen sind alles andere als banal. Häufig haben Führungskräfte viel zu viele verschiedene Erwartungen an ihre Führungskräfte – nicht selten findet sich hier ein Kanon von 20 bis 30 Erwartungen (plus einem Kompetenzkatalog, den das Unternehmen ohnehin vorgibt). Diese Erwartungen sind nie vollständig erfüllbar, häufig sind sie auch nicht konkret genug formuliert. „Erwartungsklassiker" sind zum Beispiel:
- Zielvorgaben einhalten
- In Lösungen statt in Problemen denken
- Stärken und Schwächen der eigenen Mitarbeiter kennen

- Offen für Veränderungen sein
- Erwartungen transparent machen
- Über den Tellerrand hinausblicken
- Den Chef rechtzeitig einbinden
- Auskunftsfähig über das Team sein

Manche dieser Erwartungen sind konkret und erfüllbar, andere jedoch eher schwammig und allgemein formuliert. Es lohnt sich für jede Führungskraft, aus ihrer eigenen Liste von Erwartungen die wichtigsten und zentralsten Elemente herauszukristallisieren. Am besten ist es, diese Erwartungen in Form von (möglichst konkreten, optimalerweise sogar messbaren) Führungsleitlinien oder -grundsätzen zu verschriftlichen.

Die zweite Frage, die nach den Führungshebeln, ist jedoch die für höhere Führungskräfte tatsächlich handlungsleitende Frage. Gut funktionierende Führungshebel helfen der unterstellten Führungskraft dabei, gute Arbeit zu leisten. Das können Qualifikationsmaßnahmen für die unterstellten Führungskräfte sein, ihre Motivation oder auch die regelmäßige Messung und Rückmeldung bezüglich ihrer Führungsarbeit und -leistung.

Häufig scheitert gute Führungsarbeit aber schon an einem bedeutend elementareren Führungshebel: Zunächst müssen die Führungskräfte wissen und verstanden haben, was die Führungserwartungen vonseiten ihres Vorgesetzten an sie sind!

Der Führungshebel Nummer 1 lautet also: Erwartungen klarmachen. Diese Klärung der Erwartungen sollte am besten im Vier-Augen-Gespräch geschehen – ohne zeitlichen Druck und zum frühestmöglichen Zeitpunkt der Zusammenarbeit (zu spät wird es für ein solches Gespräch jedoch nie sein). Nachdem Transparenz bezüglich der Erwartungen hergestellt ist, sollte die Frage der Führungshebel gemeinsam diskutiert werden. Selbstverständlich hat die höhere Führungskraft dabei das Recht, eigene Führungshebel zu definieren, die sie selbst für wichtig hält. Die Frage an die unterstellte Führungskraft: „Was brauchen Sie von mir, damit Sie in der Lage sind, meine Führungserwartungen zu erfüllen?“, kann bei der Definition der Hebel jedoch eine entscheidende Unterstützung liefern.

Vorbildfunktion der Führungskraft für Führungstätigkeiten

Im Kapitel 3.1 haben wir die Vorbildfunktion der Führungskraft für ihre Mitarbeiter thematisiert. Die dort erörterten Aspekte gelten selbstverständlich auch für die Führung von Führungskräften. Je höher die Führungsfunktion jedoch ist, desto bedeutender wird der Aspekt der Symbolik in der indirekten Führung. Vorbildliches Verhalten spielt hier eine wichtige Rolle. In einigen amerikanischen Konzernen werden CEOs regelrecht als „lebende Symbole“ verwendet. Öffentlichkeitsarbeitsexperten erfinden dabei den Geschäftsführer als „Marke“, schreiben vor, welchen Charakter er im Unternehmen haben sollte, wo man ihn in Imagefilmen und bei Reden sehen sollte, wofür er in den Herzen und Köpfen der Mitarbeiter stehen sollte und auch, zu welchen Anlässen/Veranstaltungen man ihn nicht einsetzen sollte.

Nun werden wenige amerikanische CEOs dieses Handbuch auch lesen. Dennoch sind bestimmte Führungsverhaltensweisen aufgrund ihres Vorbildscharakters für höhere Führungskräfte besonders wichtig:

- Disziplin und Arbeitsmethodik
  Zum Beispiel bezüglich der Beantwortung von Anfragen. („Wenn schon der „Chef-Chef“ immer alles vergisst, muss man sich nicht wundern, wenn bei uns Akten verloren gehen.“)
- Vorbildliches Verhalten/„Organizational Citizenship“
  („Wenn der Bereichsleiter die Kunden nicht grüßt, Müll nicht vom Boden aufhebt und unordentlich angezogen ist, kann er vom Teamleiter und vor allem von den Mitarbeitern auch nichts anderes erwarten.“)
- Lösungsorientierte Vorgehensweise bei Problemen
  („Ich soll meine Mitarbeiter zur Lösungsorientierung erziehen, und mein Chef sitzt Themen aus und drückt sich vor Entscheidungen?“)
- Einsatz des unternehmensinternen „Führungshandwerkszeugs“ wie von der Geschäftsführung vorgesehen
  Zum Beispiel das Lesen neuer Ethikrichtlinien, das Führen offizieller Mitarbeitergespräche, die Identifikation von PE-Maßnahmen, die eigene Teilnahme an Fort- und Weiterbildungen. („Die

Mitarbeitergespräche mit meinem Chef laufen seit Jahren innerhalb von 5 Minuten ab. Alles wird abgehakt, Entwicklungsfelder gibt es keine. Und das soll ich dann bei den Mitarbeitern anders machen?")

- Loyalität gegenüber der Geschäftsführung
  („Ich verliere jede Glaubwürdigkeit, wenn ich Firmenentscheidungen verteidige – und unser Vorgesetzter dann im Bereichsmeeting darüber herzieht!")
- Menschenbild/grundlegende Einstellung gegenüber Mitarbeitern
  („Mein Chef ist alles andere als ein Menschenfreund – das zieht sich im Umgang miteinander bis in die unterste Ebene durch.")
- Effizienz und Effektivität von Besprechungen
  („Selber drei Stunden ohne Agenda diskutieren und dann schlankere Teambesprechungen fordern?")
- Umgang mit der eigenen Gesundheit/persönlichen Ressourcen
  („Man darf keine E-Mail um 2 Uhr morgens verschicken, wenn die Firma an der Work-Life-Balance arbeitet. Das ist kein gutes Signal.")
- Kritikfähigkeit, Annahme von Feedback und Bereitschaft zu persönlichen Veränderungen
  („Wenn wir eine lernende Organisation sein wollen, erwarte ich die Lernbereitschaft von meinem Bereichsleiter auch.")

Rollenklarheit

Auch die Frage der Rollenklarheit wird für höhere Führungskräfte immer relevanter. Führungskräften der unteren Ebene wird häufig eine relativ eindeutige Rolle zugeschrieben. Die Rollenerwartung von oben besteht darin, Veränderungen ins Operative umzusetzen und „dafür zu sorgen, dass die Arbeit gemacht wird". Die Rollenerwartung von unten ist, „für die Mitarbeiter da zu sein", operative Probleme zu lösen, die die Mitarbeiter nicht alleine bewältigen, Themen nach oben weiterzutragen etc. (genauer haben wir das im Kapitel 1.3 beschrieben).
Bezogen auf höhere Führungskräfte ist das Erwartungsbündel bedeutend komplexer, häufig auch diffuser. In kleineren Unternehmen gehören diese Führungskräfte mitunter schon zur Geschäftsleitung.

In manchen Unternehmen besteht die Erwartung, dass sie als „kleine, eigenständige Unternehmer" agieren und ihre Mitarbeiter entsprechend führen. In größeren Unternehmen stehen höhere Führungskräfte dagegen häufig unter der Erwartung, die unterstellten Führungskräfte zum vernetzten Denken zu ermutigen und Kontakte zu anderen Bereichen/Disziplinen herzustellen. Klare Stellenbeschreibungen existieren auf dieser Ebene meist nicht mehr, zumindest nicht bezüglich der Führungsanforderungen.
Es empfiehlt sich daher dringend, eine möglichst rasche und umfangreiche Klärung der Erwartungen gemeinsam mit Vorgesetzten, Mitarbeitern und anderen Stakeholdern. „Wie soll ich führen?" lautete hier die einfachste Frage. Differenzierter könnte sie z. B. so gestellt werden: „Was ist meine Rolle im Changeprozess unseres Unternehmens?", „Was erwarten Sie von mir bezüglich der Zielerreichung?" oder „Welche Befugnisse und Aufgaben habe ich im Bereich der Personalentwicklung?"
Eine intensive ständige Kommunikation zum Abgleich der Erwartungen wird immer wichtiger. Dennoch werden Rollengegensätze und Führungsambivalenzen weiterhin ständige Begleiter der Führungskraft bleiben.

Führungsteam

Eine besondere Herausforderung bildet die Schaffung eines echten „Führungsteams". Auch hier sind zunächst alle wichtigen Elemente des Teambuildings, wie Phasen der Teamentwicklung, Typen in der Teamkommunikation und Merkmale eines guten Teams, zugrunde zu legen (ausführlich beschrieben im Kapitel 4). Die Herausforderung besteht jedoch immer öfter darin, dass sich einzelne Mitglieder nicht an Absprachen aus dem Führungsteam halten – getreu dem Motto: „Schön und gut, was wir da oben besprochen haben. Aber ich sitze den ganzen Tag an der operativen Basis und mache da das, was wirklich wichtig für uns ist."
Dieses Verhalten ist teilweise verständlich. Meist verbringt die Führungskraft bedeutend mehr Zeit mit dem eigenen Team als mit dem Führungsteam. Hier „unbeliebt" zu sein ist besonders unangenehm, da nimmt man lieber schon mal den einen oder anderen Vertrau-

ensverlust im Führungsteam in Kauf. Um derartige Probleme möglichst zu vermeiden, können schon beim Aufbau eines Führungsteams einige grundsätzliche Maßnahmen hilfreich sein:

- Bezeichnen Sie die Runde Ihrer Führungskräfte offiziell als Führungsteam. Stellen Sie Teamkohäsion her. Dies erreichen Sie auch und gerade über Teambuilding-Maßnahmen und das aktive Gespräch über das eigene Führungsteam.
- Machen Sie den Führungskräften den Beitrag jedes einzelnen Teams zum Gesamterfolg klar und unterbinden Sie unbedingt Teamegoismen und Grabenkämpfe.
- Stellen Sie klare Kommunikationsrichtlinien auf und entwickeln Sie für wichtige Entscheidungen Kommunikationspläne (wer sagt wann was?). Holen Sie die Zustimmung jedes einzelnen Teammitglieds dazu ein, welche Dinge aus Besprechungen herausgetragen werden dürfen und welche nicht.
- Machen Sie den Mitgliedern des Führungsteams klar, dass Sie sie als Teil der Führungsmannschaft, nicht als Teil der Mitarbeiterschaft sehen, und dass sie Verantwortung dafür tragen, die Unternehmensziele voranzutreiben.
- Lassen Sie sich bei wichtigen Entscheidungen in den Abteilungen Ihrer Führungskräfte blicken. So gehen Sie sicher, dass die richtigen Nachrichten weitergeleitet werden (ohne, dass es als Kontrolle gedeutet würde) und machen gleichzeitig deutlich, dass Ihnen am jeweiligen Thema gelegen ist.

Die Führung von Führungskräften – auf einen Blick

Wir stellen nun die wichtigsten Punkte aus diesem Abschnitt noch einmal übersichtlich zusammen:

1. Selbst, wenn Sie als „normale Führungskraft" noch operativ mitgearbeitet haben – spätestens in dieser Rolle ist es an der Zeit, sich aus operativen Detailplanungen zurückzuziehen und Systematiken zur Führung und Leistungsorientierung im Bereich aufzubauen.
2. Machen Sie sich Ihre Symbolwirkung bewusst – achten Sie gerade in der Unternehmensöffentlichkeit und in Runden mit den Führungskräften darauf, als Rollenvorbild zu dienen.

3. Schaffen Sie gut funktionierende Führungsteams, indem Sie bei Ihren Führungskräften den Stolz auf die gemeinsame Aufgabe wecken, ausführlich über das Team sprechen und Teamegoismen kompromisslos unterbinden.
4. Kommunizieren Sie Ihren Führungskräften Ihre Erwartungen bezüglich der Führungsarbeit klar und deutlich. Machen Sie ihnen bewusst, was Sie zu leisten im Stande sind, um Ihr Führungsteam dabei zu unterstützen und was Sie auf keinen Fall tun werden.
5. Regieren Sie auf keinen Fall „durch", wenn es irgendwie zu vermeiden ist.
6. Definieren Sie für sich selbst Kriterien und Messpunkte, anhand derer Sie gute Führungsleistungen erkennen können. Machen Sie sich unterjährig Notizen, wenn Ihnen Führungsverhaltensweisen Ihrer Führungskräfte positiv oder negativ auffallen. Seien Sie sich jedoch immer dessen bewusst, dass Sie nur fragmentarische Eindrücke des Führungsverhaltens erhalten werden.
7. Schaffen Sie Rollenklarheit für sich selbst – insbesondere durch die intensive gegenseitige Klärung von Erwartungen in alle Richtungen – einschließlich der Richtung Ihres eigenen Vorgesetzten.

6.3 Führen von Vorgesetzten

Haben Sie schon einmal versucht, Literatur zum Führen von Vorgesetzten zu finden? Schnell entpuppt sich hier die Suche nach Informationen zu einem schwierigen Unterfangen. Der Grund ist sicherlich darin zu finden, dass man für seine Führungskraft keine disziplinarische Verantwortung trägt. Ohnehin wird Führung im organisationalen Kontext als Führung „von oben nach unten" verstanden und nicht als bidirektional. Definiert man Führung aber als „absichtliche Beeinflussung Anderer zum Erreichen von Zielen", dann wird eine Führung von Vorgesetzten zumindest vorstellbar.
Im Sinne dieser Definition sind unsere Anmerkungen zum Führen von Vorgesetzten hier auch eher als Tipps zur positiven Gestaltung der Zusammenarbeit zu verstehen.

Die Qualität der Zusammenarbeit definieren

Die erste Frage, die Sie sich stellen sollten, lautet: „Wie soll die Qualität meiner Zusammenarbeit mit meinem Vorgesetzten aussehen?" Der Managementberater Claus von Kutzschenbach unterscheidet hier vier Stufen, angeordnet entsprechend ihrer Bedeutung für Ihren Vorgesetzten (vgl. C. von Kutzschenbach, 2008):
1. Stufe: Gut mit dem Chef auskommen
2. Stufe: Eigene Vorschläge einbringen dürfen
3. Stufe: Zur Vertrauensperson werden
4. Stufe: Sein wichtigster Berater sein

Abhängig von der Stufe, die Sie erreichen möchten, wird Ihr Verhalten unterschiedlich sein. Wollen Sie lediglich *„gut mit Ihrem Chef auskommen*", so wird es genügen, Dienst nach Vorschrift zu leisten. Auf dieser Ebene werden in der Regel keine besonderen Leistungen von Ihnen gefordert. Die Beeinflussung Ihres Vorgesetzten dürfte damit allerdings nahezu unmöglich sein.
Dürfen Sie *eigene Vorschläge* einbringen, so haben Sie zumindest einen begrenzten Einflussbereich, den Sie immer dann nutzen können, wenn Sie nach Ihrer Meinung gefragt werden. In diesen Fällen sollten Sie selbstverständlich über das Anliegen Ihres Vorgesetzten informiert sein und müssen damit rechnen, dass zusätzliche Arbeit auf Sie zukommt. Sie gehören nun zu einem ausgewählten Kreis, der mit dem Problem oder der aktuellen Fragestellung vertraut ist. Was läge da näher, als Sie auch mit resultierenden Aufgaben zu betrauen? Werden Sie als Mitarbeiter nach Ihrer Meinung gefragt, so ist dies ein Zeichen des Vertrauens und der Wertschätzung Ihrer Führungskraft. Sie können dieses Angebot zu einem Ausbau der Beziehungsqualität nutzen oder auch nicht. Durch Ihre Entscheidung gestalten Sie selbst die weitere Zusammenarbeit.
Wenn Sie zur *Vertrauensperson* aufgestiegen sind, dann sind Sie nicht nur fachlich ein guter Reflexions- und Diskussionspartner für Ihren Vorgesetzten, sondern auch die persönliche Ebene zwischen Ihnen stimmt. Das Vertrauen, das Sie genießen, verleiht Ihrer Meinung einiges Gewicht. Auf dieser Ebene kann es gut vorkommen, dass Ihr Vorgesetzter auch private Themen mit Ihnen diskutiert und damit weitere Angebote zu einem Ausbau der Beziehungsqualität macht.

Auf der vierten Stufe sind Sie zum *wichtigsten Berater* geworden. Sie haben es also „geschafft“ und verfügen nun über viele Möglichkeiten, Einfluss auf das Verhalten und auf die Entscheidungen Ihres Vorgesetzten zu nehmen. Ihnen wird großes Vertrauen entgegengebracht und viel anvertraut. Dies bezieht sich sowohl auf Informationen als auch auf Aufgaben. Gleichzeitig birgt diese Nähe natürlich die Gefahr, dass Sie mit Aufgaben und Problemen geradezu überschüttet werden, denn schließlich fallen Sie Ihrem Vorgesetzten als Erster ein, wenn es darum geht, eine Aufgabe zu verteilen. Sie wären ja nicht so weit in seiner Gunst gestiegen, wenn er sich nicht sicher sein könnte, dass er sich auf Ihre Arbeit, Ihren Einsatz und Ihre Loyalität verlassen kann. Auch Rollenkonflikte sind bei dieser intensiven Art der Zusammenarbeit wahrscheinlich. So erhalten Sie häufig Informationen über Kollegen oder über die Organisation, die Sie in Loyalitätsschwierigkeiten bringen können. Jede Medaille hat eben zwei Seiten.

Die eigene Führungskraft kennenlernen

Unabhängig davon, welche Qualität der Zusammenarbeit Sie erreichen wollen – es lohnt sich, Ihren Vorgesetzten kennen- und einschätzen zu lernen. Je besser Ihnen dies gelingt, umso leichter wird es Ihnen fallen, sich auf einer der höheren Ebenen zu positionieren, die von Kutzschenbach definiert. Doch selbst, wenn Sie auf der ersten Stufe stehen bleiben möchten: Sie erleichtern sich Ihren Arbeitsalltag, wenn Sie sich einige grundlegenden Gedanken über Ihre Führungskraft machen.
Zunächst sollten Sie darüber nachdenken, was für ein Mensch Ihr Chef eigentlich ist. Wenn Sie beispielsweise wissen, dass Ihr Vorgesetzter ein „Leser“ und kein „Hörer“ ist, dann werden Sie Ihre Zusammenarbeit optimieren können, indem Sie ihm Inhalte mit Texten anstatt in langwierigen Besprechungen darlegen. (Weitere Hinweise dazu finden Sie im Kapitel 6.1 beim Thema „Einflussnahme auf Vorgesetzte“).

Beispiel: Hörer oder Leser?

Von dem US-Präsidenten Franklin D. Roosevelt berichtet man, dass er nur höchst ungern las. Er wollte immer mit den Menschen reden und hatte ein ausgezeichnetes Ohr für die Zwischentöne im Gespräch.

John F. Kennedy hingegen sagt man nach, er sei ein Leser gewesen. Wollte man mit ihm zusammenarbeiten, musste man akzeptieren, dass er quasi nie zuhörte. Wo immer er war, hatte er Akten bei sich, die er studierte.

Kienbaum Expertentipp: Was für ein Mensch ist mein Chef?

Um besser umreißen zu können, wie Sie mit Ihrem Chef zusammenarbeiten sollten, versuchen Sie einmal, die folgenden Fragen zu beantworten bzw. achten Sie im Kontakt mit Ihrem Vorgesetzten darauf, wie er zu charakterisieren ist:

- Ist mein Chef ein Leser oder ist er ein Hörer?
- Ist mein Chef ein Freund von längeren und detaillierteren Darstellungen oder will er alles ganz knapp und kurz haben?
- Will mein Chef lange und dafür eher seltene Besprechungen führen oder eher kurze aber dafür häufige?
- Geht er gerne ins Detail und beachtet Kleinigkeiten oder konzentriert er sich auf das große Ganze?
- Genügt es, wenn ich meinem Chef einmal etwas sage oder muss man die Dinge wiederholen, bevor er sie zur Kenntnis nimmt?
- Ist er eher sachorientiert oder menschenorientiert?

Die Zusammenarbeit aktiv verbessern

Haben Sie die Eigenschaften Ihres Vorgesetzten etwas näher beleuchtet, dann wird es Ihnen wesentlich leichterfallen zu bestimmen, wie die Zusammenarbeit in der Praxis aussehen sollte. Ist Ihr Chef beispielsweise eher ein kreativer Mensch, der auf das große Ganze schaut, dann werden Sie ihm einen großen Gefallen tun, wenn Sie ihm die Detailarbeit abnehmen und ihm in diesem Zusammenhang den Rücken freihalten.

Kienbaum Expertentipp: Wie kann ich mit meinem Chef gut zusammenarbeiten?

Versuchen Sie anhand der folgenden Aspekte, die Voraussetzungen für eine gute Zusammenarbeit zu optimieren:

- Überlegen Sie sich, ob Sie die Zeit Ihres Chefs immer gut ausnutzen.
- Führen Sie sich die Stärken Ihres Vorgesetzten vor Augen und versuchen Sie seine Schwächen auszugleichen.
- Versetzen Sie sich bei Fragen und Problemen in die Lage Ihres Vorgesetzten. Welche Handlungsoptionen hat er? Was erwartet er von Ihnen?
- Überlegen Sie, welche Erwartungen Sie und Ihr Chef aneinander haben und regen Sie einen Austausch darüber an, um den Wahrheitsgehalt Ihrer Annahmen zu überprüfen.
- Überlegen Sie, welche Themen für Ihren Chef besondere Relevanz haben und bieten Sie hier gezielt Unterstützung an.
- Reflektieren Sie, welche Argumente Ihren Vorgesetzten in der Regel überzeugen und bauen Sie Ihre Argumentationen danach auf.

Sie können also auf die Qualität der Zusammenarbeit mit Ihrem Vorgesetzten durchaus Einfluss nehmen. Dieses Verhältnis gehorcht jedoch anderen Gesetzen als die Zusammenarbeit mit Mitarbeitern. Je besser Sie Ihren Vorgesetzten kennen, desto mehr Möglichkeiten haben Sie, eine qualitativ hochwertige Beziehung aufzubauen. Abhängig von der Beziehungsqualität können Sie erheblichen Einfluss auf Ihren Vorgesetzten ausüben – und voraussichtlich wird er Ihnen dankbar dafür sein.

Das klingt nun vielleicht sehr instrumentalistisch – so sollte es nicht verstanden werden. Unsicherheiten im Führungsalltag verspüren Führungskräfte auf allen Ebenen und sind dankbar dafür, wenn sie sich mit jemandem austauschen können, der sie versteht und der ihnen gegenüber loyal ist. Ausnutzen sollten Sie diese Position jedoch niemals: Je höher Sie auf der Leiter der Beziehung klettern, umso tiefer können Sie auch fallen, wenn Sie das Vertrauen Ihrer Führungskraft missbrauchen.

6.4 Soziale Konflikte

Beispiel: Herr Tetzlaf und Herr Waldbart

Sicherlich ist keiner aus dem Team von Herrn Franke angenehm überrascht von der Ankündigung, dass das Team enger zusammenrücken müsse, weil ein neues Vorstandsbüro eingerichtet werden muss. Herrn Franke hat es ziemlich viel Mühe gekostet, seine Mitarbeiter so auf die verbliebenen Räumlichkeiten zu verteilen, dass die Arbeitsabläufe mit einigermaßen sinnvollen Arbeitswegen zu erledigen sind.

Gerade aus der Besprechung der neuen „Sitzordnung" mit dem Team zurück, muss Herr Franke jedoch feststellen, dass zumindest eines seiner Teammitglieder richtiggehend erbost über die neue Regelung ist. Herrn Tetzlaf und Herrn Waldbart hat Herr Franke eines der größeren Büros zugewiesen. „Papperlapapp, die werden schon miteinander auskommen", hat er seinem Stellvertreter auf dessen Bedenken hin geantwortet.

Nun aber steht Herr Tetzlaf in der Tür des Teamleiterbüros und poltert los. „Wie kommen Sie dazu, mich mit dem Waldbart in ein Büro zu setzen? Der weiß doch immer alles besser und korrigiert jeden, wo er nur kann. Mit dem werde ich es nicht aushalten. Das sage ich Ihnen!" Kurz darauf steht auch schon Herr Waldbart bei Herrn Franke im Büro und fragt nach, warum der Kollege Tetzlaf denn so laut geworden sei. „Das Zusammenrücken gefällt nicht jedem Kollegen, aber ich denke, wir werden das gemeinsam hinbekommen", antwortet Herr Franke. „Wie gefällt Ihnen denn mein Vorschlag, Sie in ein Büro mit Herrn Tetzlaf zu setzen?" Mit irritiertem Blick antwortet Herr Waldbart: „Eigentlich ganz gut. Wir kennen uns bisher wenig, aber ich schätze den Kollegen Tetzlaf sehr, auch wenn er manchmal etwas aufbrausend ist. Ging es ihm denn um unser gemeinsames Büro?"

Soziale Konflikte (im Folgenden nur noch als Konflikte bezeichnet) gehören untrennbar zum Alltag einer jeden Führungskraft. Wann immer Menschen aufeinandertreffen, sind Konflikte kleineren oder größeren Ausmaßes kaum vermeidbar. Wie aber kann man den Begriff „sozialer Konflikt" definieren? Würden Sie in Bezug auf das oben genannte Beispiel von einem Konflikt sprechen? – Schließlich scheint es sich doch um ein Problem zu handeln, welches lediglich Herr Tetzlaf verspürt.

Ein Konflikt ist immer eine Interaktion zwischen zwei oder mehreren Handlungspartnern. Dies können Individuen, Gruppen oder

ganze Organisationen sein. Dabei verspürt mindestens eine der Parteien eine Unvereinbarkeit des eigenen Handelns, Denkens, Wollens oder Fühlens mit dem der anderen Partei. Mit der wahrgenommenen Unvereinbarkeit sind für mindestens eine Partei Beeinträchtigungen (z. B. des Handelns, der eigenen Absichten etc.) verbunden. Dieser Definition zufolge handelt es sich beim Problem des Kollegen Tetzlaf also tatsächlich um einen Konflikt. Die Tatsache, dass Herr Waldbart keinerlei Unvereinbarkeit oder Beeinträchtigung wahrnimmt, spielt dabei zunächst keine Rolle.
Befindet man sich als Beteiligter in einem Konflikt, dann hat man in der Regel eine Grundhaltung, mit der man in den Konflikt eintritt. Diese Grundhaltung beeinflusst maßgeblich den Verlauf der Konfliktinteraktion. Die Grundhaltungen unterscheiden sich danach, wie wichtig die Beziehung zur jeweils anderen Partei ist und wie stark sich jede Partei durchsetzen will:

- Vermeidung (Flucht aus der Situation)
  Die Beziehung zur anderen Partei ist unwichtig, die Durchsetzung der eigenen Interessen ist nicht nötig.
- Kampf und Vernichtung (eigene Absichten durchsetzen)
  Die Beziehung zur anderen Partei ist unwichtig, die eigenen Interessen sollen durchgesetzt werden.
- Anpassung (Nachgeben um des Friedens willen)
  Die Beziehung zur anderen Partei ist wichtig, ein Durchsetzen der eigenen Ziele dagegen relativ unwichtig.
- Kompromiss aushandeln
  Die Beziehung zur anderen Partei ist relativ wichtig, die eigenen Ziele sollen so weit wie möglich durchgesetzt werden.
- Win-Win (gemeinsame Problemlösung)
  Die Beziehung zur anderen Partei ist wichtig, die eigenen Ziele sollen aber auf jeden Fall durchgesetzt werden.

Kienbaum Expertentipp: Ihre Konfliktgrundhaltung

Hinterfragen Sie in einer aktuellen Konfliktsituation einmal Ihre eigene Grundhaltung:

- Wie wichtig sind Ihre eigenen Ziele?
- Inwieweit sind Sie bereit, Ihre Ziele aufzugeben?
- Wie wichtig ist Ihnen die Beziehung zu Ihrem Konfliktgegner?

- Wie bedauerlich wäre es, wenn die Beziehung sich negativ entwickeln würde?
- Mit welchem Ziel treten Sie in die Interaktion mit Ihrem „Konfliktgegner"?
- Welcher Konfliktausgang wäre für Sie optimal?

Die niederlagenlose Methode der Konfliktbewältigung

Ist Ihnen die Beziehung zu Ihrem Konfliktgegner wichtig, so stellt sich die Frage, wie Sie die Kommunikation gestalten können, ohne für eine der beiden Parteien eine Niederlage auszulösen. Wenn man sich in einer Konfliktsituation befindet, ist es in der Regel schwierig, objektiv urteilen und daraufhin gemeinsam zu einer für beide Seiten akzeptablen Lösung zu gelangen.

Die subjektive Haltung wird unter anderem durch den psychologischen Effekt der „Selektiven Wahrnehmung" hervorgerufen. Es werden also nur solche Aspekte der Umwelt wahrgenommen, die zu den eigenen Einstellungen, Gedanken, Gefühlen etc. passen. In einer Konfliktsituation birgt die selektive Wahrnehmung die Gefahr, dass sich die Konfliktfront verhärtet, da beide Parteien primär solche Informationen wahrnehmen, die den Konflikt bestätigen.

Um die Wahrnehmungsfähigkeit beider Konfliktparteien wieder zu öffnen, schlägt der amerikanische Psychologe Thomas Gordon (T. Gordon, 1989) einen strukturierten Gesprächsablauf vor, der ursprünglich für den schulischen Kontext bzw. die Interaktion zwischen Eltern und ihren Kindern entwickelt wurde. Diese Gesprächsstruktur, die im deutschsprachigen Raum unter dem Namen der „niederlagenlosen Methode der Konfliktbewältigung" bekannt ist, ist jedoch auch auf jeden anderen Konfliktkontext anzuwenden. Folgende für den Kontext des Managements leicht angepasste Schritte sollten dabei durchlaufen werden.

Benennung und sachliche Beschreibung des Konflikts

- Damit beiden Konfliktparteien deutlich ist, worum es gehen soll, muss das Problem/der Konflikt zunächst klar umrissen werden.
- Machen Sie Ihr Interesse an einer Lösung gleich zu Beginn deutlich.
- Wählen Sie einen günstigen Zeitpunkt für das Klärungsgespräch, damit Sie sich auch wirklich darauf einlassen können.

- Teilen Sie Ihrem Gegenüber die Gefühle mit, die seine Verhaltensweisen bei Ihnen auslösen.

Wünsche, Bedürfnisse und Motive erkennen und akzeptieren

- Klären Sie für sich, welche Bedürfnisse und Interessen Ihr Gegenüber bei Ihnen verletzt. Teilen Sie ihm dies mit. Senden Sie Ich-Botschaften und vermeiden Sie Beschuldigungen.
- Fragen Sie Ihr Gegenüber, welche seiner Bedürfnisse und Interessen durch Ihr Verhalten verletzt werden, Hören Sie aktiv zu und spiegeln Sie gegebenenfalls seine Äußerungen, wenn dies zur Klarheit beiträgt.
- Auch, wenn es Ihnen schwerfällt: Äußern Sie, welches Verhalten Sie sich vom Anderen wünschen, was Sie möchten, dass er tut oder bleiben lässt.
- Versuchen Sie zu unterscheiden, welcher Anteil des Konflikts sachbezogen ist (was nicht heißt, dass die Auseinandersetzung emotionsfrei-sachlich geführt werden muss) und wo Sie Klarheit in „Beziehungsangelegenheiten" suchen. Erledigen Sie die Klärung von Beziehungsfragen vorab.
- Geben Sie eigene Fehler offen zu, damit signalisieren Sie Ihre Verhandlungsbereitschaft.

Ideensammlung zur Konfliktlösung

- Machen Sie Vorschläge und sammeln Sie mögliche Lösungsmöglichkeiten für den Konflikt.
- Bewerten Sie die verschiedenen Ideen nicht sofort als richtig/falsch, gut/schlecht, durchführbar/nicht durchführbar.
- Ermutigen Sie Ihr Gegenüber, auch seine Ideen einzubringen.

Gemeinsame Bewertung der Vorschläge

- Überprüfen Sie die gesammelten Ideen kritisch daraufhin, ob Ihre Wünsche und Bedürfnisse berücksichtigt sind.
- Versuchen Sie, sich mit Ihrem Gegenüber auf eine Lösung zu einigen.
- Gehen Sie keine „faulen" Kompromisse ein, sondern äußern Sie sich ehrlich, wenn Ihnen eine vorgeschlagene Lösung unannehmbar erscheint.

Einigung und Entscheidung für eine Lösung

- Wenn Sie sich auf eine Lösung geeinigt haben, betrachten Sie sie als vorläufig und probieren Sie sie aus.
- Sollte sich später herausstellen, dass das Problem damit nicht gelöst ist oder die Abmachung noch einer Ergänzung bedarf, bitten Sie um ein weiteres Gespräch. Fragen Sie auch Ihren Konfliktpartner später noch mal, ob er mit der gefundenen Lösung noch einverstanden ist.

Die Methode der niederlagenlosen Konfliktbewältigung verlangt von den Konfliktpartnern einiges an Mut. Sie kann nur dann funktionieren, wenn beide Parteien bereit sind, an dem Konflikt zu arbeiten. Wenn sie gelingt, kann sie jedoch eine gute Grundlage für ein vertrauensvolles (Arbeits-)Verhältnis bilden.
Als Führungskraft sind Sie nicht immer Betroffener, sondern häufig auch Schlichter bei Streitigkeiten zwischen Ihren Mitarbeitern. Die oben dargestellte Methode kann Ihnen als Strukturierungshilfe dienen, wenn Sie im Konflikt zwischen Ihren Mitarbeitern vermitteln. Abhängig von der Reife Ihrer Mitarbeiter können Sie diese aber auch in der Methode schulen und ihnen die Durchführung dann selbst überlassen.

6.5 Literatur

- Drucker, P. F. (2000): Die Kunst des Managements. Econ.
- Glasl, F. (2009): Konfliktmanagement: Ein Handbuch für Führungskräfte, Beraterinnen und Berater. Freies Geistesleben.
- Gordon, T. (1989): Familienkonferenz: Die Lösung von Konflikten zwischen Eltern und Kind. Heyne Verlag.
- Graen, G. B. & Uhl-Bien, M. (1995): Relationship-based approach to leadership: Development of leader-member exchange (LMX) theory of leadership over 25 years: Applying a multi-level multi-domain perspective. Leadership Quarterly, Vol. 6.
- Kutzschenbach, von, C. (2008): Chefs kann man nicht führen – aber gut beraten. Manuskript für „Personalführung" 04/2008.

- Malik, F. (2006): Führen Leisten Leben – Wirksames Management für eine neue Zeit. Campus Verlag.
- Neuberger, O. (2002): Führen und führen lassen: Ansätze, Ergebnisse und Kritik der Führungsforschung. Lucius & Lucius.
- Tannenbaum, R. & Schmidt, W. H. (1958): How to choose a leadership pattern. Harvard Business Review, Vol. 36.

Kopiervorlagen

Für Ihre tägliche Arbeit haben wir Ihnen alle wichtigen Arbeitsmittel als Kopiervorlagen vorbereitet. Damit Sie die passenden Checklisten, Leitfäden und andere Arbeitsmittel jederzeit zur Hand haben:

- Kienbaum Leitfaden zum anlassbezogenen Mitarbeitergespräch
- Kienbaum Leitfaden zum Zielvereinbarungsgespräch
- Kienbaum Leitfaden zu Mitarbeiterbeurteilungen
- Kienbaum Motivationsprofil
- Kienbaum Checkliste zur Meeting-Vorbereitung
- Kienbaum Fragebogen zur Analyse des eigenen Teams

So gehen Sie vor: Vergrößern von DIN A5 auf DIN A4

Stellen Sie auf Ihrem Kopierer die Funktion „Vergrößern“ und dann „von A5 auf A4“ oder „um 141 %“ ein, um die Vorlagen auf das Format DIN A4-Format zu kopieren.

Kienbaum Leitfaden zum anlassbezogenen Mitarbeitergespräch

Als sinnvoller Ablauf eines anlassbezogenen Mitarbeitergesprächs hat sich der folgende Leitfaden herausgestellt:

Vorbereitung

Bereiten Sie sich anhand folgender Fragestellungen auf das Gespräch vor

- Thema: Worüber möchte ich sprechen?
- Ziele: Was will ich erreichen?
- Verfahren: Wie will ich vorgehen? Habe ich alle notwendigen Unterlagen? Wie kann ich Störungen vermeiden?
- Erwartungen: Welche Erwartungen habe ich an den Mitarbeiter?
- Erfahrungen: Welche Erfahrungen habe ich mit den zu behandelnden Themen?
- Widerstände: Welche Widerstände gegen meine Gesprächsziele sind zu erwarten?
- Ergebnisse: Wie sollen die Gesprächsergebnisse genau aussehen? Welche positiven und negativen Ergebnisse sind denkbar?

Phase 1: Kontaktaufnahme (Gesprächeröffnung)

Stellen Sie Kontakt mit Ihrem Gesprächspartner her:

- Persönlich: „Small Talk" (je nach Situation)
- Sachlich: Grob den Grund und die Ziele des Gesprächs umreißen, Zeitrahmen festlegen
- Beispielhafte Fragestellungen:
- Wie geht es Ihnen?
- Wie läuft die Woche bisher?
- Ich möchte das heutige Gespräch nutzen...

Phase 2: Informationsphase

Geben Sie Informationen über den konkreten Grund des Gesprächs (z. B. Feedback, aktuelle Aufgabenstellungen, Problem...)

- Grundsätzliche Vorgehensweisen:
  - Seien Sie ehrlich und verstellen Sie sich nicht.
  - Stellen Sie Ihre Sichtweise in der Ich-Form dar.
  - Bleiben Sie sachlich.
  - Verwenden Sie kurze und klare Formulierungen.
  - Betonen Sie den gemeinsamen Wert dessen, was Sie erreichen wollen.
- Beispielhafte Fragestellungen:
  - Ganz konkret möchte ich heute mit Ihnen besprechen...
  - Es ist mir wichtig, heute mit Ihnen...
  - Ich habe in der letzten Zeit wahrgenommen, ...
  - Ich möchte, dass wir gemeinsam dafür eine Lösung finden...

Phase 3: Argumentationsphase (Austausch)

Erfragen Sie die Meinung des Mitarbeiters und tauschen Sie sich mit ihm aus.

- Grundsätzliche Vorgehensweise:
  - Stellen Sie offene (W-)Fragen.
  - Bleiben Sie hartnäckig und gelassen bei Widerständen.
  - Zeigen Sie ehrliches Interesse an Ihrem Gesprächspartner und an den Ursachen für sein Verhalten.
  - Fassen Sie die Aussagen in Ihren eigenen Worten zusammen, um Missverständnisse zu vermeiden.
  - Lassen Sie sich nicht auf Streit ein, bleiben Sie sachlich!
  - Sagen Sie es offen, wenn das Gespräch in eine andere als von Ihnen intendierte Richtung verläuft.
  - Zeigen Sie Verständnis, aber verlieren Sie Ihr Ziel nicht aus den Augen.
  - Hören Sie zu, unterbrechen Sie nicht.
  - Akzeptieren Sie angemessene Kritik.
  - Respektieren Sie die Gefühle Ihres Gesprächspartners.
- Beispielhafte Fragestellungen:
  - Was ist Ihre Meinung zu diesem Thema?

- Was ist bei diesem Thema wichtig für Sie?
- Was sind Ihre Beweggründe?
- Habe ich Sie richtig verstanden, dass Ihrer Meinung nach...
- Ich würde gerne noch einmal darauf zurückkommen, dass...
- Ich verstehe was Sie meinen...
- Wollen wir noch einmal über andere Möglichkeiten nachdenken?
- Was sind Ihrer Meinung nach noch weitere wichtige Punkte zu diesem Thema?

Phase 4: Beschlussphase

Halten Sie die Ergebnisse des Gesprächs fest.
Beschließen Sie gemeinsame Maßnahmen und Vorgehensweisen.

- Grundsätzliche Vorgehensweise:
  - Fassen Sie die Gesprächsergebnisse aus Ihrer Sicht zusammen
  - Fragen Sie Ihren Gesprächspartner nach Lösungsmöglichkeiten / Maßnahmen aus seiner Sicht.
  - Mach Sie konkrete Vorschläge, die auch realisierbar sind.
  - Vergewissern Sie sich davon, dass Ihr Gesprächspartner einverstanden ist.
  - Halten Sie die nächsten Schritte ggf. schriftlich fest.
  - Benennen Sie konkrete Fristen (z. B. für die Umsetzung der Maßnahmen).
- Beispielhafte Fragestellungen:
  - Was können wir Ihrer Meinung nach unternehmen, um die Situation zu verbessern?
  - Was können wir für die Zukunft vereinbaren?
  - Was sind Ihre Ideen zu diesem Thema?
  - Ich möchte gerne festhalten, dass...
  - Was würde Sie überzeugen?
  - Ich möchte Ihnen vorschlagen, dass...

Phase 5: Abschluss

Schließen Sie das Gespräch mit einem konkreten Ergebnis für beide Seiten ab.

- Grundsätzliche Vorgehensweisen:
  - Benennen Sie das Ergebnis des Gesprächs noch einmal kurz (oder lassen Sie Ihren Mitarbeiter das Ergebnis aus seiner Sicht nennen).
  - Fragen Sie Ihren Gesprächspartner nach Ergänzungen aus seiner Sicht und offenen Fragen.
  - Bedanken Sie sich für das Gespräch.
- Beispielhafte Fragestellungen:
  - Als Ergebnis dieses Gesprächs möchte ich festhalten, dass.
  - Es ist mir wichtig, dass wir beide dasselbe verstanden haben. Worauf haben wir uns aus Ihrer Sicht geeinigt?
  - Was ist Ihnen zusätzlich noch wichtig?
  - Welche Fragen sind für sie offen geblieben?

Kienbaum Leitfaden zum Zielvereinbarungsgespräch

1. Gesprächsvorbereitung

Vorbereitende Überlegungen	
Zeit	
Ort	
Informationen für den Gesprächspartner: Was?	
Wer ist mein Gesprächspartner?	
Wie stehe ich zu meinem Gesprächspartner?	
Welche Gesprächsschwerpunkte möchte ich setzen?	
Welche Ziele möchte ich vereinbaren?	

2. Begrüßung

Gesprächseinstieg
Sitzordnung und Atmosphäre (konfrontative Sitzordnung vermeiden, angenehme Atmosphäre erzeugen, ungestörter Ort, Telefone sind umgestellt, den Mitarbeiter beim Namen begrüßen, Einstieg mit einem Thema, dass den Mitarbeiter persönlich betrifft)
Anlass und Ziele klären (Das Gespräch dient der Einbeziehung der Mitarbeiter in die gemeinsame Zielvereinbarung. Diese dient nicht der Mitarbeiterauswahl und wird nicht zur Begründung arbeitsrechtlicher Maßnahmen herangezogen.)
Zeitdauer ansprechen
Inhalte darstellen
Vorgehensweise/Gliederung des Gesprächs vorschlagen
Gewünschtes Ergebnis darstellen

3. Beurteilungsphase

1. Schritt: Rückblick auf Ziele der vergangenen Periode

Ziele/Strategien	Es sollte erreicht werden, dass:
quantitative Ziele	

Ziele/Strategien	Es sollte erreicht werden, dass:
qualitative Ziele	

2. Schritt: Einschätzung der Zielerreichung der vergangenen Periode durch den Mitarbeiter

Welche Ziele haben Sie Ihrer Meinung nach erreicht?

Welche Ziel haben Sie Ihrer Meinung nach nicht erreicht? (Begründung)

Was war bezüglich der verschiedenen Zielstellungen förderlich?

Was war bezüglich der verschiedenen Zielstellungen hinderlich?

3. Schritt: Beurteilung der Zielerreichung der vergangenen Periode durch den Vorgesetzten (quantitative Ziele)

quantitative Ziele		
Ziel 1:	Messkriterien zur Zielerreichung:	
	Beurteilung der Zielerreichung: nicht oder nur gering erreicht O · teilweise erreicht O · weitgehend erreicht O · voll erreicht O	
Veränderungs-notwendigkeit:	Begründung:	Ursachen bei Problemen:

Ziel 2:	Messkriterien zur Zielerreichung:	
	Beurteilung der Zielerreichung: nicht oder nur gering erreicht O · teilweise erreicht O · weitgehend erreicht O · Voll erreicht O	
Veränderungs-notwendigkeit:	Begründung:	Ursachen bei Problemen:

Ziel 3:	Messkriterien zur Zielerreichung:	
	Beurteilung der Zielerreichung: nicht oder nur gering erreicht ○ teilweise erreicht ○ weitgehend erreicht ○ voll erreicht ○	
Veränderungs-notwendigkeit:	Begründung:	Ursachen bei Problemen:

4. Schritt: Beurteilung der Zielerreichung der vergangenen Periode durch den Vorgesetzten (qualitative Ziele)

quantitative Ziele		
Ziel 1:	Messkriterien zur Zielerreichung:	
	Beurteilung der Zielerreichung: nicht oder nur gering erreicht ○ teilweise erreicht ○ weitgehend erreicht ○ voll erreicht ○	
Veränderungs- notwendigkeit:	Begründung:	Ursachen bei Problemen:

Ziel 2:	Messkriterien zur Zielerreichung:	
	Beurteilung der Zielerreichung: nicht oder nur gering erreicht ○ teilweise erreicht ○ weitgehend erreicht ○ Voll erreicht ○	
Veränderungs- notwendigkeit:	Begründung:	Ursachen bei Problemen:

<table>
<tr><td rowspan="2">Ziel 3:</td><td colspan="4">Messkriterien zur Zielerreichung:</td></tr>
<tr><td colspan="4">Beurteilung der Zielerreichung:
nicht oder nur gering erreicht ○ | teilweise erreicht ○ | weitgehend erreicht ○ | voll erreicht ○</td></tr>
<tr><td>Veränderungs-
notwendigkeit:</td><td colspan="2">Begründung:</td><td colspan="2">Ursachen bei
Problemen:</td></tr>
</table>

4. Zielsetzung des Unternehmens

Erörterung der Zielsetzung des Unternehmens

Aktuelle Unternehmensentwicklungen darstellen

Strategien und Ziele verdeutlichen

Akzeptanz für Strategien und Ziele schaffen

Daraus abgeleitet: Zielsetzungen des Bereichs in der nächsten Periode

Raum für Rückfragen des Mitarbeiters einplanen

5. Zielvereinbarungsphase I: Arbeitsziele

gemeinsame Vereinbarung der Arbeitsziele für die folgende Periode – Vorgehen:

- Mitarbeiter beschreibt seinen Beitrag zur Erreichung der Bereichsziele und definiert eigene Ziele
- Führungskraft benennt Ziele, deren Erreichung er vom Mitarbeiter wünscht
- Gemeinsame Gewichtung und Entscheidung unter Einbeziehung der Unternehmenssicht

Ziele/Strategien	**Es soll erreicht werden, dass:**
quantitative Ziele	

Ziele/Strategien	**Es soll erreicht werden, dass:**
qualitative Ziele	

- Priorisierung und Präzisierung der einzelnen Ziele, Festlegung von Rahmenbedingungen, Zeitraum und Messkriterien (quantitative Ziele)

quantitative Ziele	
Ziel 1	Messkriterien zur Zielerreichung:
	Rahmenbedingungen und Zeitraum:
Ziel 2	Messkriterien zur Zielerreichung:
	Rahmenbedingungen und Zeitraum:
Ziel 3	Messkriterien zur Zielerreichung:
	Rahmenbedingungen und Zeitraum:

- Priorisierung und Präzisierung der einzelnen Ziele, Festlegung von Rahmenbedingungen, Zeitraum und Messkriterien (qualitative Ziele)

qualitative Ziele	
Ziel 1	Messkriterien zur Zielerreichung:
	Rahmenbedingungen und Zeitraum:
Ziel 2	Messkriterien zur Zielerreichung:
	Rahmenbedingungen und Zeitraum:
Ziel 3	Messkriterien zur Zielerreichung:
	Rahmenbedingungen und Zeitraum:

6. Zielvereinbarungsphase II: persönliche Entwicklungsziele

gemeinsame Vereinbarung der persönlichen Entwicklungsziele (max. 3) – Vorgehen:

- Mitarbeiter beschreibt, welche Fähigkeiten und Kompetenzen er erweitern will, und schlägt Maßnahmen vor
- Führungskraft benennt ihre Vorstellungen von Entwicklungsmöglichkeiten und Perspektiven des Mitarbeiters vor dem Hintergrund der definierten Arbeitsziele
- Gemeinsame Definition und Priorisierung individueller Entwicklungsziele
- Nach Einigung: Art, Zeitraum und Details der Fördermaßnahme

Zu optimierende Kompetenz:
Was ist das Ziel/was soll verbessert werden?
Begründung:
Messkriterium/wann ist das Ziel erreicht?

Um diese Ziele zu erreichen, sollten folgende Verhaltensweisen des Mitarbeiters
... beibehalten werden
... reduziert werden
... intensiviert werden

Es würde mir helfen, wenn mein Vorgesetzter/meine Vorgesetzte folgende Verhaltensweisen
... beibehalten würde
... reduzieren würde
... intensivieren würde

7. Zusammenfassung der Ergebnisse und positiver Abschluss

Definierte Ziele, gewünschte Unterstützungsmaßnahmen bei der Weiterentwicklung, Wünsche und Vorstellungen

Vorstellungen/Ziele zur beruflichen Entwicklung aus Sicht des Mitarbeiters:

Vorstellungen/Ziele zur beruflichen Entwicklung aus Sicht des Vorgesetzten:

Datum des Folgegesprächs: ______________________

Kienbaum Leitfaden zu Mitarbeiterbeurteilungen

Einführung

Die Mitarbeiterbeurteilung ist ein Instrument zur Unterstützung eines regelmäßigen Dialogs zwischen dem Mitarbeiter und seinem Vorgesetzen. Es handelt sich dabei nicht um ein reines Beurteilungssystem, vielmehr steht der Feedbackcharakter im Vordergrund.

Der Mitarbeiter wird durch das Mitarbeitergespräch motiviert, da Grundlagen für die Erreichung der Ziele besprochen werden, zudem wird dem Wunsch des Mitarbeiters nach Rückmeldung über seine bisherige Erfüllung der Aufgaben Rechnung getragen. Dadurch wird der Mitarbeiter in seiner Leistung bestätigt, zum Beibehalten seiner Stärken oder zur Optimierung seines Verhaltens ermutigt. Es entsteht eine positive Feedbackkultur, die der Mitarbeiter als Chance für seine Weiterentwicklung nutzen kann.

Wichtiger als die Beurteilung der Vergangenheit ist das Verabreden von Maßnahmen zur Förderung der Leistung und zur Entwicklung des Mitarbeiters. Dadurch erhält der Mitarbeiter die Gewissheit, dass er sowohl auf seine zukünftigen Aufgaben gut vorbereitet ist als auch sein Vorgesetzter und das Unternehmen ihn auf diesem Weg unterstützen. Sein aktuelles Leistungsspektrum wird systematisch betrachtet: Individuelle Stärken werden erkannt, Steigerungsmöglichkeiten können systematisch angegangen werden. Somit können aus dem geführten Gespräch Ansatzpunkte für eine individuelle, zielgerichtete Personalentwicklung abgeleitet werden.

Leitfaden

Name, Vorname:	
Geburtstag:	Titel:
Abteilung:	Position:

Tätig bei der	**seit:**
Tätig in der jetzigen Position seit:	
Zeitpunkt der letzten Beurteilung:	
Vorgesetzter:	

Beurteilungsgrund:	
❍ Regelbeurteilung	❍ routinemäßige Anforderung
❍ Ablauf der Probezeit:	
❍ Sonstiges:	
Beurteilungszeitraum:	

Aufgaben und Tätigkeitsschwerpunkte:
Die folgende Beurteilung bezieht sich auf folgende Aufgaben und Tätigkeitsschwerpunkte (die einzelnen Aufgaben und Schwerpunkte detailliert aufführen):

Qualitative Zielerreichung im Beurteilungszeitraum
Zielbeschreibung:
Erreichungsgrad:
Zeitraum der Realisierung:

Kopiervorlage zur Beurteilung von Kompetenzen des Mitarbeiters

Grundkompetenz (z. B. Arbeits- und Leistungsverhalten): ________________

Teilkompetenz (z. B. Belastbarkeit): ________________
Kurzbeschreibung eines positiven Verhaltens in dieser Teilkompetenz (z. B. arbeitet auch in Stresssituationen sorgfältig und gewissenhaft):

Fremdeinschätzung des Vorgesetzten					
Die erbrachte Leistung liegt/entspricht					
immer unter	teilweise unter	im Wesentlichen	im vollen Umfang	häufig über	immer über
O	O	O	O	O	O
					... den Anforderungen
Begründung:					

Selbsteinschätzung des Mitarbeiters					
Die erbrachte Leistung liegt/entspricht					
immer unter	teilweise unter	im Wesentlichen	im vollen Umfang	häufig über	immer über
O	O	O	O	O	O
					... den Anforderungen
Begründung:					

Mögliche Verhaltensbeschreibungen für einige typische Teilkompetenzen:

Belastbarkeit:

- Behält die Übersicht in Stresssituationen
- Verhält sich auch in Stresssituationen konstruktiv
- Ist auch in Stresssituationen sorgfältig
- Ist fähig, in mehreren Projekten gleichzeitig zu handeln
- Passt sich schnell an veränderte Rahmenbedingungen an
- Übernimmt neue, komplizierte und ungeplante Tätigkeiten
- Kann sich auf chaotische Zustände einstellen

Eigeninitiative

- Sucht selbstständig nach Lösungen
- Wartet nicht auf Anweisungen
- Entwickelt Ideen
- Macht Vorschläge
- Verbessert Abläufe
- Erledigt selbstständig Aufgaben
- Bietet sich für neue Aufgaben an

Lernbereitschaft

- Zeigt die Bereitschaft, sich mit neuen Dingen zu beschäftigen
- Nimmt an Seminaren/Fortbildungen teil
- Zeigt auch außerhalb der Firma Weiterbildungsbemühungen

Autentizität

- Steht für seine Ziele ein
- Zeigt glaubwürdiges und verbindliches Verhalten
- Verhält sich abwägend und gerecht
- „Fels in der Brandung“ – kein „Bäumchen wechsele Dich“
- Sucht Fehler nicht nur bei anderen

Auftreten

- Trägt der Aufgabenstellung angemessene, korrekte Kleidung
- Hat einen adäquaten Umgangston
- Stellt sich auf den Gesprächspartner ein
- Verhält sich selbstsicher

Teamfähigkeit

- Zeigt Diskussions-, Argumentations- und Kritikfähigkeit
- Lässt sich von guten Argumenten überzeugen
- Trägt Gemeinschaftsentscheidungen mit
- Unterstützt durch Information und Einsatz zur Erreichung der Teamziele
- Arbeitet gerne im Team

Kommunikation und Information

- Spricht Kollegen an
- Teilt Wissen mit
- Sammelt Erkenntnisse
- Ist gesprächsbereit
- Geht mit Informationen verantwortungsbewusst um
- Ist offen und freundlich

Delegation

- Traut Leistungsfähigkeit zu
- Erkennt Aufgabenstellungen und Arbeitsumfang
- Motiviert durch komplexe Aufgaben ohne zu überfordern
- Ist bereit, Arbeiten abzugeben
- Überträgt Aufgaben zusammen mit der entsprechenden Entscheidungskompetenz

Motivation

- Erkennt Leistung an
- Gibt Feedback
- Übt konstruktive Kritik
- Informiert umfassend
- Lebt seine Vorbildfunktion
- Ist umfassend informiert

Ergänzungen

Weitere Stärken des Mitarbeiters – z. B. positive minded, besonderes Engagement:

Ergänzende Hinweise des Vorgesetzten:

Ergänzende Hinweise des Mitarbeiters:

Mögliche Personalentwicklungsmaßnahmen:

Datum: ______________________________

Unterschrift des Vorgesetzten: ______________________________

Unterschrift des Mitarbeiters: ______________________________

Motivationsprofil

Name des Mitarbeiters: ______________________

Aufgabenorientierter Mitarbeiter
(Leistungsmotiv)

Statusorientierter
Mitarbeiter
(Macht-/Einflussmotiv)

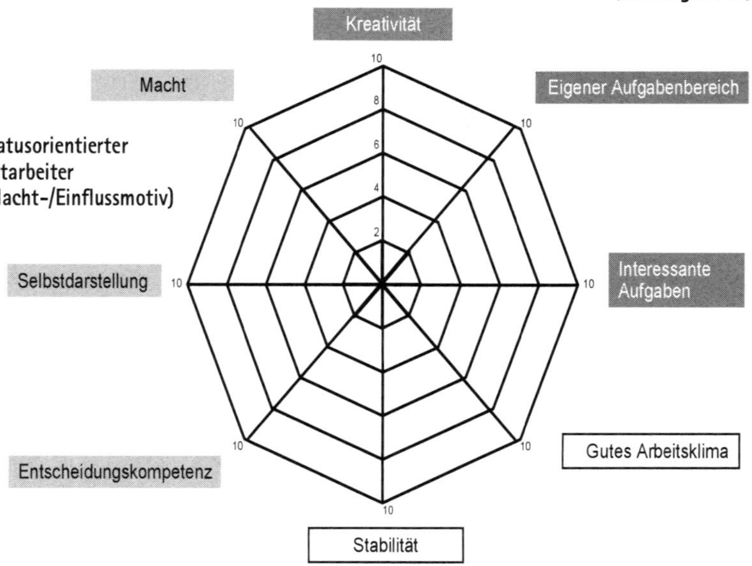

Anschlussorientierter Mitarbeiter
(Freundschaftsmotiv)

Ideen zur Motivation im Bereich: ___________

Ideen zur Motivation im Bereich: ___________

Ideen zur Motivation im Bereich: ___________

Kienbaum Checkliste zur Meeting-Vorbereitung

Inhaltliche Aspekte:	
Ziel des Meeings	• Was ist mein Kernziel? • Kann ich dieses durch das Meeting erreichen? (Ansonsten andere Plattform suchen!)
Teilnehmer	• Welche Kompetenzen und Befugnisse benötige ich auf von Seiten der Teilnehmer zur Zielerreichung? • Wen lade ich also ein, wen nicht? • Wer muss dabei sein und wird verpflichtend eingeladen? • Wer kann dabei sein und bekommt daher eine nichtverpflichtende Einladung (kann aber im Zweifel auch im Nachgang einfach das Protokoll anfordern)?
Themen des Meetings	• Was muss dafür besprochen werden? • Welche Entscheidungen könnten, welche müssen getroffen werden? • Was muss ich erreichen? • Was muss ich vermeiden? • Welche Informationen benötigen dafür die Teilnehmer? • Wie ist deren derzeitiger Wissensstand? • Welche Inhalte müssen demnach zur Sprache kommen?
Ziele der Agendapunkte	• Unterstützt jeder einzelne Agendapunkt tatsächlich mein Kernziel? • Will ich Informieren, Entscheiden, Aufgaben verteilen?
Zeitfenster der Agendapunkte	• Wie lange brauche ich realistisch für jedes einzelne Thema? • Wie viel Pufferzeit sollte ich einplanen? (siehe 60:20:20-Regel unter „Durchführung")
Eigene Vorbereitung	• Welche Punkte muss ich mir nochmals vergegenwärtigen, um diese im Meeting gut präsentieren zu können ?
Vorbereitung der Teilnehmer	• Für welches der Themen ist eine spezielle Vorbereitung der Teilnehmer notwendig? • Für welches nicht?
Materialien	• Welche Informationen müssen in welcher Form vorliegen, um mein Ziel zu erreichen?
Organisatorische Aspekte:	
Zeitpunkt	• Wann ist der ideale Zeitpunkt für die Durchführung? • Habe ich die Kalender der wichtigsten Teilnehmer vorab geprüft?
Dauer	• Wie viel Zeit ist für das Meeting eingeplant? • Wann wird es genau enden?
Ort	• Welcher Standort ist sinnvoll? • Welchen Raum benötige ich für wie lange? • Mit welcher Ausstattung? • Woher bekomme ich Getränke und ggf. kleine Snacks?
Agenda	• Erstellung der finalen Agenda inklusive aller obigen inhaltlichen und organisatorischen Punkte sowie Beginn und Ende, Teilnehmern, Verantwortlichkeiten
Einladung	• Was gehört in die Einladung? • Wann versende ich sie? • Habe ich eine Bitte um Bestätigung eingefügt, sodass ich vorher weiß, wer erscheinen wird und wer nicht?
Rollen	• Wer trägt die Gesamtverantwortung? • Benötige ich einen gesonderten Moderator und/ oder Protokollanten? • Wer ist dafür geeignet? • Ist diese Person bereit, die Rolle zu übernehmen?

Kienbaum Fragebogen zur Analyse des eigenen Teams

Auf den folgenden Seiten finden Sie den Kienbaum Fragebogen zur Analyse des einen Teams. Bitte beachten Sie, dass es bei der Bearbeitung dieses Fragebogens keine richtigen oder falschen Angaben gibt!
Damit Sie mit Ihrem Ergebnis gut weiterarbeiten können, ist es wichtig, dass Sie alle Fragen ehrlich beantworten. Das Ergebnis hängt selbstverständlich stark von Ihren Angaben ab.

Der folgende Fragebogen bezieht sich darauf, wie Sie die Arbeit in diesem Team empfinden. Dabei wird unterschieden zwischen den Teammitglieder und dem Teamleiter. Der Teamleiter kann ein formeller oder informeller Teamleiter sein. Der Fragebogen ist außerdem auf allen Hierarchieebenen einsetzbar. Auch ein Bereichsleiter kann den Fragebogen mit seinem Team der Teamleiter einsetzen. In diesem Fall bezeichnet der Fragebogen die Teamleiter des Unternehmens als Teammitglieder und den Bereichsleiter des Unternehmens als Teamleiter des Teams.

Wichtig ist, dass Sie bei der Beantwortung und der Auswertung des Fragebogens dasselbe Team betrachten.

Dieser Fragebogen ist so gestaltet, dass er sich durch den Teamleiter und die Teammitglieder gleichermaßen beantworten lässt. Besonders interessant ist ein Abgleich der unterschiedlichen Wahrnehmungen des Teams.

Bitte tragen Sie für jede Frage in das nebenstehende Kästchen den Zahlenwert ein, der Ihrer persönlichen Einschätzung am ehesten entspricht. Hierbei gilt folgende Zuordnung: • Stimme nicht zu: 1 • Stimme eher nicht zu: 2 • Stimme eher zu: 3 • Stimme zu: 4		Antwort	
1	Der Teamleiter ist in der Lage, auf die Fähigkeiten und das Engagement der einzelnen Teammitglieds einzugehen.	1	
2	Dem Team stehen ausreichend Mittel und Ressourcen zur Verfügung.	2	
3	Wurde ein Konflikt gelöst, ist er auch tatsächlich vorbei.	3	
4	Die Zusammensetzung des Teams ist der Aufgabe vollkommen angemessen.	4	
5	Unsere Besprechungen im Team sind in Ablauf, Inhalt und Zielen sorgfältig vorbereitet.	5	
6	Bei uns ist es jederzeit möglich, abweichende Meinungen und Gedanken zu äußern, ohne dass dies zum Nachteil wird.	6	
7	Die gemeinsamen Ziele werden von jedem einzelnen Teammitglied getragen.	7	
8	Jedes Teammitglied ist ernsthaft am Erfolg interessiert und setzt sich mit vollem Engagement dafür ein.	8	
9	Wichtige Entscheidungen werden nicht im Alleingang getroffen.	9	
10	Es herrscht Klarheit über die Aufgaben des Teams in der Gesamtorganisation und die Abgrenzung zu anderen Bereichen.	10	
11	Konflikte werden in kurzer Zeit und konstruktiv gelöst.	11	
12	Die Fähigkeiten der meisten Teammitglieder sind nicht unterdurchschnittlich.	12	
13	Wir haben genügend Zeit, um gemeinsam an neuen Lösungen und Ideen zu arbeiten.	13	
14	Es gibt keine „Cliquen" und Subgruppen, die miteinander konkurrieren.	14	
15	Eine gemeinsame Zielvorstellung bzw. Vision hilft uns, auch schwierige Zeiten zu meistern.	15	
16	Die Auflösung des Teams wäre ein persönlicher Verlust für uns alle.	16	
17	Anerkennung und Kritik des Teamleiters stehen in einem angemessenen Verhältnis.	17	
18	Das Team hat genügend Autonomie – es wird wenig von außen in die Arbeit eingegriffen	18	
19	Wir sprechen Konflikte an, ohne sie sich selbst zu überlassen.	19	
20	Die meisten Teammitglieder haben kaum Nachholbedarf in punkto Weiterbildung.	20	

Kienbaum Fragebogen zur Analyse des eigenen Teams

Bitte tragen Sie für jede Frage in das nebenstehende Kästchen den Zahlenwert ein, der Ihrer persönlichen Einschätzung am ehesten entspricht. Hierbei gilt folgende Zuordnung: • Stimme nicht zu: 1 • Stimme eher nicht zu: 2 • Stimme eher zu: 3 • Stimme zu: 4		Antwort	
21	Die Aufgabenverteilung ist transparent – jedes Teammitglied weiß, welchen Beitrag er /sie zu unseren Zielen leistet.	21	
22	Die Ziele erfordern von allen Teammitgliedern ständig ein Höchstmaß an Einsatz.	22	
23	Der Teamleiter fordert und fördert die persönliche Entwicklung aller Teammitglieder.	23	
24	Übergeordnete Führungsebenen geben dem Team ausreichend Rückendeckung und Anerkennung.	24	
25	Es herrscht eine offene Streitkultur. Niemand spricht hinter dem Rücken über andere.	25	
26	Das Team hat genau die richtige Größe.	26	
27	Wir wissen, wie wir unsere Kreativität nutzen können.	27	
28	Es gibt private Kontakte zwischen den Teammitgliedern.	28	
29	In der Regel weiß jedes Teammitglied, was er/sie als Nächstes tun kann.	29	
30	Ich habe das Gefühl, dass sich alle stark engagieren.	30	
31	Die Aufgabenverteilung ist transparent – jedes Teammitglied weiß, welchen Beitrag er /sie zu unseren Zielen leistet.	31	
32	Die Ziele erfordern von allen Teammitgliedern ständig ein Höchstmaß an Einsatz.	32	
33	Der Teamleiter fordert und fördert die persönliche Entwicklung aller Teammitglieder.	33	
34	Übergeordnete Führungsebenen geben dem Team ausreichend Rückendeckung und Anerkennung.	34	
35	Es herrscht eine offene Streitkultur. Niemand spricht hinter dem Rücken über andere.	35	
36	Das Team hat genau die richtige Größe.	36	
37	Wir wissen, wie wir unsere Kreativität nutzen können.	37	
38	Es gibt private Kontakte zwischen den Teammitgliedern.	38	
39	In der Regel weiß jedes Teammitglied, was er/sie als Nächstes tun kann.	39	
40	Ich habe das Gefühl, dass sich alle stark engagieren.	40	

Bitte tragen Sie für jede Frage in das nebenstehende Kästchen den Zahlenwert ein, der Ihrer persönlichen Einschätzung am ehesten entspricht. Hierbei gilt folgende Zuordnung: • Stimme nicht zu: 1 • Stimme eher nicht zu: 2 • Stimme eher zu: 3 • Stimme zu: 4		Antwort	
41	Das Team wird nach außen gut vertreten.	41	
42	Das Team bzw. der Teamleiter kann Entscheidungen auf höheren Ebenen beeinflussen.	42	
43	Unangenehme Themen werden nicht vermieden.	43	
44	Die Zusammenarbeit kann durch weitere fachliche Qualifikation kaum noch verbessert werden.	44	
45	Wenn wir uns beraten, werden wir nicht gestört.	45	
46	Unterschiedliche Weltbilder können bei uns nebeneinander existieren.	46	
47	Es gibt einen Plan, den jedes Teammitglied persönlich verfolgen kann.	47	
48	Die Voraussetzungen motivieren jedes Teammitglied – es lohnt sich, sich einzusetzen.	48	
49	Ein Hauptanliegen des Teamleiters sind die Interessen und Ziele des Teams.	49	
50	Es existieren genügend Handlungsspielraum und Entscheidungsfreiheit.	50	
51	Die inhaltliche Auseinandersetzung steht im Vordergrund und nicht die Macht oder das „Recht-behalten-wollen".	51	
52	Es gibt genügend Menschen bei uns im Team, die wissen, wie man bestimmte Probleme anpackt.	52	
53	Die Aufgaben der Teammitglieder sind eindeutig geklärt. Jeder/jede weiß genau, was er/sie zu tun hat.	53	
54	Wir haben ein starkes „Wir-Gefühl".	54	
55	Prioritäten sind bei uns klar zu setzen.	55	
56	Meine Arbeit ist mir persönlich sehr wichtig.	56	
57	Es werden regelmäßig Gespräche über individuelle Ziele und Prioritäten der Teammitglieder geführt.	57	
58	Unsere Kunden wissen genau, was wir für sie tun und nicht tun können.	58	
59	Wir wissen, wie wir Konflikte lösen können.	59	
60	Wir finden sachlich sehr gute Lösungen, mit denen wir und unsere Kunden zufrieden sind.	60	
61	Wir achten darauf, wie wir unsere Zeit und unsere Kräfte einsetzen.	61	
62	Ich arbeite sehr gern in diesem Team, denn die Arbeit macht Spaß und motiviert mich.	62	
63	Es fällt immer leicht, Wesentliches von weniger Wichtigem zu unterscheiden.	63	
64	Bei uns macht es Spaß, sich Herausforderungen zu stellen.	64	

Auswertung

Bitte übertragen Sie in einem ersten Schritt die Punktwerte aus Ihrem Fragebogen in die folgende Tabelle. Die Aussage 1 bezieht sich dabei auf die Führungsqualität, die Aussage 2 auf die Integration des Teams in die Gesamtorganisation, etc.

Summieren Sie anschließend die Zeilen und notieren Sie die Summenwerte pro Auswertungsdimension.

Dimensionen	Fragen								Summenwerte
Führungsqualität	1	9	17	25	33	41	49	57	
Integration in die Gesamtorganisation	2	10	18	26	34	42	50	58	
Konfliktmanagement	3	11	19	27	35	43	51	59	
Qualifikation & Kompetenzen	4	12	20	28	36	44	52	60	
Organisation & Arbeitsmethoden	5	13	21	29	37	45	53	61	
Kommunikation & Arbeitsklima	6	14	22	30	38	46	54	62	
Zielorientierung	7	15	23	31	39	47	55	63	
Engagement	8	16	24	32	40	48	56	64	

Auswertung

Um Stärken und Entwicklungsfelder besser zu veranschaulichen, können Sie nun die Summenwerte in die folgende Graphik übertragen.

Der Wert 20 ist mit einer Linie gekennzeichnet. Sollte sich die Bewertung einer Dimension unterhalb dieser Linie befinden, so sollten Sie alleine oder gemeinsam mit Ihrem Team reflektieren, ob Sie eine Verbesserung erwirken wollen.
Bitte beachten Sie dabei jedoch, dass die absolute Höhe der Bewertung stark davon abhängig ist, wie kritisch Sie bzw. Ihr Team mit der Einschätzung der einzelnen Aussagen umgegangen sind/ist. Eine verlässliche Aussage zu den Stärken und Entwicklungsfeldern Ihres Teams ergibt sich jedoch in jedem Fall aus dem relativen Vergleich der Werte in den einzelnen Dimensionen. Sollten Sie z. B. zu dem Ergebnis kommen, das die Dimension Konfliktmanagement im Vergleich zu den übrigen Dimensionen am schwächsten ausgeprägt ist, so sollten Sie mit einer geplanten Entwicklung des Teams in diesem Bereich ansetzen.

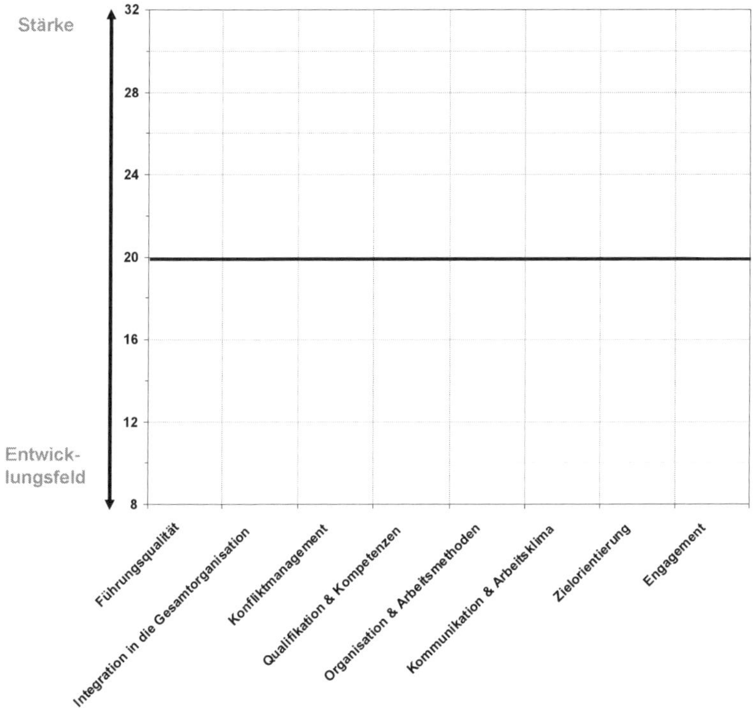

Autoren

Lars Förster, Jg. 1977, ist Seniorberater und seit 2004 bei der Kienbaum Management Consultants GmbH in Berlin tätig. Der Diplom-Kaufmann hat an der Freien Universität Berlin mit dem Schwerpunkt Organisation und Führung studiert und seine Diplomarbeit gemeinsam mit Kienbaum über Teamentwicklung für Führungskräfte geschrieben. Lars Förster ist zudem zertifizierter systemischen Berater mit Schwerpunkt auf der Begleitung von Veränderungsprozessen und zertifizierter Outdoortrainer. Seine Arbeits- und Beratungsschwerpunkte liegen folglich in den Bereichen Changemanagement, Führungskräfteentwicklung, Teamentwicklung sowie in der Ausbildung von Führungskräftetrainern. In 5 Jahren Zusammenarbeit mit Führungskräften aller Ebenen in Veränderungsprozessen, Trainings, Workshops und Coachings hat sich ein Methodenkoffer mit wirkungsvollen Führungsinstrumenten herauskristallisiert. Die besten finden Sie systematisch und pragmatisch aufbereitet in diesem Buch als Anregung für Ihre eigene Führungsarbeit. Viel Spaß beim Ausprobieren!
E-Mail: *lars.foerster@kienbaum.de*

Matthias Meifert, Jg. 1968, ist seit 2007 Mitglied der Geschäftsleitung und seit 2003 Partner bei der Kienbaum Management Consultants GmbH am Standort Berlin. Der gelernte Bankkaufmann und studierte Wirtschaftspädagoge hat an der Technischen Universität Berlin im Jahre 2004 zum Thema „Mitarbeiterbindung – Eine empirische Analyse betrieblicher Weiterbildner" im Fachbereich Psychologie promoviert. Neben seinem Fernstudium zum Personal- und Managementreferenten war er vor seiner Tätigkeit bei Kienbaum u. a. als Teamleiter Führungskräfteinformation und als Produktmanager tätig. Seine Beratungsschwerpunkte liegen

in den Themen strategische Personalentwicklung, Diagnostik, Projektmanagement, wirkungsvolles Personalmanagement sowie Management von komplexen Veränderungsprojekten und Mitarbeiterführung. Er hat zahlreiche Unternehmen und Manager zur Mitarbeiterführung und zu Führungsinstrumenten beraten und gecoacht. Sein Consultingansatz ist stark praxisorientiert und ganzheitlich ausgerichtet. Seine Beratertätigkeit berücksichtigt neben seiner Ausbildung zum Wirtschaftspädagogen auch seine zwölfjährige Managementerfahrung in einer deutschen Großbank. Seit 2009 ist Matthias Meifert Herausgeber der Haufe-Kienbaum-Buchreihe.
E-Mail: *matthias.meifert@kienbaum.de*

Thomas Saller, Jg. 1977, ist seit Februar 2008 – aktuell in der Funktion als Projektleiter – bei der Kienbaum Management Consultants GmbH an den Standorten Berlin und Frankfurt (Main) tätig. Zuvor hat Thomas Saller mehr als 5 Jahre als HR Business Partner, Learning & Development Manager und Leiter des Bereichs Mitarbeiterkommunikation beim Konsumgüterkonzern Procter & Gamble in Deutschland und Benelux gearbeitet. Seine Beratungsschwerpunkte bei Kienbaum liegen in den Bereichen Führungskräfteentwicklung und -coaching sowie in der Ausbildung, Zertifizierung und Supervision von Trainern. Zu seinen Kunden gehören insbesondere Organisationen der öffentlichen Verwaltung sowie große und mittlere Unternehmen in den Bereichen Telekommunikation, Fast Moving Consumer Goods, IT-Dienstleistung, Finanzdienstleistung.
Der Diplom-Psychologe hat in Freiburg, Madrid, Mannheim mit dem Schwerpunkt Arbeits- und Organisationspsychologie und Betriebswirtschaftslehre studiert. Thomas Saller verfügt über eine Zusatzausbildung als systemischer Berater und Coach am Institut für systemische Beratung in Wiesloch.
E-Mail: *thomas.saller@kienbaum.de*

Johannes Sattler, Jg. 1981, ist seit 2007 als Berater bei der Kienbaum Management Consultants GmbH in Berlin tätig. Der Diplom-Psychologe hat an der Westfälischen Wilhelms-Universität Münster mit den Schwerpunkten Klinische Psychologie sowie Organisationspsychologie studiert. Seine und Arbeits- und Beratungsschwerpunkte liegen in den Bereichen HR-Strategie und -Organisation, Change Management, Personaldiagnostik, Coaching, sowie vor allem in der Trainerausbildung, -supervision und Führungskräfteentwicklung. Seit ca. zwei Jahren trainiert Johannes Sattler wöchentlich Führungskräfte verschiedener Hierarchieebenen und diskutiert deren Alltagsherausforderungen. Seine gesammelten Erfahrungen sowie Methoden, die sich in der Praxis seiner Trainingsteilnehmer als besonders wirkungsvoll herausgestellt haben, gibt er Ihnen in diesem Buch methodisch aufbereitet als Leitlinie oder Reflexionsanregung für Ihre eigene Führungstätigkeit an die Hand. Viel Freude und Erfolg bei der Umsetzung.
E-Mail: *johannes.sattler@kienbaum.de*

Thomas Studer, Jg. 1962, ist seit 2007 bei der Kienbaum Management Consultants GmbH im Geschäftsbereich Human Resource Management tätig, zunächst als Senior Expert und seit 2009 als Bereichsleiter/Principal im Bereich Change Management. Er studierte Theologie, Philosophie, Literatur- und Kommunikationswissenschaften und hat Weiterbildungen u.a. in systemischer Beratung, Projektmanagement, Change Management und Coaching absolviert.
Thomas Studer verfügt über knapp 20 Jahre Beratungs- und Berufserfahrung mit den Schwerpunkten Personalentwicklung, Organisationsentwicklung und Transformationsberatung. Als Berater, Trainer und Coach deckt er ein breites Spektrum von klassischer Unternehmensberatung bis hin zu HR-Beratung ab. Er verfügt über mehr als zehn Jahre Führungserfarung als Geschäftsführer und Bereichsleiter. Beides – seine Beratungs- und seine Führungserfahrung – haben ihn gelehrt, dass eine Führungskraft nur dann andere gut führen kann, wenn sie auch sich selbst gut führen kann.

Vor seiner Tätigkeit für Kienbaum war Thomas Studer Geschäftsführer und Verwaltungsrat der mundi consulting GmbH/AG (Siegen/Bern) sowie freier Partner der Czwalina Consulting AG (Basel).
E-Mail: *thomas.studer@kienbaum.de*

Stichwortverzeichnis

12-Punkte-Plan 159, 160

Abhängigkeitsverhältnis 226
Abschottung 179
Acquaintance phase 76
Adjourningphase 154
Advocatus Diaboli 178
Ahola, Tapani 158
Akzeptanz 79, 86, 187, 195, 201, 221
Alltagsstress 59
A-L-P-E-N-Methode 50, 51
Anerkennung 17, 19, 23, 33, 82, 144, 150, 175, 187, 224, 231
Anforderungen 61, 104, 125, 126, 144, 209, 216, 220
Angst 64, 100, 119, 201
Anhänger (Teamkommunikation) 171
Antreiber 46, 60, 61, 62, 63, 64, 65, 66, 67, 69, 81
– Beeil-dich 65, 68
– Sei-gefällig 64, 68
– Sei-perfekt 62, 68
– Sei-stark 63, 67
– Streng-dich-an 66, 68
Antreiber-Fragenbogen 62
Anwesenheit 17
Arbeitsabläufe 16, 17, 143, 145, 169, 245
Arbeitsdisziplin 27, 89
Arbeitseinstellung 15, 75
Arbeitsleistung 18, 222, 229
Arbeitsmethode 17, 27, 89, 216, 217, 236
Arbeitsmotivation 15, 227
Arbeitsqualität 13, 101
Arbeitszeiten 104, 158
Aufgabenerfüllung 114
Aufgabenverteilung 166, 185
Ausgleichsmöglichkeiten 59
Authentizität 25, 27, 39, 40, 41, 90
Autonomie 20

Balance 42, 229, 234
Balanced Scorecard 54, 56, 57, 58, 59
Basisdemokratie 28
Bedürfnispyramide 12, 18, 19
Beförderung 22, 92, 102, 103, 106, 125, 231
Befugnisse 116, 119, 148, 238
Beispiele
– Das junge Paar 173
– Delegation und Selbstmanagement 45
– Der kleine Mann im Ohr 60
– Frau Gerstetter 77
– Frau Reichensitter und Herr Honsel 102
– Frau Waldberg delegiert 108
– Herr Ruppig - frageorientiert 99
– Herr Ruppig - konfrontativ 98
– Herr Tetzlaf und Herr Waldbart 245
– Herrn Alexis' Meeting 127
– Krug Elektro AG 227
– Pappa ante Portas 29
– Petra und Thomas 191
– Roosevelt und Kennedy 243
– Rückdelegation an Herrn Lange 118
– Spätabendliche Work-Life-Balance 88

– Steinmetz 21
– SWODO GmbH 179
– Teamkommunikation bei Herrn Rot 169
– Toll, Ein Anderer Macht's 141
– Unklarer Projektauftrag 217
– Veränderungen – das neue Allheilmittel 195
– Wagners Mitarbeitergespräch 33
– Waldarbeiter 46
– Was ziehen Sie morgens an? 47
– Wie führe ich meine Mitarbeiter? 10
– Xing, Facebook und Co. 69
Belbin, Meredith 148, 165, 166, 167, 168, 170
Belohnung 12, 22, 23
Beobachter (Teamkommunikation) 171
Beratung 210, 226
Bestrafung 12
Betriebliches Gesundheitsmanagement 90
Beurteilungsgespräch 102
Bezahlung 10, 22, 56, 125
Beziehungsdynamiken 166
Beziehungsebene 133, 151, 152
Beziehungsgeflechte 141, 164, 174
Beziehungsqualität 168, 241, 244
Budget 175, 205, 214, 217, 218, 219, 226
Burnout 39, 65

Change 195, 203, 206, 238
Charisma 24
Cliquenbildung 154
Coach 79, 108, 114, 117, 123, 164, 217
Coaching 61, 108, 156, 162, 164, 180, 195, 217, 227, 230
Commitment 12, 13, 43, 219
Complex Man 20
Covey, Dr. Stephen 181, 182
Csikszentmihalyi, Mihaly 59

Demotivation 39, 105
Detailarbeit 82, 243
Dienst nach Vorschrift 36, 241
Diplomatie 83, 168, 233
DISG-Modell 79, 80, 83, 124
Dominanz 80, 81
Downey, D. 80, 81
Drucker, Peter F. 219, 226
Durchsetzungsfähigkeit 81
Dyadische Führung 26, 28, 75, 94, 110, 127, 221
Dysfunktionalität 46, 67

Effektivität 13, 237
Effizienz 13, 89, 237
Eigeninitiative 66, 78, 114
Eigenverantwortung 36, 117
Einflussbereich 181, 184, 185, 192, 210, 241
Einflussnahme 28, 181, 226, 227, 229, 242
Einstellungen 24
Emotionale Bindung 149
Emotionen 24, 82, 184, 197, 201
Engagement 27, 75, 85, 110, 204
Entfremdung 17
Entlastung 109, 110, 119
Entscheidungsverantwortung 87
Entspannung 55, 59
Entspannungsmethoden 59, 68
Entwicklungsmöglichkeiten 76
Entwicklungsquadrat 41
Erlauber 60, 67
Erwartungsbündel 30, 237
Erwartungsdruck 119
Erwartungserwartungen 10, 32
Erwartungsträger 31
Erziehung 62, 63
Experiment: Zielformulierung 52

Externe Attribution 66
Externes Referenzsystem 38, 39, 42
Extraversion 80, 81
Extrinsische Anreize 22, 23

Fachwissen 78
Fähigkeiten 20
Feedback 27, 33, 36, 42, 68, 69, 77, 90, 101, 106, 107, 108, 114, 200, 201, 216, 217, 223, 226, 237
Flexibilität 14, 15, 153, 155, 168
Flow-Erlebnis 59
Fluktuation 75, 103
Fördergespräch 105
Förderung 217, 223
Formingphase 152, 156
Frageorientierung 95, 234
Fragetechnik 94
Freizeitstress 59
Freundschaft 10, 125, 162
Friedag, Herwig R. 56
Führung im Projektkontext 215
Führungsambivalenz 10, 33, 35, 37, 45, 238
Führungsanforderungen 228, 238
Führungsaufgaben 108, 113, 216, 217, 224, 227, 231
Führungsdyade 28, 110, 229
Führungsebenen 31, 180, 228, 229, 230
Führungserwartungen 235
Führungshebel 234, 235
Führungskontinuum 84, 86, 87
Führungsleitlinie 15, 42
Führungsstil 13, 15, 22, 26, 77, 78, 84, 220, 221
Führungstheorie 9
Führungsverantwortung 6, 103, 209, 214, 216
Führungsverständnis 9, 11, 14, 15
Führungswerkzeuge 217, 224, 225
Furman, Ben 158, 159

Gehaltserhöhung 23, 33, 231
Geier, J. 80, 81
Gelassenheitsgebet 181
Gesundheit 27, 56, 57, 58, 59, 90, 237
Gesundheitsmanagement 227
Gewissenhaftigkeit 80, 83, 167
Glaubenssätze 42
Glaubwürdigkeit 90, 204, 205, 206, 207, 237
Gleichbehandlung 35, 36, 90
Gordon, Thomas 247
Graen, G. B. 215
Grundhaltung 27, 90, 136, 246
Gruppendenken 177, 178
Gruppendynamik 155, 224
Gruppenzensur 178

Handlungsspielräume 77, 192
Hawthorne-Effekt 18
High Performer 49
High-quality leader-member-relations 75, 76
Höherer Sinn 19
Homo oecomomicus 16
Hörer 242, 243
Human-Relations-Bewegung 18

Identifikation 12, 13, 101, 220, 236
Identifikationsfigur 27
Indirekte Führung 230
Informationsfluss 101, 175
Ingroup 75, 76
Initiative 80, 82, 174
Innovation 35, 37, 168
Inspiration 24
Intellektuelle Stimulierung 24
Interaktion 18, 75, 95, 97, 144, 194, 245, 246, 247
Internes Referenzsystem 38, 39, 42
Intrinsische Anreize 23
Intrinsische Motivation 54

Introversion 31, 80, 82

Jahresauftaktgespräch 101, 103, 127
Jahresziele 145, 186
Job Design 216, 225, 226

Kantor, David 170, 171, 172
Kaplan, Robert S. 56
Karriere 20, 39, 40, 56, 93
Karriereanker 20
Kernwerte 40
Kienbaum Expertentipps
– Ablaufplanung 145
– Abschottung vermeiden 179
– Anreize 23
– Balanced Scorecard 58
– Commitment 13
– Eigene Werte 38
– Einfluss der Führungskraft 91
– Entspannen Sie sich 59
– Erwartungen 31
– Freiwilligenliste 133
– Führungsambivalenzen 37
– Führungsleitlinie 15
– Gemeinsames Ziel 145
– Gründe für Minderleistungen 105
– Gruppendenken entschärfen 178
– Ihr Alltag 35
– Ihre Vorbildwirkung 93
– Ist Führung Manipulation? 28
– Kollegiale Fallberatung 210
– Kommunikation und Kooperation 149
– Komplementäre Fähigkeiten 148
– Konfliktgrundhaltung 246
– Kreismodell 185
– Leistungsorientierung 150
– Meeting-Mindmap 138
– Meetingregeln 131
– Meeting-Vorbereitung 132
– Mein Chef 243
– Mitarbeitereinschätzung 83
– Motivationskanäle 127
– Motivationsprofil 126
– Normen und Verhaltensregeln 146
– Protokoll-Mail 137
– Reifegrad 79
– Selbstwirksamkeit 109
– Soziogramm 164
– Teamanalyse 186
– Teamentwicklung 156
– Teamgeist 149
– Teamkommunikation 173
– Teamrollen 168
– Teamstruktur 147
– Teamumfeld 175
– Teamvertrag 187
– Veränderungskurve 201
– Veränderungstypen 196
– Verantwortung 177
– Verantwortung im Meeting 130
– Wie viel Prozent? 49
– Zurückhaltung und die Konsequenzen 107
– Zusammenarbeit mit dem Chef 244
Kollegiale Fallberatung 210
Kommunikationsblockaden 169
Kommunikationsmuster 153
Kompetenzbereich 81
Kompetenzen 104, 109, 116, 148, 152, 156, 166, 223, 225
Komplementäre Fähigkeiten 143, 147
Komplementarität 148, 165
Konfliktbewältigung 247, 249
Konflikte 6, 33, 64, 78, 80, 82, 87, 153, 156, 162, 164, 167, 168, 209, 245, 247
Konfliktmanagement 209, 216
Konfliktsignale 105
Konfliktsituation 83, 246, 247
Konstruktivistisches Denken 95

Kontaktpflege 58, 69, 70, 71, 72, 73, 80, 82, 146, 149, 156, 161, 162, 228, 238
Kontinuum 14, 221
Kontrollbereich 184, 185
Kontrolle 12, 35, 36, 63, 109, 114, 137, 222, 229, 230, 239
Kooperation 15, 82, 143, 148, 149, 153, 201
Kotter, John 203, 204
Kreativität 13, 127, 153, 167, 168
Kreismodell 95, 179, 181, 182, 184, 185
Kritik 62, 90, 106, 184, 187, 234
Kritikfähigkeit 237
Kritikgespräch 95, 100, 106, 119, 233
Krug, Joachim 124
Kuhl, Ulrich 124
Kumpelhaftes Führungsverhalten 28
Kunden 29, 31, 56, 90, 127, 146, 191, 228, 236
Kundenzufriedenheit 185
Kutzschenbach, von, Claus 241, 242

Laissez-faire 222
Leader-Member-Exchange-Theory 75, 110
Leadership 40, 215
Lebensstilintegration 20
Leistungsanerkennung 101
Leistungsfähigkeit 83, 143, 147, 158, 168, 174, 177, 185, 222, 226
Leistungsmotivation 78
Leistungsorientierung 40, 81, 143, 144, 149, 150, 153, 239
Leistungssteigerung 17, 105
Leitplanken 42, 111, 116, 234
Leser 242, 243
Lichtintensität 17
Lincoln, Abraham 51
LMX-Theorie 75, 78
Lob 60, 82, 125, 150, 201
Lösungsorientierung 27, 78, 89, 95, 146, 150, 158, 160, 236
Low-quality leader-member-relations 75
Loyalität 27, 39, 90, 237, 242, 244
Luftballon-Technik 120, 122

Macht 125, 154, 214
Machtkampf 153, 154
Malik, Fredmund 216
Mangelhafte Führungsleistung 232
Manipulation 28
Maslow, Abraham 12, 18, 19
Mature partnership phase 76
McGregor, Douglas 11, 12, 17, 19
Meeting 96, 127, 129, 130, 131, 133, 134, 135, 136, 137, 138, 139
Meeting-Mindmap 138
Meetingregeln 131
Meilensteine 224
Meilensteinplanung 145
Menschenbild 9, 12, 14, 16, 27, 237
Menschenorientierung 80, 243
Mindmap 137, 138, 139
Misstrauen 205, 222
Mitarbeiterbeschwerde 232, 233
Mitarbeitergespräch 33, 94, 98, 99, 101, 108, 113, 145, 183, 216, 224, 230, 236
Mitarbeiterorientierung 82
Mitarbeiterprobleme 229
Moderator 134, 135, 156, 180, 210
Morgan, Gareth 193
Motivationsprofil 126, 127
Motivationstypen 124, 125
Motive 20, 28, 33, 125, 248
Motivstrukturen 126

Nachbereitung 129, 130, 136
Nachkontrolle 51
Nähe 27
Nähe-Distanz-Ambivalenz 36

Netzwerk 69, 70, 72, 73, 116, 167
Niederlagenlose Methode der Konfliktbewältigung 247
Normen 31, 39, 40, 42, 143, 146, 147, 150, 156, 177, 178, 187, 223
Normingphase 153, 156
Norton, David P. 56
Nutzenmaximierung 16

Oetinger, Friedrich Christoph 181
Online-Plattformen 71, 72, 73
Optimismus 82
Organisation als Maschine 194
Organisation als Organismus 194
Outgroup 75, 76, 78

Pareto, Vilfredo Federico 16, 47
Pareto-Prinzip 47, 48, 49, 50, 68, 88
Partnerschaftliches Führungsverständnis 14
Patriarchalisches Führungsverständnis 14
Perfektion 62
Performance 113, 114
Performingphase 153, 154, 155, 156
Personalentscheidungen 206, 226, 231
Personalentwicklung 101, 103, 105, 109, 113, 116, 217, 223, 227, 238
Persönliche Ressourcen 59, 112, 199, 230, 237
Persönliche Ziele 55
Persönlicher Kontakt 27
Pflichterfüllung 40, 53
Phasen der Teamentwicklung 151, 152, 154, 238
– Adjourning 154
– Forming 152
– Norming 153
– Performing 153
– Storming 153
Pinguin-Prinzip 203
Potenzial 113, 114
Potenzialbewertung 114
Priorisierung 70, 229
Prioritäten 55, 58, 59, 82, 156
Problemlösung 87, 95, 246
Problemlösungskompetenz 167
Problemorientierung 78, 95, 160, 174
Produktionsfaktor Mensch 16
Produktivität 13, 17
Projektauftraggeber 226
Projektleiter 214
Projektmanagement 217
Protokoll 127, 135, 136, 137
Pufferzeiten 50
Pünktlichkeit 132, 133

Qualifikationsmöglichkeiten 175
Qualitätssicherung 55, 83, 216

Regelkommunikation 129, 145, 149, 159
Regelmeeting 134
Regeln 29, 81, 135, 146, 152, 187, 191, 206, 223, 227
Reifegrad 28, 78, 79, 109, 113, 115, 123, 124, 219, 220
Reifegradmodell 78, 113
Resignation 155, 199
Respekt 75, 172, 226
Ressourcen 13, 97, 109, 116, 145, 160, 175, 179, 216, 218, 225, 226
Reteaming-Methode 159
Rituale 91, 92
Rolle 29, 123, 143, 166, 168, 178, 210, 229, 237, 238, 239
Rollenbewusstsein 31
Rollenbild 9
Rollenelemente 30
Rollenempfänger 30
Rollenerwartungen 31, 33, 237
Rollengegensätze 238
Rollenklarheit 237, 240

Rollenkonflikte 32, 242
Rollensender 30, 31, 32, 33
Rollenverantwortlichkeit 75
Rollenverteilung 165
Rollenvorbild 239
Rückdelegation 117, 118, 119, 120, 121, 122, 123, 220
Rückmeldungen 77, 93, 101, 123, 132, 200, 235
Rücksicht 36

Sachorientierung 243
Schein, Edgar 19, 20
Schmidt, Walter 56
Schmidt, Warren H. 84, 87, 221
Schritte nach Kotter 203
Schuld 121, 180
Schuldkomplex-Technik 121, 123
Schwäche zeigen 61, 63, 67
Schwerpunktbildung 229
Scientific Management 16
Sechs „W" der Delegation 112
Seiwert, Lothar 47, 50
Selbstdisziplin 83, 133, 168
Selbstkontrolle 104
Selbstmanagement 45, 46, 47, 48, 51, 61
Selbstorientierung 229
Selbstreflexion 79
Selbststeuerung 49, 104, 134
Selbstverantwortung 105
Selbstvertrauen 68, 109
Selbstverwirklichung 12, 19, 21, 40, 56
Selbstwirksamkeit 109, 200
Selbstzufriedenheit 69
Selektive Wahrnehmung 247
Self-Actualizing Man 18, 19
Shareholder-Value 38
Sicherheit 12, 20, 85, 144
Sichtbarkeit 27
Sinn 19, 22, 24, 56, 58, 117, 160, 177
Situative Führung 83
SMART-Methode 53, 54, 56, 57, 218
Social Man 16, 17
Solidarität 155
Souveränität 79
Soziale Anerkennung 56
Soziale Bedürfnisse 19
Soziale Kompetenz 167, 168
Sozialisation 13, 15, 61, 62, 63, 65, 195
Soziogramm 147, 161, 162, 163, 164
Spontaneität 82, 130
Stabilität 20, 37, 105, 127
Stakeholder 71, 227, 238
Stakeholderanalyse 71, 72
Start-up-Unternehmen 14
Status 23, 75, 147, 153
Stetigkeit 80, 82
Steuerung 69, 80, 83, 114, 134, 148, 156, 178, 187, 214, 224, 230, 231
Steuerungsfunktion 156
Stormingphase 153, 155, 156
Stranger phase 76
Strategisches Denken 228
Stress 65, 106, 143
Stressmanagement 61
Subteam 147, 164, 178
Symbolhandlungen 35, 88, 91, 92
Symbolwirkung 239
Synergien 148
Systemik 95
Systemische Fragetechniken 95, 96, 98

Tagesplan 47, 51
Talente 20, 126
Tannenbaum, Robert 84, 87, 221
Tauschkonzept 22
Taylor, Frederick Winslow 16
Taylorismus 16, 17, 194

Teamarbeit 82, 141, 142, 143, 147, 149, 150, 151, 175, 176, 186
Teambuilding 238
Teamentwicklung 151
Teamführung 108, 141, 143, 154, 186
Teamgeist 143, 144, 149, 176
Teamgröße 143, 147
Teamkommunikation 170, 171, 174, 178, 238
– Anhänger 171
– Beobachter 171
– Treiber 171
– Widersacher 171
Teamrollen 167
Teamrollen-Modell 165, 168
Teamstruktur 143, 147, 154, 161, 163, 164
Teamuhr 151, 155, 177
Teamvertrag 187
Technisch-funktionale Kompetenz 20
Teilziele 57
Termine 54, 57, 117, 119
Themenspeicher 135, 136
Theorie X und Theorie Y 11
To-do-Liste 50
Transaktionale Führung 22, 23
Transformationale Führung 24, 25, 26
Transparenz 15, 24, 235
Treiber (Teamkommunikation) 171, 172, 173
Trittbrettfahren 176, 177
Tuckman, Bruce 151, 152
Typologien 61, 83, 86, 124, 195

Überforderung 67, 69, 111, 115, 156
Überwachung 79, 108, 214, 222
Uhl-Bien, M. 215
Unabhängigkeit 20
Underperformance 39
Ungenügende Leistung 102, 104, 106
Unsicherheit 10, 34, 154, 232, 244
Unternehmenskultur 42, 93
Unternehmensziele 87, 239
Unternehmerische Kreativität 20
Unzuverlässigkeit 82

Veränderungsbereitschaft 78, 195, 206
Veränderungskompetenz 195, 200
Veränderungskurve 197, 200, 202
Veränderungsphasen 200
Veränderungsprozess 105, 154, 196, 197, 198, 201, 202, 203, 205
Veränderungstypen 196
Verantwortungsdiffusion 130
Verantwortungsgefühl 150
Verbale Kommunikation 26
Verbundenheit 13
Verdeckte Einflussnahme 28
Verhaltensregeln 143, 146, 177, 187
Verhaltensweise 30
Vernetzung 69, 70, 175, 179
Vorbild 27, 63, 88, 91, 92, 93, 94, 179, 230, 231, 236
Vorschriften 31, 35, 37, 115
Vroom, V. H. 86, 87

Werte 10, 20, 25, 31, 37, 38, 39, 40, 41, 42, 45, 62
Wertehierarchie 40
Wertekonflikte 38, 40
Wertequadrat 41
Wertesystem 10, 14, 37, 42, 85
Wertschätzung 37, 77, 144, 148, 153, 158, 166, 168, 174, 210, 222, 234, 241
Wertschöpfung 38
Widersacher (Teamkommunikation) 171, 172
Wir-Gefühl 153
Wirklichkeitsvorstellung 30
Wirkungslogik 30
Work-Life-Balance 46, 56, 90, 237

Xing 69, 73

Zeitbedarf 50
Zeitmanagement 45, 47, 48, 51, 132, 135
Zeitrahmen 83, 134, 135
Ziele formulieren 52
Ziele, persönliche 55
Ziele, persönliche 54
Zielorientierung 150, 155, 159
Zielsetzung 51, 127, 129, 160
Zielvereinbarungsgespräch 22, 101, 102, 103
Zielvorgaben 17, 175, 234
Zufriedenheit 13, 181
Zusammengehörigkeitsgefühl 143, 149, 150, 153, 177
Zweckrationalität 16
Zwischenmenschliche Prozesse 151
Zwischenziele 53, 54